高职高专"十二五"规划教材
生物技术系列

酶制剂技术

韦平和　李冰峰　闵玉涛　主　编

化学工业出版社

·北京·

本教材按酶制剂基础知识、酶制剂生产技术、常见酶制剂生产和应用技术实例三个模块组织章节，主要内容包括酶制剂概述、酶学基础、酶制剂的应用、酶的发酵生产、酶的提取和分离、酶的纯化和精制、酶的固定化、新型酶制剂的开发、蛋白酶类的生产、淀粉酶类的生产和其他酶类的生产，每章均设置相应的实训项目。全书内容丰富，实训项目代表性强，图文并茂，突出培养学生的实际应用和动手操作能力，体现项目载体、任务驱动的行动导向教学。

本书可供生物技术及应用、生物制药技术、食品生物技术、工业生物技术等专业作为教材使用，亦可供相关技术人员参考。

图书在版编目（CIP）数据

酶制剂技术/韦平和，李冰峰，闵玉涛主编 . —北京：
化学工业出版社，2012.8（2024.6 重印）
高职高专"十二五"规划教材. 生物技术系列
ISBN 978-7-122-14903-9

Ⅰ. 酶⋯　Ⅱ. ①韦⋯②李⋯③闵⋯　Ⅲ. 酶制剂-高等
职业教育-教材　Ⅳ. TQ464.8

中国版本图书馆 CIP 数据核字（2012）第 163079 号

责任编辑：刘阿娜　李植峰　梁静丽　　　　　文字编辑：李　瑾
责任校对：徐贞珍　　　　　　　　　　　　　装帧设计：关　飞

出版发行：化学工业出版社（北京市东城区青年湖南街 13 号　邮政编码 100011）
印　　装：北京盛通数码印刷有限公司
787mm×1092mm　1/16　印张 16　字数 413 千字　　2024 年 6 月北京第 1 版第 8 次印刷

购书咨询：010-64518888　　　　　　　　　　售后服务：010-64518899
网　　址：http://www.cip.com.cn
凡购买本书，如有缺损质量问题，本社销售中心负责调换。

定　　价：48.00 元

本书编写人员

主　　编　韦平和　李冰峰　闵玉涛

副 主 编　赵　扬　赵美琳　陈红霞

编写人员　（按姓名笔画排列）

韦平和（常州工程职业技术学院）

许　彦（江西生物职业技术学院）

李冰峰（南京化工职业技术学院）

闵玉涛（中州大学）

张　伟（济宁职业技术学院）

陈书明（三门峡职业技术学院）

陈红霞（济宁职业技术学院）

孟　滕（黑龙江农业职业技术学院）

孟泉科（三门峡职业技术学院）

赵　扬（河南化工职业学院）

赵美琳（漯河职业技术学院）

主　　审　杨昌鹏（广西农业职业技术学院）

前　言

　　高等职业教育是我国高等教育的重要组成部分。新世纪以来，高职教育努力为经济社会发展服务，培养了千余万高素质技能型专门人才。近年来，国家加快经济发展方式转变、产业结构调整和优化升级，对高职教育提出了更新、更高的要求。因而，迫切需要与之相适应、专业与产业对接、课程内容与职业标准对接、教学过程与生产过程对接、适合高端技能型人才培养使用的教材和教学资源库。为此，我们在化学工业出版社的组织下编写了高职《酶制剂技术》教材。

　　我国酶制剂工业始于1965年。半个世纪来，该产业从无到有、由小变大，迅速发展。产量从当初的几百吨，发展到现在的近80万吨，年产值达100亿元；品种从当初只有一种淀粉酶，到现在9大类、20多个品种；应用领域从当初的淀粉和纺织等少数领域，发展到现在涉及食品、饲料、纺织、造纸、皮革、医药、洗涤剂、化工、酿造、环保等十几个行业，成为国民经济发展的"催化剂"。目前，逐步成熟的酶制剂研究及应用技术使我国酶制剂产业正向"高档次、高活性、高质量、高水平、多领域"方向发展。

　　本教材按酶制剂基础知识、酶制剂生产技术以及常见酶制剂生产和应用技术实例三个模块组织章节，共设十一章，每章均包含相应的实训项目，涉及的酶制剂生产技术主要有产酶微生物的发酵技术、酶的分离纯化技术、酶的固定化技术以及新型酶制剂的开发技术等。教材力求结构合理、内容丰富、深入浅出、图文并茂、实训项目代表性强、工艺流程符合生产实际，突出培养学生的实际应用能力和动手操作能力。为促进课程内容与职业标准的对接，教材引用、介绍了相关酶制剂国家和行业标准。

　　三门峡职业技术学院孟泉科、陈书明，济宁职业技术学院陈红霞、张伟，河南化工职业学院赵扬，漯河职业技术学院赵美琳，南京化工职业技术学院李冰峰，中州大学闵玉涛，黑龙江农业职业技术学院孟滕，江西生物职业技术学院许彦参加了教材编写，常州工程职业技术学院韦平和负责全书的统稿和定稿，全书由广西农业职业技术学院杨昌鹏主审。在教材编写过程中，常州工程职业技术学院彭加平老师亦协助做了许多工作，谨此表示谢意。

　　本教材可供高职生物技术及应用、生物制药技术、食品生物技术等专业作为教材使用，亦可供相关技术人员参考。

　　由于编者水平有限、经验不足，加之成稿时间仓促，书中疏漏之处在所难免，敬请读者和同仁批评指正。

编　者

2012 年 5 月

目 录

模块一　酶制剂基础知识 /1

第一章　酶制剂概述 /1

第二章　酶 学 基 础 /28

模块二　酶制剂生产技术 / 65

第四章　酶的发酵生产 / 65

第五章　酶的提取和分离 / 87

第六章　酶的纯化和精制 / 115

第七章　酶的固定化 / 150

第十一章　其他酶类的生产 / 234

参考文献 / 246

模块一 酶制剂基础知识

第一章

酶制剂概述

学习目标

■【学习目的】

通过学习酶制剂的概念、分类、来源，以及食品用酶制剂的管理、安全评价和良好生产规范，掌握酶制剂的基本知识及行业概况。

1. 了解酶制剂的工业发展概况。
2. 掌握酶制剂的概念、分类和来源。
3. 理解酶制剂的管理与安全评价。
4. 熟悉食品加工用酶制剂的良好生产规范。

第一节 酶制剂工业发展概况

一、世界酶制剂工业发展概况

酶从生物材料中被分离出来并制成一种制剂，最早的报道是 1833 年法国化学家 Payen 和 Peroz 在麦芽抽提物的酒精沉淀内发现一种对热不稳定的物质，它具有从不溶性的淀粉颗粒内分离出可溶性的糊精和糖的能力，命名为 diastase（淀粉酶制剂），可使 2000 倍淀粉液化而用于棉布退浆。这是酶制剂制备的萌芽。他们首创的 ase 作为酶的词尾，一直被沿用至今。1874 年，丹麦出现凝乳酶的广告，它是由小牛第 4 胃的胃液和黏膜制备的，用于制造干酪，这是酶制剂商品化的开始。

1884 年，日本人 Takamine 以麸皮培养米曲霉，用水提取和酒精沉淀获得淀粉酶，并在美国开设 Takamine 制药厂生产高峰（他卡）淀粉酶，用于棉布退浆和作消化剂，首先实现了微生物酶制剂的工业化生产。此后，在欧洲、美国和日本先后建立了一些酶制剂工厂生产动、植物酶，如胰酶、胃蛋白酶、木瓜蛋白酶、麦芽淀粉酶，以及真菌、细菌淀粉酶等少数品种，其应用范围也仅限于用作消化剂、制革工业脱灰软化剂和棉布退浆剂等。

1949 年，采用液体深层发酵法首先在日本成功地生产出细菌 α-淀粉酶，揭开了近代酶工业的序幕。20 世纪 50 年代前，酶制剂工业发展比较缓慢，直到 60 年代以后，抗生素深层发酵技术和菌种选育技术的进步，带动了微生物酶制剂工业的快速发展。1963 年，丹麦诺维信公司（Novozymes，20 世纪 90 年代中期由 Novo Nordisk 公司改组而成）开发的碱性蛋白酶 Alcalase 上市，欧洲加酶洗涤剂开始流行。1969 年日本田边制药厂利用固定化氨基酰化酶，由乙酰化-DL-氨基酸连续生产 L-氨基酸获得成功，使 L-氨基酸生产成本降低40％。1975 年，诺维信公司推出葡萄糖异构酶，酶法生产果葡糖浆获得成功，打破了蔗糖在食糖中的垄断地位，带动了淀粉深加工工业的兴起，工业用酶需求量开始增加。工业用酶具有经济、高效、用途广以及与环境友好等优点，因而受到人们的广泛重视。

80 年代以后，基因工程、蛋白质工程技术被广泛应用于产酶菌种的构建和酶分子的结构改造，诺维信公司用于生产酶制剂和生物转化的工业微生物大约 80％是工程菌，这些工程菌显著提高了酶的表达量和活力，赋予了工业用酶新的功能和特性，因而大大促进了酶制剂工业的发展。

世界酶制剂市场于 1970 年以后迅速增长，从 1978 年不到 1 亿美元增加到 1990 年的 5亿美元，1993 年达 10 亿美元，1996 年为 13.5 亿美元，1999 年为 19.2 亿美元，2002 年达25.7 亿美元，在 1996～2002 年的 7 年中世界酶制剂平均年增长率为 11.4％。就 1997～2002 年酶制剂在各个应用领域的分配来说，食品和饲料用酶占总额的 45.0％～47.0％，洗涤剂用酶占 31.8％～33.0％，纺织、制革、毛皮工业用酶占 10.0％～11.0％，造纸、纸浆业用酶占 6.5％～7.5％，化学工业用酶占 3.7％～4.0％。与 1985 年食品工业用酶占酶制剂市场 62％、洗涤剂用酶占 33％、纺织制革用酶占 5％相比，洗涤剂用酶所占份额基本不变，纺织、制革用酶成倍增长，造纸、纸浆业用酶增长更快，而食品和饲料用酶则相对下降。这主要是因为植物纤维加工用酶，如纤维素酶和半纤维素酶，在棉布加工、纸浆漂白、废纸脱墨等方面有了较大发展，反映了人们对环境保护意识的增强。

2009 年，全世界酶制剂市场总规模达到 30.18 亿美元，而酶制剂下游支撑产业的产值超过 3000 亿美元，据美国弗里多尼亚集团的最新研究报告显示，2012～2015 年全球酶市场需求将以年均 6.8％的速度快速增长。就酶的应用领域而言，受过去 10 年 DNA 测序成本大幅下降的刺激，用于诊断、研究和生物技术的酶需求将引领全球酶需求快速增长；受发展中国家和美国医疗保健改革的影响，制药业对酶的需求也将快速增长。此外，清洁产品对酶的需求也将强劲增长。在工业用酶市场中，动物饲料以及食品和饮料用酶的需求增长速度将超过平均增速。就全球各个地区的增速而言，非洲、中东、拉美和东欧等较小的市场对酶的需求增速最快，以中国和印度为首的亚太市场也将快速增长。北美和西欧市场的需求增速将低于全球平均水平，主要是受生物燃料增长趋缓以及债务危机的影响。

当今世界酶制剂工业的研究和发展动向，可归结为以下几个方面。

（1）研究开发投入大，高新技术应用广　国外酶制剂公司研发经费一般占产品销售额的10％～15％，诺维信公司近几年的研发投入一直维持在销售总额的 13％以上，2010 年研发投入 2.5 亿美元，从事研发工作的人员占公司总雇员的 23％。由于经费充足，科研力量雄厚，早已把基因工程、蛋白质工程等现代生物技术用于产酶菌种的改良和新型酶的开发。1991 年 15％的工业用酶采用基因工程菌生产，1996 年达 50％，1998 年达到 80％。由于高新技术的应用，提高了酶的产量，增加了酶的稳定性，使酶能适应应用环境，提高了酶在有机溶剂中的反应效率，使酶在后提取工艺和应用过程中更容易操作。

（2）大力研制、开发新酶种　随着酶制剂在食品、医药、轻工、化工、农业、能源和环境保护等领域的广泛应用以及实际工作需要，大力研发新型酶、特殊酶、极端酶以及剂型多样化是酶制剂研究和发展的重要方向。在工业酶制剂市场，长期以来水解酶类一直处于主导地位，约占市场销售总额的 75% 以上，而目前也注意开发非水解酶类，特别是氧化还原酶类，它们所占的市场份额不断扩大。

（3）不断拓宽酶制剂的新用途　长期以来，酶制剂的应用领域主要集中在淀粉加工、食品加工和洗涤剂工业，而随着人类所面临的食品和营养、健康和长寿、资源和能源、环境保护和生态平衡等各种重大问题的不断产生，酶制剂的应用范围也越来越宽。不断拓宽酶制剂的新用途将对人类的经济和社会生活产生重大影响。

（4）酶制剂工业发展趋向垄断化　就像其他新兴工业发展趋势一样，酶制剂市场竞争日趋激烈，各大公司收购、兼并、重组继续进行，酶制剂行业垄断已逐步形成，世界上具有一定规模的制剂企业已由 20 世纪 80 年代初的 80 多家减少到 90 年代中期的 20 多家。诺维信公司继续处于龙头老大位置，占世界市场份额的 47%；美国杰能科公司（Genencor）占 21% 的市场份额；后起之秀的帝斯曼公司（DSM）占 6% 的市场份额。

二、我国酶制剂工业发展概况

1. 我国酶制剂工业发展阶段

1965 年，无锡酶制剂厂首次将生产的 BF-7658 淀粉酶用在淀粉加工和纺织退浆上。

1979 年，利用黑曲 UV-II 糖化酶菌种进行糖化酶生产，首先在白酒、酒精行业推广应用，提高了出酒率。

1990 年，2709 碱性蛋白酶在洗涤剂行业上应用，当时由于这种颗粒酶的出现，使加酶洗衣粉开始在全国风行。

1992 年，1.398 中性蛋白酶、166 中性蛋白酶在毛皮制革行业上推广应用，提高了产品质量和效率，减轻了劳动强度。

1995 年，无锡酶制剂厂首先引进了耐高温 α-淀粉酶和高转化率液体糖化酶，在国家科委成果办公室的推动下，将完成的"新双酶法在淀粉质原料深加工工业中应用"这一科研项目在酒精、味精、制糖、啤酒等行业进行了推广，从此"双酶法"技术在全国迅速得以发展，为淀粉质原料深加工行业的迅速崛起作出了贡献。

1998 年，国外酶制剂大公司纷纷到中国建厂和合资，引进了国外的先进设备、优良菌种和新型酶制剂，给我国酶制剂产业带来了机遇和挑战。诺维信公司在天津建立工厂，美国最大的酶制剂公司——杰能科国际公司和中国最大的酶制剂公司无锡酶制剂厂合资，成立了无锡杰能科生物工程有限公司。国外酶制剂进入中国市场，由于竞争需要，促进了中国酶制剂质量的改进和提高。新型酶制剂的出现，酶制剂应用技术的不断提高，促进了我国发酵行业及相关应用领域的飞速发展。

目前，逐步成熟的酶制剂研究及应用技术使中国酶制剂产业正向"高档次、高活性、高质量、高水平、多领域"方向发展。

我国酶制剂工业起步于 20 世纪中叶。半个世纪来，我国的酶制剂产业从无到有、由小到大，迅速发展，取得了令人鼓舞的成就。

（1）产量逐年增加　我国酶制剂产量 1977 年为 0.4 万吨，1985 年为 2.4 万吨，1991 年为 9.2 万吨，1995 年为 19.6 万吨，2001 年为 32.0 万吨，2005 年为 48.0 万吨，2010 年达到 77.5 万吨，年产值近 100 亿元，一直保持 10% 左右的快速增长。我国酶制剂出口增加值持续扩大，2004 年我国的酶制剂出口量已占世界总出口量的 30%，2010 年出口总量达到 8.2 万吨，出口额达到 2.3 亿美元。

（2）品种不断丰富　1965 年我国生产的酶制剂只有中温淀粉酶 1 个品种。1977 年有 3

个酶系，以淀粉酶、蛋白酶、脂肪酶三大酶系为主，具体品种有糖化酶、7658 中温淀粉酶、1398 蛋白酶、209 蛋白酶、166 蛋白酶、3942 蛋白酶、3350 酸性蛋白酶、289 蛋白酶、中性脂肪酶、固定化葡萄糖异构酶和果胶酶等。1979 年，中科院微生物所成功研制出 UV-Ⅱ糖化酶新菌种，发酵酶活可达 4000U/mL 以上。1995 年，引进了耐高温 α-淀粉酶和高转化率液体糖化酶。此后，又增加了 β-葡聚糖酶、异淀粉酶、碱性脂肪酶、啤酒用复合酶、纤维素酶、葡萄糖氧化酶以及饲料用复合酶等品种。现在我国酶制剂产品主要包括糖化酶、淀粉酶、纤维素酶、蛋白酶、植酸酶、半纤维素酶、果胶酶、饲用复合酶、啤酒复合酶等九大类，能实现规模化生产的酶制剂近 30 种。

（3）技术水平显著提高 以国内生产较早和产量较大的糖化酶、中温淀粉酶和酸性蛋白酶 3 种酶为例，糖化酶最初发酵活力不足 100U/mL，1979 年达到 4000U/mL，1985 年为 8289U/mL，1990 年为 9380U/mL，1995 年达到 $2.5\times10^4\sim3.0\times10^4$ U/mL，2000 年达到 4×10^4 U/mL，目前高达 $5\times10^4\sim6\times10^4$ U/mL 以上。中温淀粉酶 1965 年发酵活力为 109U/mL，1980 年为 300～350U/mL，1995 年达到 400～500U/mL，2006 年国内高的发酵水平可达 800～900U/mL，40 多年时间提高了 8 倍。酸性蛋白酶在 20 世纪 70 年代液体深层发酵的生产水平为 4000U/mL，目前已高达 8000U/mL，增长了 1 倍，且生产工艺为我国拥有自主知识产权的技术。目前，大部分工厂已采用先进的分离纯化技术，采用膜过滤的液体酶制剂工艺，使用方便，不需干燥，节约了能源，生产出的产品达到食品级要求，使得高酶活精制酶能大批量生产，酶的收率也明显提高，成本不断下降。

（4）应用领域不断拓宽 应用领域也从当初的淀粉和纺织等少数领域，发展到现在涉及食品、饲料、纺织、造纸、皮革、医药、洗涤剂、化工、酿造、环保等十几个行业。酶制剂产业在中国正逐步成为独立行业，促进了国民经济的发展。

2. 我国食品用酶制剂发展状况

食品工业已经成为我国国民经济的支柱产业。2010 年我国食品工业总产值达 6.2 万亿元，占中国生产总值的 15.57％。2000～2010 年中国食品工业总产值的年平均增长率达 20％。伴随着我国食品工业的持续、稳定、快速发展，食品用酶制剂的市场空间也在迅猛增长，广泛应用于食品行业的各个领域。

我国食品用酶制剂种类较多，主要包括酿造酶、乳品酶、淀粉酶、蛋白酶、油脂酶、风味酶、果品酶等。其中，碳水化合物用酶、蛋白质用酶、乳品用酶占食品酶制剂的比重较大，所占比例为 81.7％。在食品加工过程中常用的酶制剂主要有以下几种：木瓜蛋白酶、谷氨酰胺转氨酶、弹性蛋白酶、溶菌酶、脂肪酶、葡萄糖氧化酶、异淀粉酶、纤维素酶、超氧化物歧化酶、菠萝蛋白酶、无花果蛋白酶、生姜蛋白酶等。我国已批准使用于食品工业的酶制剂有 α-淀粉酶、糖化酶、固定化葡萄糖异构酶、木瓜蛋白酶、果胶酶、β-葡聚糖酶、葡萄糖氧化酶、α-乙酰乳酸脱羧酶等，主要应用于果蔬加工、焙烤、乳制品加工等方面。我国啤酒业发展迅速，啤酒总产量已跃居世界第一位，2006 年总产量超过 3000 万吨，这与食品酶在啤酒酿造过程中的应用有密不可分的联系。淀粉酶行业发展快速，产量成倍增长，品种逐渐增多，至 2006 年产量已超过 500 万吨。新型酶制剂正应用于针剂葡萄糖、液体葡萄糖浆、高麦芽糖浆、果葡糖浆以及各种低聚糖的生产中。淀粉糖替代蔗糖已应用于食品加工、糖果、啤酒及饮料生产中。功能性低聚糖已被人们所接受，淀粉糖对酶制剂的品种和质量提出了更高的要求，新型酶制剂的推出为这些行业提供了发展所需的条件。

我国食品用酶制剂发展迅速，2010 年食品用酶总产值达到 80 亿元，而且每年正以 15％的速度呈递增趋势。目前我国已建立了较为完备的食品用酶制剂生产体系，可以大规模生产包括碳水化合物、蛋白质、乳品深加工酶制剂在内的食品酶制剂。但伴随着食品工业的快速发展，我国酶制剂种类已不能满足食品工业的需要，酶制剂工业正不断推出新型酶制剂、复合酶制剂、高活力和高纯度特殊酶制剂来满足日益发展的食品工业需要。

3. 我国饲料用酶制剂发展状况

饲料用酶制剂是近年来伴随饲料工业和酶制剂工业不断发展而出现的一种新型饲料添加剂，具有提高养分消化率、提高配合饲料质量稳定性、降低环境污染等作用。作为一类高效、无毒、无副作用和环保的绿色饲料添加剂，饲料用酶制剂已成为世界工业酶产业中增长速度最快、势头最强劲的一部分，其应用效果已在世界范围内得到公认。我国饲料用酶制剂自 20 世纪 80 年代开始在饲料中添加应用，90 年代我国最早生产的饲料用酶制剂商品开始进入市场，2000 年我国饲料用酶制剂的年销售量达到 8000 吨以上。近年来，我国饲料用酶制剂市场规模逐渐扩大，由 2006 年的 4.64 亿元增加到 2010 年的 6.82 亿元，2009 年国内用于动物饲料添加剂的酶制剂总量超过 1 万吨，且增长速度迅猛。开发饲料用酶制剂可缓解饲料资源短缺、人畜争粮的局面，有利于保障粮食安全；提供更为安全、优质的动物产品，有利于保障食品安全；减轻环境污染，保障养殖业的可持续发展。

目前我国饲料用酶种类有 20 多种，主要包括淀粉酶、蛋白酶、木聚糖酶、β甘露聚糖酶、纤维素酶、β-葡聚糖酶、植酸酶和各种复合酶等。但我国饲料用酶制剂在应用发展过程中仍存在一定的问题：①复合酶制剂生产大多为固态发酵，生产的复合酶制剂质量不稳定，发酵水平和酶蛋白的产量较低；②颗粒饲料制粒温度普遍较高，制粒后复合酶的各种酶活力都有不同程度的降低，影响了酶制剂的作用效果；③微生物发酵生产饲料用酶的活力不高。

4. 我国纺织用酶制剂发展状况

纺织工业是我国的传统产业和支柱产业，在国内生产总值和外贸出口总值中占有重要比例。我国纺织工业总产值占国民生产总值的 12%～15%，是一个对国民经济有突出贡献的制造行业。但我国纺织工业总体存在污染严重的问题，尤其是在印染加工过程中，传统工艺消耗大量的水和化学品，造成环境污染并破坏生态平衡［图 1-1（a）］。因此，实现生态整理、绿色染整成为印染行业的当务之急，此时生物酶退浆处理工艺应运而生［图 1-1（b）］。但普通淀粉酶耐碱性能较差，生物退浆和生物精炼工艺不能同时进行，导

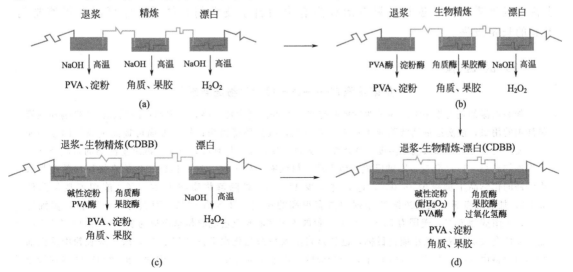

图 1-1　纺织物前处理工艺变化及发展趋势

致工艺复杂、劳动强度大、生产效率低、水耗和能耗较高，降低了产品的市场竞争力。在纺织物处理过程中，应用碱性淀粉酶可使退浆与精炼工艺合并 [图 1-1（c）]，此工艺具有如下优点：高预洗涤效果，高织物质量，高预处理效益，高纤维表面效果，低污染，省时间，更小的织物损坏，提高了产品的市场竞争力和经济效益。对织物前处理进行进一步分析发现，将退浆与精炼两步合并，成本并没有降至最低。若碱性淀粉酶具有一定的抗过氧化氢能力，则退浆、精炼与漂白可合为一步 [图 1-1（d）]，进一步节省了时间，对织物造成的损坏会降至最低，可极大地提高经济效益，是下一步棉织物前处理的发展趋势。目前，无论是学术界还是工业界，开发新型高效复合酶制剂用于染整前处理（碱性果胶裂解酶、角质酶等）、织物后整理（腈水合酶、角质酶等）、棉织物漂白（过氧化氢酶）和麻类生物脱胶（果胶酶、木聚糖酶、甘露聚糖酶等）为主导，包括原料改造、工艺改进、材料改性等内涵的纺织生物技术在国际上形成了新的热潮。

20 世纪 80 年代，以淀粉酶、蛋白酶和纤维素酶等为代表的纺织用酶制剂，主要用于织物退浆、牛仔布整理和真丝脱胶等。进入 21 世纪以来，我国酶制剂在纺织工业中的应用领域逐步扩大，包括纤维改性、原麻脱胶、印染前处理、印染废水处理、服装成衣加工等领域。目前，纺织用酶制剂加工工艺已涉及几乎所有的纺织湿加工领域，市场规模呈稳定递增趋势。但我国纺织用酶制剂加工技术在加工理论、加工工艺以及酶制剂的性能方面与世界先进水平相比仍存在较大差距，主要表现在以下几个方面：①国内酶制剂研究、生产单位缺乏对纺织加工领域的认识，不熟悉各种纺织加工的特点，对纺织加工中可能用到的酶处理技术并未引起足够的重视和兴趣；②纺织行业无法自行开发相应的纺织专用酶制剂，主要采用传统食品领域的生化试剂，而该类试剂不适合纺织纤维加工的特点和要求，性能上尚存在较大差距，难以实际应用；③国内纺织用酶品种少、生产水平低，与纺织工业生产处理适应性差，缺少工业应用研究。市场长期被国外酶制剂公司垄断，价格居高不下，纺织用酶处理工艺在国内并没有得到大规模的推广应用。

近年来，我国酶制剂工业发展速度迅猛，取得了明显进步。但从世界酶制剂工业来看，基因工程、蛋白质工程和定向进化等高新技术在酶制剂工业中的广泛应用，进一步拉大了我国酶制剂工业和世界先进水平的差距。整个行业生产规模小，技术研发力量薄弱，产品品种单一、质量不高、结构不合理等问题突出。我国酶制剂工业的下一步快速发展需要技术创新，只有形成强有力的自主技术创新体系，才可能取得酶制剂工业的长足发展。

知识链接

加酶洗涤剂——新一代"生物洗涤剂"

加酶洗涤剂是近年来洗涤剂工业发展的热点。在洗涤剂中加入酶，一方面可降低表面活性剂和三聚磷酸钠的用量，使洗涤剂朝低磷或无磷化方向发展，减少环境污染；另一方面可提高洗涤剂的去污能力，缩短洗涤时间，降低洗涤温度和耗水量，从而对节能环保具有重要意义。浓缩型洗涤剂是洗涤剂工业发展的趋势。1997 年起，欧洲已成功地将洗衣粉浓缩了约 40%，这一措施产生的直接环境效益是每次洗涤的化学品用量减少 16.0%、包装物减少 14.9%、难降解物质减少 30.4%、能源消耗量降低 6.3%。加酶洗涤剂一般在浓缩洗涤剂中占有很高的比例，日本为 95%，西欧为 90%，拉丁美洲为 75%，东南亚为 75%，美国为 70%。目前，我国浓缩洗衣粉仅占洗衣粉总产量的 3%，按照中国洗涤用品工业协会设定的洗衣粉浓缩化目标，也就是将洗衣粉浓缩化水平提高到 20%，浓缩洗衣粉中洗涤剂酶的用量将由 500t 增加到 3000t 以上，全行业的总需求量也将超过 8000t。因此，酶制剂在洗涤剂行业具有广阔的发展前景。

第二节 酶制剂的概念、分类与来源

一、酶制剂的相关概念

1. 酶制剂

酶（enzyme）是由活细胞产生的具有特定催化活性的蛋白质，又称生物催化剂。酶工程，又称酶技术，是利用酶的催化特性，通过生物反应器将相应原料转化为有用物质的技术，其主要内容包括酶的生产、酶（细胞）的固定化、酶的分子改造和酶反应器等，是酶制剂生产和应用的主要手段。

酶制剂（enzyme preparation）是按照一定的质量标准要求，应用适当的物理、化学方法，将酶从动、植物细胞以及微生物发酵液中提取出来，加工成一定规格，并能稳定发挥其催化功能的生物制品。通常，酶制剂是一种复合物，含有一种或多种酶成分，以及稀释剂、稳定剂、防腐剂、抗氧化剂和其他物质。由于酶具有催化效率高、专一性强、作用条件温和以及与环境友好等优点，酶制剂被广泛应用于食品、医药、轻工、化工、农业、能源和环境保护等领域，已成为我国国民经济发展的"催化剂"。世界上已知的酶有4000多种，工业化生产的酶制剂有300多种，常用的有50多种，其中80%以上为水解酶类，它们主要用于降解自然界中的高聚物，如淀粉、蛋白质和脂肪等物质，因而淀粉酶、蛋白酶和脂肪酶是目前工业上应用的三大主要酶制剂。

2. 食品用酶制剂

食品用酶制剂（enzyme preparations used in food industry）是由动物或植物直接提取，或由传统或通过基因修饰的微生物（包括但不限于细菌、放线菌、真菌菌种）发酵、提取制得，用于食品加工，提高食品产品质量，具有特殊催化功能的酶制剂。最新发布的《食品安全国家标准 食品添加剂使用标准》（GB 2760—2011）列入了食品用酶制剂52种，并将其列为加工助剂范畴。加工助剂是指保证食品加工能顺利进行的各种物质，与食品本身无关，如助滤、澄清、吸附、脱模、脱色、脱皮、提取溶剂、发酵用营养物质等。加工助剂一般应在制成最终成品之前除去，无法完全除去的，应尽可能降低其残留量，其残留量不应对健康产生危害，不应在最终食品中发挥功能作用。酶制剂与一般的食品添加剂不同。一般的添加剂被添加到食品中后，其作用是从始至终的，并最终存在于产品中。但酶制剂作为一种加工助剂，仅在加工过程中起作用，即帮助一种物质完成一种转变，当其完成使命后便从终产品中消失或失去活力。酶制剂已广泛用于淀粉糖、面食制品、氨基酸有机酸发酵、油脂加工、酒类酿造、果汁、乳制品、功能食品、酱油醋生产等食品工业。常见的食品用酶制剂约20多种。以酶品种分：蛋白酶为60%，淀粉酶为30%，脂肪酶为3%，特殊酶为7%。以用途分：淀粉加工酶所占比例最大，为15%；其次是乳制品工业占14%。酶制剂以其独特的优势，正越来越广泛地应用于食品工业，是食品原料开发、品种改良和工艺改造的重要环节，为食品工业的安全、优质和高效三大主题赋予新的路径。

3. 饲料用酶制剂

饲料用酶制剂（enzyme preparations used in feed industry）是通过产酶微生物发酵工程或含酶的动、植物组织提取技术生产加工而成，具有一种或几种底物清楚的酶催化活性，有助于改善动物对饲料营养成分的消化、吸收等，并具有功效方面的生物学评定依据，符合安全性要求，作饲料添加剂用的酶制剂产品。目前，饲料用酶有20多种，如木聚糖酶、β-葡聚糖酶、植酸酶、α-半乳糖苷酶、β-甘露聚糖酶、蛋白酶和淀粉酶等。在饲料中大量添加酶制剂是在 20 世纪 90 年代开始的，但发展势头强劲，增长速度极快。欧洲 90% 以上的饲料中添加了 β-葡聚糖酶，而世界范围内以大麦和小麦为基质的禽饲料中添加率为 60%，猪饲料中添加率达到了 80%。我国是农业大国、养殖大国，在饲料中添加和应用酶制剂，对于消除饲料中抗营养因子、提高饲料利用率、节约饲料资源、减轻环境污染和提供更为安全的动物产品等具有重要意义。

4. 单酶制剂、复合酶制剂

单酶制剂（single enzyme preparations）是具有单一系统名称且具有专一催化作用的酶制剂。该类酶制剂在多个领域广泛应用，其中饲料用单酶制剂是指经过分离、提纯工艺而只含一种功效酶成分，对饲料中一种成分具有酶催化作用的饲料用酶制剂。饲料用单酶制剂又可分为两类：一类是以降解生物大分子为主的消化酶，如蛋白酶、淀粉酶、糖化酶和脂肪酶等，可将生物大分子水解为小分子化合物或其基本组成单位氨基酸、葡萄糖等，从而有助于动物体的消化和吸收；另一类是以降解抗营养因子为主的非消化酶，其中包括分解非淀粉多糖类抗营养因子的非淀粉多糖酶，如木聚糖酶、β-葡聚糖酶和甘露聚糖酶等，以及破坏其他抗营养因子的果胶酶和植酸酶等。

复合酶制剂（compound enzyme preparations）是含有两种或两种以上单酶的制剂。早期的复合酶制剂主要是单酶复配，现在主要是微生物直接发酵，发酵方式包括产单一酶的多菌种混合发酵和产多种酶的单一菌种发酵。该类酶制剂在饲料和洗涤剂工业应用普遍，而在其他领域应用较少。饲料用复合酶制剂是指含有两种或两种以上主要功效酶成分，这些酶是根据饲料原料和动物消化生理的不同而特定复配，对饲料中多种成分具有酶催化作用的饲料用酶制剂。如，由木瓜蛋白酶、康宁木霉纤维素酶和曲霉菌木聚糖酶组成的复合酶制剂，可同时作用于日粮中的蛋白质、纤维素和木聚糖。饲料用复合酶制剂主要有以下三类：①以 β-葡聚糖酶为主的复合酶制剂，主要作用是消除饲料中的 β-葡聚糖等抗营养因子；②以蛋白酶和淀粉酶为主的复合酶制剂，主要作用是补充动物内源酶的不足，以降解多糖和蛋白质等生物大分子；③以纤维素酶、木聚糖酶和果胶酶为主的复合酶制剂，主要作用是破坏植物细胞壁，并消除饲料中的抗营养因子。配合饲料中含有多种营养素，这些营养素主要由生物大分子组成，动物必须先酶解消化这些生物大分子然后才能利用它们，而酶对底物具有高度的专一性，使用单酶的作用效果明显低于多酶。因此，复合酶制剂可最大限度地提高饲料中淀粉、蛋白质和纤维素等营养物质的利用率，从而达到增加质量、减少消耗的目的。

5. 水解酶、分解酶

工业酶制剂主要是降解类的酶制剂。如，饲料用酶制剂把营养物质（如蛋白质、淀粉）或者抗营养物质（如非淀粉多糖、植酸盐）降解为容易吸收的营养成分或者无抗营养特性的成分；洗涤剂用酶把黏附在织物上、难以洗净的有机物污垢降解成较小的碎片，使之较好地溶于水，或使表面活性剂更容易增溶，从而提高洗涤剂的去污能力。

酶催化的降解反应是指把大分子化合物裂解成小分子化合物的过程，包括水解反应和分解反应两类。水解反应是一个加水的反应过程，分解反应是一个不需要加水的反应过程。习惯上，将大分子降解为其基本组成单位的反应称为水解，如蛋白质水解为组成蛋白质的基本单位氨基酸，淀粉水解为组成淀粉的基本单位葡萄糖；将降解氨基酸、葡萄糖等基本单位的反应称为分解。但是，上述概念的界定并不是绝对的，实际工作中分解和水解两个概念经常互用。广义的分解反应包括水解反应。

区别水解酶（hydrolase）和分解酶（clastic enzyme）的主要依据：一是催化的反应是否是加水反应；二是反应的产物是否为基本组成单位。对于饲料酶来说，水解酶包括蛋白酶、淀粉酶、脂肪酶、木聚糖酶、β-葡聚糖酶、纤维素酶、β-甘露聚糖酶等，分解酶包括植酸酶、木质素分解酶和霉菌毒素脱毒酶等。

6. 酸性酶、中性酶、碱性酶

酸性酶（acidic enzyme）：最适宜作用 pH≤5 的酶；中性酶（neutral enzyme）：最适宜作用 pH6～8 的酶；碱性酶（alkaline enzyme）：最适宜作用 pH≥9 的酶。此外，低温酶（enzyme used under low temperature）：最适宜的催化反应温度在 30℃ 以下的酶；常温酶（enzyme used under normal temperature）：最适宜的催化反应温度在 31～50℃ 的酶；中温酶（enzyme used under middle temperature）：最适宜的催化反应温度在 51～90℃ 的酶；高温酶（enzyme used under high temperature）：最适宜的催化反应温度在 91℃ 以上的酶。

知 识 链 接

药用酶及其临床应用

酶在医药中的应用包括两个方面：一是利用酶来生产药物；二是直接用酶作为药物，后者称为药用酶。早期的药用酶以消化及消炎为主，目前已扩至降压、凝血与抗凝血、抗肿瘤等多种用途。药用酶按其临床用途可分为以下五个方面：①与治疗胃肠道疾病有关的药用酶，如胰酶、淀粉酶、胃蛋白酶、胰脂肪酶、乳糖酶、β-半乳糖苷酶、胰蛋白酶；②与治疗炎症有关的药用酶，如糜蛋白酶、木瓜蛋白酶、舍雷肽酶；③与治疗心血管疾病有关的药用酶，如注射用 t-PA、抗凝血酶Ⅲ、激肽释放酶、尿激酶、链激酶、凝血酶、醛脱氢酶、抑肽酶；④抗肿瘤酶，如 L-天冬酰胺酶；⑤其他药用酶，如透明质酸酶、青霉素酶和细胞色素 C 等。

二、酶制剂的分类、命名和编号

中华人民共和国国家标准《生物催化剂　酶制剂分类导则》（GB/T 20370—2006），将酶制剂的分类、命名和编号规定如下。

1. 分类

按酶制剂用途分为：食品工业用酶制剂、饲料工业用酶制剂、其他工业用酶制剂。

按酶来源分为：动物类、植物类、微生物类。

按酶催化条件分为：酸性酶类、中性酶类、碱性酶类、低温酶类、常温酶类、中温酶类、高温酶类。

按酶作用底物分为：碳水化合物类、蛋白质类、脂肪类、其他类。

按酶反应类型分为：氧化还原酶类、转移酶类、水解酶类、裂合酶类、异构酶类、合成酶类（连接酶类）。

2. 命名

（1）单酶制剂　按酶（或酶制剂）的用途、来源、催化条件、作用底物和反应类型的顺序进行命名。命名时可适当省略上述某些要素。如，食品用细菌高温 α-淀粉水解酶制剂、黑曲酸性蛋白酶制剂、木瓜蛋白酶制剂。

（2）复合酶制剂　以主要作用酶为主加"复合"字样，突出主要功能，可称为"复合××酶制剂"。如，由糖化酶和普鲁兰酶复配而成的酶制剂，可命名为"复合糖化酶制剂"；由酸性和中性蛋白酶复配而成的酶制剂，可命名为"复合蛋白酶制剂"。

3. 编号

（1）编号结构　在酶制剂的编号前，冠以"CEC"作为中国酶制剂的代号，见图1-2。

（2）第一层　按酶制剂的用途编号。

食品工业用酶制剂编号为1，饲料工业用酶制剂编号为2，其他工业用酶制剂编号为3。

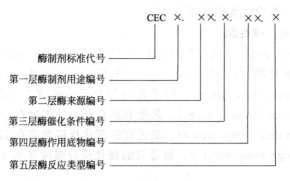

图1-2　中国酶制剂的编号结构

（3）第二层　按酶的来源编号。

来源于微生物的酶编号：细菌酶编号为10；酵母酶编号为11；霉菌酶编号为12；放线菌酶编号为13；而来源于基因修饰微生物的酶，应在酶来源编号后加"G"，如来源于基因修饰细菌的酶编号为10G；来源于植物的酶制剂编号为20；来源于动物的酶制剂编号为30。

（4）第三层　按酶的催化条件编号。

低温酶编号为1，常温酶编号为2，中温酶编号为3，高温酶编号为4，酸性酶编号为5，中性酶编号为6，碱性酶编号为7。在命名和编号时，应选择最能突出该酶制剂特性的催化条件之一。

（5）第四层　按酶的作用底物编号。

碳水化合物类编号为1，蛋白质类编号为2，脂肪类编号为3，其他类编号为4。

（6）第五层　按酶的反应类型编号。

氧化还原酶编号为1，转移酶编号为2，水解酶编号为3，裂解酶编号为4，异构酶编号为5，合成酶（连接酶）编号为6。

（7）酶制剂编号举例　见图1-3～图1-6。

图1-3　食品工业用细菌中温 α-淀粉水解酶制剂

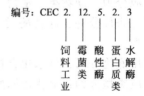

图1-4　饲料工业用黑曲酸性蛋白酶制剂

图1-5　洗涤剂工业用细菌碱性蛋白酶制剂

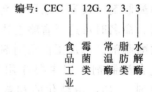

图1-6　食品工业用基因修饰米曲霉脂肪酶制剂

三、酶制剂的来源与开发

酶制剂来源于动物、植物和微生物，但只有有限数量的植物和动物是经济的酶源。植物和动物来源的酶大多数是重要的食品工业用酶。著名的植物酶有木瓜蛋白酶、菠萝蛋白酶、大豆脂肪氧化酶、麦芽淀粉酶等。植物来源的酶，其生产依赖植物的生长地域、气候条件、培养条件、天气条件和生长周期等，因此生产规模和质量稳定性受到一定的限制。广泛使用的动物酶有猪胰蛋白酶、猪胃蛋白酶等，它们主要从屠宰牲畜的器官中提取，来源有限，并与相关产业政策有关。随着现代生物技术的发展，现在某些动、植物来源的酶可通过细胞培养以及重组 DNA 技术来生产。

微生物是酶制剂的重要来源，这是由于：①微生物生长不受地域、季节和气候条件的限制。②微生物繁殖速度快。细菌在合适的条件下 20～30min 就可以繁殖一代，其生长速度为农作物的 500 倍、家禽的 1000 倍，可在短时间内生产大量的酶制剂。③微生物种类繁多。在不同环境条件下生存的微生物具有不同的代谢途径，能分解利用不同的底物，为酶制剂品种的多样性提供了物质基础。④微生物培养容易。所用原料大多为农副产品，来源丰富，易于自动化、连续化大规模发酵生产。⑤由动、植物生产的酶大多数可由微生物制备，克隆的动、植物酶基因一般也在微生物细胞中高效表达。

自然界蕴藏着丰富的微生物资源。据推测，1g 土壤中约含 1 亿个微生物，1mL 海水中约有 10 万个真菌、100 万个细菌。人们可从土壤、腐木中筛选相应的产酶微生物，从污水中筛选能产生各种分解酶的微生物（包括分解糖类、脂类、蛋白质类、纤维素、木质素、环烃、芳香物质、有机磷农药、氰化物以及某些人工合成的聚合物等）。近年来，人们从生产实践的需要出发，特别注意从极端环境条件下生长的微生物中筛选新的酶种，如嗜热微生物、嗜冷微生物、嗜盐微生物、嗜酸微生物、嗜碱微生物和嗜压微生物等。目前，人们已经发现能在 250～350℃条件下生长的嗜热微生物，能在 −10～0℃条件下生长的嗜冷微生物，能在 pH2.5 条件下生长的嗜酸微生物，能在 pH11.0 条件下生长的嗜碱微生物，能在饱和食盐溶液中生长的嗜盐微生物，能在 1000atm❶ 条件下生长的嗜压微生物等，其中对嗜热微生物的研究最多，嗜热 DNA 聚合酶和耐高温 α-淀粉酶等已得到广泛应用。因此，对微生物酶、特别是极端微生物酶的开发和利用具有重要的意义。

酶的实际应用活性、酶的稳定性和可生产性是理想生物催化剂的三个关键。但天然酶往往存在活力不高、稳定性差、半衰期短等缺点，在实际应用中有时难以采用这些脆弱的天然生物催化剂。为克服天然酶的固有缺点，开发具有新功能、新特性的工业用酶，传统的方法是从自然界分离新的菌种，筛选新酶，采用物理、化学诱变和大规模筛选获得适合工艺条件的高性能酶，然后进行工业化生产。这一方法的主要缺点是效率低、耗时长。

另一条途径是改造现有的酶。20 世纪 60 年代开始采用固定化技术或化学修饰来提高酶的稳定性和半衰期，70 年代开始采用基因工程技术来提高酶的产量，而 80 年代出现的以定点突变为基础的蛋白质工程技术和 90 年代出现的体外定向进化技术，更是为设计和改造工业用酶提供了有力的技术支撑。定点突变技术（site-directed mutagenesis）是有目的地在已知 DNA 序列中取代、插入或删除特定的核苷酸片段，以改变酶结构中的个别氨基酸残基，从而达到改变酶蛋白的某些特性，如提高热稳定性、pH 适应性和抗氧化等。该技术是一种理性设计，具有突变率高、简单易行、重复性好等优点，但必须事先了解酶蛋白的一级结构、空间结构及其结构与功能之间的关系，而人们对大多数蛋白质的空间结构了解甚少，所以其应用具有一定的局限性。定向进化技术（directed evolution），属于蛋白质的非理性设计，它不需事先了解蛋白质的空间结构、活性位点和催化机制等因素，而是按照人为设定的目标，在试管中模拟自然进化机制（随机突变、基因重组和自然选择），在体外改造酶基因，产生基因多样性，并结合定向筛选（或选择）技术，获得具有某些预期特征的改构酶。酶的

---

❶　1atm＝101325Pa，全书余同。

定向进化技术在一定程度上弥补了定点突变技术的不足，极大地拓展了蛋白质工程技术的应用范围，为天然酶的改造或新型非天然酶的构建开辟了崭新的途径。利用定向进化技术改造工业用酶已取得明显成效，如改造 β-半乳糖苷酶，其底物特异性提高了 1000 倍，酶活提高了 66 倍；改造枯草杆菌蛋白酶 E，其作用温度提高了 17℃，而酶活保持不变。微生物酶开发的一般程序，如图 1-7 所示。

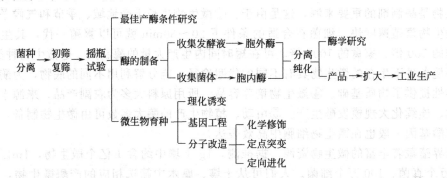

图 1-7　微生物酶开发的一般程序

第三节　酶制剂的管理与安全评价

　　酶制剂来源于动物、植物和微生物，但工业用酶大多来源于微生物。但是，如果微生物筛选不当，可能会将致病菌或产生毒素及其他生理活性物质（抗生素等）的微生物作为产酶菌株。基因修饰的微生物，也可能发生遗传学或营养成分等的非预期改变，从而给消费者或生产者的健康带来潜在危害。因此，世界各国对酶制剂都有严格的法规管理。不过，酶制剂的管理和安全评价各国不尽相同，有些国家按食品添加剂管理，有些国家按加工助剂管理，而食品添加剂和加工助剂的界定各国又不尽相同。用转基因微生物生产的酶制剂在有些国家还有专门的法规管理。下面重点介绍 FAO/WHO 食品添加剂联合专家委员会、美国、欧盟以及我国对食品用酶制剂的管理和安全评价。

一、国外食品用酶制剂的管理与安全评价

1. FAO/WHO 食品添加剂联合专家委员会

　　对酶制剂产品的安全性要求，联合国粮农组织（FAO）和世界卫生组织（WHO）食品添加剂联合专家委员会（Joint FAO/WHO Expert Committee on Food Additives，JECFA），早在 1978 年 WHO 第 21 届大会就提出了对酶制剂来源安全性的评估标准：①来自动、植物可食部位即传统上作为食品成分，或传统上用于食品的菌种所生产的酶，如符合适当的化学与微生物学要求，即可视为食品，而不必进行毒性试验；②由非致病的一般食品污染微生物所产的酶要做短期毒性试验；③由非常见微生物所产生的酶要做广泛的毒性试验，包括老鼠的长期喂养试验。这一标准为各国酶制剂的生产提供了安全性评估的依据。生产菌种必须是非致病性的，不产生毒素、抗生素和激素等生理活性物质，菌种需经各种安全性试验证明无害才准使用于生产。

　　JECFA 评价一种新的酶制剂的申请时，该酶制剂必须至少已在两个国家登记。环境卫生基准（EHC）70（1987）—评价食品用酶制剂"指南"中，根据酶的来源将酶制剂分成 5 大类：①来源于可食的动物组织生产的酶制剂；②来源于植物的可食部分生产的酶制剂；③来源于一般作为食品的组成部分或在食品加工过程使用的微生物生产的酶制剂；④由通常污

染食品的非致病性微生物生产的酶制剂；⑤由目前较少认识的微生物生产的酶制剂。JEC-FA 提出的酶制剂产品卫生指标见表 1-1。

表 1-1　JECFA 提出的酶制剂产品的卫生指标

项　　目	指　　标	项　　目	指　　标
铅	≤5mg/kg	大肠杆菌	未检出/25g 样品
沙门菌	未检出/25g 样品	抗生素活性	微生物来源的酶制剂中不存在
大肠菌群	≤30 个/g 样品	毒素	不得检出与种相关的毒素(真菌来源)

2001 年，JECFA 修订了酶制剂的通用规格和要求。修订后的"原则"要求所有新研制的酶必须对以下几个方面进行安全性评价，包括生产菌、酶的组成、次要活性（side activities）、加工工艺、膳食暴露。"原则"指出，由转基因生物（GMO）生产的酶制剂必须强调以下几点。

① 必须描述引入并仍存留在生产用的微生物中的基因物质的特性，并评价其功能和安全性。通过提供最终引入的基因物质序列和（或）在最终的生产菌株中分析引入序列的分子，证明没有非预期的遗传物质（unexpected genetic material）引入宿主微生物中。其中包括证明基因物质中不含有毒力因子的基因编码、蛋白毒素或与合成真菌毒素、其他有毒物质或不需要的物质有关的酶。

② 如果生产用的微生物具有产生可灭活临床上有用抗生素的蛋白质的能力，在这种情况下，必须提供酶制剂的终产品中既不含可干扰抗生素治疗效果的蛋白质，也不含可转入微生物中的、可导致耐受抗生素的 DNA 的相关证明。

③ 必须考虑评价插入到生产用微生物中的基因物质所产生的潜在的致敏性问题。

2. 美国

美国的食品用酶制剂由食品药品管理局（FDA）根据联邦法规（CFR）的第二十一条173 款按间接食品添加剂（secondary direct food additives）管理，或根据 CFR 第二十一条184 款按"一般认为是安全（general recognized as safe，GRAS）"的物质管理。FDA 规定，作为 GRAS 的物质，其评价标准有二：一是该物质于 1958 年以前已在食品加工工业中使用；二是通过科学的评价程序。同评价食品添加剂一样，该程序要求必须提供充分和完整的科学证据以证明某物质的安全性。作为 GRAS 物质的酶制剂不要求经 FDA 批准，公司可自身证明为 GRAS 物质。1993 年 FDA 出版的《酶制剂：食品添加剂化学建议及 GRAS 物质认定申请》中对酶制剂提出以下要求。

（1）特性　应尽可能详尽地描述酶制剂的特性，包括如下。

① 来源。酶制剂的来源必须明确。

② 化学名称及 EC 分类。必须提供酶制剂的化学名称及根据国际生物化学联盟命名法联合会的建议提供酶制剂的化学名称及酶学委员会的分类。

③ 普通名称和（或）商品名称。必须提供普通名称或商品名称。

④ CAS 登记号。如有可能应提供化学摘要部（chemical abstract service，CAS）的登记号。

⑤ 性质。必须提供酶的功能、底物的特性、作用方式，以及相对分子质量、等电点、动力学特性和特异性活性等。必须测定酶制剂的活性并明确以"活性单位"表示。也应提供其他与酶制剂的应用有关的资料，如温度、pH 以及无机离子等。

为了改变酶制剂的活性或稳定性，或为了与某种载体结合，通过化学或基因技术有目的地将永久或暂时的结构修饰导入酶蛋白中，也必须提供这方面的资料。由于原核生物和真核生物不同的分子机制，利用重组 DNA 技术，可将 DNA 从哺乳动物细胞导入到细菌生产酶制剂，重组的真核酶不同于其来源的酶。因此，重组酶的物理、化学性质和功能特征还必须与对应的、原来的酶进行全面的比对，或至少对酶的活性、动力学参数、氨基酸和氨基糖的成分、全部或部分氨基酸序列、相对分子质量、等电点以及凝胶迁移、色谱及其他特征进行比较，只要比较结果有显著差异就必须进行评价。

⑥ 成分。食品用酶制剂通常是复杂的混合物，为了鉴定酶制剂的性质，必须提供以下资料：a. 至少要测定有代表性的 5 个批次商品级酶制剂的蛋白质含量、核酸含量或蛋白质加核酸的含量、糖类、脂肪、水分、总固体和灰分，同时提供用于毒理学试验的酶制剂，还必须明确所用的稀释液、载体以及稳定剂等；b. 酶蛋白在产品中的百分比；c. 可能存在于酶制剂中的其他主要酶活性物质的资料；d. 商品级以及用于毒理学试验的酶制剂的总有机固体（TOS）含量。

（2）加工工艺 用于生产酶来源的微生物，必须经分类鉴定和基因鉴定。经其他微生物DNA 修饰的微生物，如果可能也应详细描述改造微生物的所有步骤及措施，并提供引进的DNA、基因稳定性、生长特性等，以及详细的发酵过程，包括生长条件、培养基纯度以及基因稳定性等所有步骤。必须明确发酵用培养基的所有成分。从细胞或培养物中分离的酶，应提供所用的化学或物理处理步骤及质量控制等方面的内容。来源于动物或植物的材料，包括从组织培养得到的酶制剂必须经过鉴定，并提供详细的酶的分离和纯化方法。

（3）纯度及食品级规格 商品化酶制剂必须经过 5 个批次的检测，证明符合美国《食品化学品法典》（FCC）规定的有关酶制剂最低要求的规格。酶制剂的原料或在加工过程中产生的杂质及其特性必须经鉴定及测定。必须规定杂质的限量并符合食品级的规格。来源于微生物的酶制剂不得含有抗生素、毒素。可能使治疗用抗生素失活的毒素或蛋白质不得转入微生物的 DNA 编码。如可能含有不确定的毒素或抗生素，必须用适当的检测方法进行检测，并证明确实不存在具有生物学意义水平的毒素或抗生素。固定化酶制剂所用的固定剂必须符合 CFR 规定或是 GRAS 物质，其他固定剂必须申请，通过评价并获得批准后方可使用。

（4）使用范围及使用量 一种酶制剂必须明确用于哪种食品或食品类别，以便计算酶制剂可能被消费者摄入的量。直接加入到食品中的酶制剂，必须提供加入到每一种食品或食品类别的使用量或使用量的范围，并以每千克或每克食品中的 TOS（mg）数表示。

（5）其他方面的规定 必须提供固定化酶的残留量、工艺影响、分析方法和暴露水平等资料。

美国《食品化学品法典》（FCC，第 4 版）对各种食品用酶制剂商品的基本要求、分类、作用等作了新的规定。如，酶制剂的制备应符合企业良好生产规范（GMP），使用的原料不得导致被酶处理的食品含有的菌落总数超过该食品的允许量。用于生产酶制剂的动物组织必须符合美国肉类检验的各项要求，并且按 GMP 管理。用于生产酶制剂的植物原料或微生物的培养基成分，在正常使用情况下，它们转入食品的量不得超过有碍健康的水平。利用微生物生产酶制剂时，其生产方法和培养条件都应是在受控条件下发酵，以保证所用的微生物不致成为有毒物质和其他有害物质的来源。生产酶制剂所用的载体、稀释剂和加工助剂，必须是食品级的，包括水和不溶于水的物质，在加工后都应从食品中除掉。

各种酶制剂应符合通用质量标准。含量：酶活力应为所标单位的 85.0%～115.0%。卫生指标见表 1-2。

表 1-2 FCC 提出的酶制剂产品的卫生指标

项　　目	指　　标	项　　目	指　　标
铅	≤5mg/kg	沙门菌	不存在/25g 样品
大肠菌群	≤30 个/g	肠道致病性大肠杆菌	不存在/25g 样品

3. 欧盟

在欧盟，酶制剂是作为食品添加剂还是加工助剂取决于其使用目的，各国的法规要求不同。有些国家按欧盟食品科学委员会（SCF）1991年4月提出的《有关食品酶制剂要求提供的资料导则》对酶制剂进行评价。该导则包括所有用于食品加工用的酶制剂。为了管理的需要，有些酶制剂作为加工助剂，而有一些是真正的食品添加剂。

（1）关于酶制剂的安全性问题

① 酶制剂的毒理学特征（即有活性的酶、副产物和污染物）。为保证酶制剂是不含有有毒污染物（如来源于微生物酶中的真菌毒素和抗生素）的稳定的、安全的产品，要求所有加工工艺规范，包括适当的质量保证检测，保证原料或有机体稳定，不会随时间而变化。

② 酶消耗的量。酶制剂加入食品中的量、食品在消费时酶在食品中的浓度，以及在不同食品中酶制剂的使用量和这些食品消费的频率等。

③ 食品终产品中的酶制剂引起的过敏和刺激。主要是工人在操作时接触高浓度酶制剂所引起的职业健康问题。

④ 食品终产品中酶反应的非目的产物。如组氨酸转变成组胺。所有由非目的产物引起的可能对健康的不良作用都应在提交的报告中提出。

⑤ 来源于有机物（微生物）的安全性。一般的原则是不用致病微生物生产食品用酶制剂。考虑酶制剂的毒理学特性时，一般认为由植物或动物的可食部分生产的酶制剂没有健康方面的问题。如预期的使用量不超过该来源的正常使用量，并能建立足够的、符合要求的化学和微生物指标，则不需提供安全性方面的附加资料。

来源于微生物的酶制剂，必须保证微生物不会产生在终产品中存留的毒性物质。但对于微生物而言，由于属于同一种菌种的不同菌株具有不同的特性，同一种菌种的一些菌株是无害的，而另一些可能属于产毒菌株。有些真菌的属，特别是青霉属和曲霉属，鉴定这些属的菌种时，常常会发生错误。在有发生微生物的菌株鉴定错误的可能时，必须对其进行仔细的鉴定。微生物的产毒能力（质量和数量）取决于环境因素，如培养基的成分、pH、温度及发酵时间等。因此，有这种危险，即一种微生物在一些条件下不产生毒素，而在另一些条件下可能产生毒素。为了提高和优化产酶能力，对生产用的微生物连续不断筛选，可能导致菌种的自发性突变，从而使非产毒菌株变成产毒株。将基因修饰技术应用于生产食品酶制剂时，在引入需要的特性的同时，也可能引入了产生毒素的特性。因此，需要对宿主、载体和插入片段作出明确的鉴定和评价。综合以上因素，对所有用于生产特定酶制剂的微生物菌株进行毒理学试验是十分重要的。

（2）关于用于评价食品用酶制剂需要提交的技术资料

① 活性成分。主要的酶活性以系统名称和EC编码表示其特性。根据每一种酶的催化反应测定酶制剂的活性，并以每重量单位或体积单位的活性单位表示（U/g或U/mL）。同时，还需列出次要的酶活性名称，不管次要的酶活性是有用还是无用。

② 原料。任何原材料，如果含有可能对健康有害的物质，都必须提供酶制剂中不含该物质的证据。动物来源：必须标明使用的动物或动物部分，用于酶制剂的动物组织必须符合肉品检验要求，操作时必须符合良好的卫生规范。植物来源：必须标明用于酶制剂的植物和植物部分。

用于生产酶制剂的微生物可以来自天然菌株，也可以是微生物的变种，或是通过选择性连续培养或基因修饰的天然菌株及其变种。这些菌种必须是纯的、稳定的菌株或变种，并按照公认的鉴定关键点经过充分的、详细的鉴定。生产酶制剂所用的微生物的模式培养物，必须在能保证菌株不产生变异的条件下保存。生产酶制剂时，所用的方法和培养条件，必须能保证批批产品的稳定性和重复性，在这些步骤下生产酶制剂的菌株不会产生毒素，并能防止引入能在酶的终产品中产生毒性物质及其他不符合要求的物质的外来微生物。

基因修饰的有机物必须提供宿主、载体和整合到载体或染色体的 DNA 序列。不管是植物、动物还是微生物，供体有机物也必须经过鉴定。必须详细了解有关基因结构的资料，以便预见宿主的原基因物质和插入的新基因物质之间的任何不期望存在的相互作用。这方面的资料包括外源 DNA、特有的基因特征、休眠基因的存在、基因稳定性、基因转移以及抵抗力（抗生素、重金属）等有助于预见对人类健康、动物、植物和生态有影响的资料。确切了解载体的特征是评价载体导入后宿主微生物安全水平的基础，必须在 DNA 水平上鉴定一种载体以及载体上可能用于基因标记的部分。载体必须不含有害序列，同时应是非结合性及非移动性的。插入宿主有机物的 DNA 序列必须充分描述其分子水平、插入基因数量、调节类型（启动子活性）以及实际的基因产物。

③ 加工工艺。必须提供充分的有关加工方法的资料。微生物来源的酶制剂，必须提供培养基和培养条件。所用的成分必须是食品级的。必须提供充分的纯化过程的资料，如果酶制剂的加工过程或纯化过程发生了变化，则视为是新的加工和纯化方法，除非能证明终产品与用原生产方法生产的产品没有区别。

④ 载体、其他添加剂和成分。必须提供生产、销售及使用酶制剂时所用的载体、稀释剂、赋形剂、支持剂及其他添加剂和成分（包括加工助剂）等方面的资料。这些物质在与相关酶制剂使用时，必须适合于使用，或者在食品中不溶，并能在加工后及食用前从食品中去除。用作固定化酶制剂的载体和固定剂必须是经批准使用的，使用新的材料时必须经试验证明没有有害残留物质残留在食品中，任何固定剂或酶的残留量都必须在每一种产品规格规定的限量内。

与美国一样，也规定了用总有机固体（TOS）的百分比，以区分从原料来源的酶制剂和稀释剂及其他添加剂成分的量。

⑤ 使用。在酶制剂的使用方面，必须提供以下资料：酶的技术效应；拟使用的食物类别；在每一种食物类别中酶制剂的最大使用量。

⑥ 稳定性及在食品中的转归。在这方面必须提供的资料有：食品终产品中酶制剂的量（即活性酶及其他成分）；主要的反应产物，以及经酶处理的食品在生产和储存过程中可能形成的不是正常膳食成分的反应产物；对营养素的可能影响。

⑦ 通用要求和规格。酶制剂的生产必须按照食品的良好生产规范进行。必须定期检验用于生产酶制剂的微生物的保藏菌种，以保证其纯度。添加到食品中的酶制剂不得造成食品中的总菌落数增加。污染物：a. 重金属。酶制剂中不得含有具有毒理学意义水平的重金属，如铅、镉、砷和汞，必须标明每一种酶制剂中重金属的实际含量。b. 微生物。不得检出沙门菌、志贺菌、大肠杆菌、李斯特菌、弯曲菌和产气荚膜梭菌等致病微生物；通过试验保证终产品中不含微生物来源的活细胞；酶制剂不应含有任何抗菌的活性物质，不应含有可检测到的毒素。如已知某一微生物产毒，必须有适当的方法证明产品中不含有这些毒素。其他卫生指标见表 1-3。

表 1-3　SCF 提出的酶制剂产品的卫生指标

项　　目	指　　标	项　　目	指　　标
菌落总数	≤100~10000 个/g	重金属	<毒理学明显含量
大肠菌群	≤30 个/g	抗生素活性	不存在（微生物来源）
肠道致病性大肠杆菌	不存在/25g 样品	毒素	不检出与种相关的毒素（真菌来源）
沙门菌	不存在/25g 样品	生产菌	不检出

⑧ 基本的毒理学要求。来源于动物和植物可食部分的酶制剂，一般不需要做毒理学试验。如果利用一般不作为膳食的正常食用部分，除非能提供充分的安全性资料，否则还需要做一些毒理学试验。来源于微生物的酶制剂需要进行以下试验：a. 啮齿类动物的 90 天经口毒理学试验；b. 2 个短期试验，细菌的基因突变试验和染色体畸变试验（推荐体外试验）。

从毒理学的观点来看，对微生物产生的每一个特定的酶制剂进行毒理学试验是很重要的。但是，如果已对一个特定菌株生产的酶制剂进行了全面的试验，同时该酶制剂的生产程序与该菌株生产的其他酶制剂的程序没有明显的区别，可视具体情况减免一些试验。如果用于生产酶制剂的微生物在食品中有很长的安全使用历史，并且有文献证明该菌种不属于产毒菌种，同时实际应用的菌株有充分的资料证明来源没有问题，对符合以上条件的菌种生产的酶制剂，即使没有进行特殊的毒理学试验，接受该酶制剂也是合理的。在这种情况下，对菌株进行正确的验证试验非常重要。

用特征明确、非产毒的遗传工程来源的微生物生产食品用酶制剂，可得到纯度非常高、特异性非常强的产品。如果能够证明产品纯度高和特异性强，可不需要做全部的毒理学试验。虽然以上列举了可以被接受的试验程序，但为了解决基础研究中出现的问题，在这种情况下，可能需要进行多于和高于基本要求的试验。

⑨ 安全性评价。根据提交的技术和毒理学资料，确定酶制剂使用的安全性。通过确定可使用的条件，可能的话，根据啮齿类动物的亚慢性毒性试验中未观察到有作用的剂量水平，确定特定酶制剂可接受的每日摄入量。评价仅限于提交申请的产品，而不能自行推广到其他来源或其他加工工艺的同一品种的酶制剂。

> **知识链接**
>
> **Kosher 认证——进入世界犹太食品业的通行证**
>
> 近年来，世界食品市场推行 Kosher 食品认证制度，即符合犹太教教规要求的食品制度。Kosher 证书已成为国外客户采购的严格标准之一，是食品添加剂出口欧美、东南亚及中东地区的通关卡。在美国，不仅是犹太人，连穆斯林、素食者以及对食物过敏者也购食 Kosher 食品。加工 Kosher 食品的酶制剂，也要符合 Kosher 食品要求。
>
> Kosher 意思是符合犹太教规的、清洁的、可食的，泛指与犹太饮食相关的产品。犹太人信奉犹太教。犹太教的饮食文化集中体现在它的《膳食法令》中。依据这一法令，他们有"五不食"、"一遵从"、"一禁止"的食规。"五不食"是：不食动物的血液；不食自死的动物；不食牛羊胴体后部的某些筋腱；不食猪、兔、马、驼、龟、蛇、虾、贝、带翼昆虫与爬虫、跳鼠和凶禽猛兽；一餐饭中不可同时食用肉品及奶品。"一遵从"是烹调必须遵从"特里法"，即不能断定是否洁净的原料不做，烹调方法不正确的菜点不吃。"一禁止"是安息日（星期五日落至星期六日落）不可举火做饭，以便摒除一切杂事和杂念去"修身养性"。安息日的食品要提前一天备妥。也有人将 Kosher 理解为：K-Keep 保持，O-Our 我们，S-Souls 灵魂，H-Healthy 健康，E-Eat 饮食，R-Right 得当，即"为了保持我们灵魂健康，饮食要得当"。

二、我国酶制剂的管理与安全评价

1. 食品用酶制剂

在我国，食品用酶制剂按食品添加剂进行管理。食品生产允许使用的酶制剂列入《食品添加剂使用卫生标准》（GB 2760—1996）及其每年的增补件。GB 2760—2007 将用于食品工业的酶制剂列入加工助剂范畴，列入了 45 种单酶名称及其来源（指用于提取酶制剂的微生物或动物、植物）和供体（指为酶制剂的生物技术来源提供基因片段的微生物或动物、植物）。最新发布的《食品添加剂使用标准》（GB 2760—2011），也将食品用酶制剂列入加工助剂范畴，列入了 52 种单酶名称及其来源和供体。该标准修改了标准名称，由《食品添加剂使用卫生标准》改为《食品添加剂使用标准》，由国家卫生部于 2011 年 4 月 20 日发布，2011 年 6 月 20 日开始实施，代替 GB 2760—2007。

列入 GB 2760—2011 的 52 种单酶分别是 α-半乳糖苷酶、α-淀粉酶、α-乙酰乳酸脱羧酶、β-淀粉酶、β-葡聚糖酶、阿拉伯呋喃糖苷酶、氨基肽酶、半纤维素酶、菠萝蛋白酶、蛋白酶、单宁酶、多聚半乳糖醛酸酶、谷氨酰胺酶、谷氨酰胺转氨酶、果胶裂解酶、果胶酶、果胶酯酶（果胶甲基酯酶）、过氧化氢酶、核酸酶、环糊精葡萄糖苷转移酶、己糖氧化酶、菊糖酶、磷脂酶、磷脂酶 A2、磷脂酶 C、麦芽碳水化合物水解酶（α-、β-麦芽碳水化合物水解酶）、麦芽糖淀粉酶、木瓜蛋白酶、木聚糖酶、凝乳酶 A、凝乳酶 B、凝乳酶或粗制凝乳酶、葡糖淀粉酶（淀粉葡糖苷酶）、葡糖氧化酶、葡糖异构酶（木糖异构酶）、普鲁兰酶、漆酶、溶血磷脂酶（磷脂酶 B）、乳糖酶（β-半乳糖苷酶）、天冬酰胺酶、脱氨酶、胃蛋白酶、无花果蛋白酶、纤维二糖酶、纤维素酶、胰蛋白酶、胰凝乳蛋白酶（糜蛋白酶）、脂肪酶、酯酶、植酸酶、转化酶（蔗糖酶）、转葡糖苷酶。

用于食品工业的酶制剂安全评价涉及两方面内容。

（1）用于生产的微生物必须保证是非病原性和无毒性的　食品用酶制剂的生产菌种应在 GB 2760—2011 规定的菌种来源范围内，不在此范围内新的食品工业用酶制剂品种，生产菌种应根据《卫生部食品添加剂申报与受理规定》中第六条"使用微生物生产食品添加剂时，必须提供卫生认可机构出具的菌种鉴定报告及安全性评价资料"。若使用转基因微生物生产时，需按照卫生部〔2002〕第 28 号令《转基因食品卫生管理办法》及其附件执行。

（2）产品的卫生指标有明确规定　我国酶制剂工业是自 20 世纪 60 年代中期起步发展起来的，生产厂家除部分在农业、商业、化工系统外，主要在轻工系统，由轻工业部（现称中国轻工业联合会）管理，将酶制剂产品划归为发酵制品类。中国轻工业联合会所属的全国食品发酵标准化中心对用于食品工业的酶制剂产品的卫生指标规定见表 1-4 所示。

表 1-4　食品添加剂糖化酶等产品的卫生指标

项　目	指　标	项　目	指　标
重金属(以 Pb 计)/(mg/kg)	≤30	大肠菌群/(MPN/100g 或 mL)	≤3000
铅/(mg/kg)	≤5	肠道致病性大肠杆菌/(个/25g 样品)	不得检出
砷/(mg/kg)	≤3	沙门菌/(个/25g 样品)	不得检出
菌落总数/(CFU/g 或 mL)	≤50000		

2. 饲料用酶制剂

我国用于饲料工业的酶制剂，农业部作为饲料添加剂管理。农业部 2008 年 12 月发布了《饲料添加剂品种目录（2008）》，2006 年 5 月发布的《饲料添加剂品种目录（2006）》废止。该文件由附录一和附录二组成。凡生产、经营和使用的营养性饲料添加剂及一般饲料添加剂均应属于《饲料添加剂品种目录（2008）》中规定的品种。饲料添加剂的生产企业应办理生产许可证和产品批准文号。禁止未列入该文件目录的物质作为饲料添加剂使用。凡生产该文件目录之外的饲料添加剂，应按照《新饲料和新饲料添加剂管理办法》的有关规定，申请并获得新产品证书之后方可生产和使用。

生产源于转基因动植物、微生物的饲料添加剂，以及含有转基因产品成分的饲料添加剂，应按照《农业转基因生物安全管理条例》的有关规定进行安全评价，获得农业转基因生物安全证之后，再按照《新饲料和新饲料添加剂管理办法》的有关规定进行评审。

《饲料添加剂品种目录（2008）》是在《饲料添加剂品种目录（2006）》的基础上修订的，增加了实际生产中需要且公认安全的部分饲料添加剂品种，明确了用于饲料的 13 种酶制剂的名称及其微生物来源和适用范围。所明确规定的饲料用酶制剂生产菌种是非病原性和无毒性的。

近几年，农业部发布了植酸酶、β-葡聚糖酶、木聚糖酶等产品的酶活力测定方法标准。酶活力是酶制剂的关键指标，测定方法不统一，酶活力差异就较大，可比性不强。因此，规范酶活力测定方法标准，有助于推动酶制剂在饲料工业中的应用。

饲料饲喂畜、禽、反刍、水产等动物，为人类提供肉、蛋、奶、水产品，饲料添加剂的安全是极为重要的。国际上用于饲料工业的酶制剂，除要求来源于微生物的生产菌种必须是非病原性和无毒性的，还要求产品的卫生指标等同于食品用酶制剂的卫生指标。目前，国内尚未制定饲料用酶制剂产品的卫生标准，一些国外公司在我国销售的饲料用酶制剂产品的卫生指标见表1-5所示。

表1-5　一些国外公司饲料用酶制剂产品的卫生指标

项　目	指　标	项　目	指　标
菌落总数/(CFU/mL 或 g)	≤50000	重金属(以 Pb 计)/(mg/kg)	≤30
大肠菌群/(MPN/mL 或 g)	≤30	铅/(mg/kg)	≤5
肠道致病性大肠杆菌/(个/25g)	不得检出	砷/(mg/kg)	≤3
沙门菌/(个/25g)	不得检出		

第四节　我国食品加工用酶制剂企业良好生产规范

一、适用范围

食品用酶制剂，也称为食品加工用酶制剂、食品工业用酶制剂、食品酶制剂，是作为加工助剂用于食品生产加工的酶制剂产品。我国《食品加工用酶制剂企业良好生产规范》(GB/T 23531—2009)，由国家质量监督检验检疫总局、国家标准化管理委员会于 2009 年 4 月 27 日发布，2009 年 11 月 1 日开始实施。该标准规定了食品加工用酶制剂生产企业的厂区环境、厂房和设施、设备和工器具、人员管理和培训、卫生管理、质量管理、物料控制和管理、工艺和控制、成品储存和运输、文件和记录以及投诉处理和产品召回等方面的基本要求，适用于食品加工用酶制剂生产企业的设计、建造、改造、生产管理和技术管理。

二、基本要求

（一）厂区环境

① 厂房应建在周围环境无有碍食品卫生的区域，厂区周围应清洁卫生，无物理、化学、生物等污染源，不存在害虫滋生环境。厂区周界应有适当防范外来污染源的设计与构筑。

② 厂区内路面坚硬平整，有良好排水系统，无积水，主要通道铺设水泥等硬质路面，空地应绿化。

③ 厂区内应没有有害（毒）气体、煤烟或其他有碍卫生的设施。

④ 厂区内不应饲养与生产加工无关的动物（警戒用犬除外，但应适当管理以避免污染产品）。

⑤ 卫生间应有冲水、洗手、防蝇、防虫、防鼠设施。墙裙以浅色、平滑、不透水、无毒、耐腐蚀的材料建造，并保持清洁。

⑥ 应有合理的供水、排水系统。废弃物应集中存放，远离车间并及时清理出厂。

⑦ 应建有与生产能力相适应的原料、辅料、成品、化学物品、包装物料等的储存设施并分开设置。应有废物、垃圾暂存的设施。

⑧ 应按工艺要求布局，生产区与生活区隔离，锅炉房应远离车间，并设在下风向位置。

⑨ 生产用水和污水的管道不得形成交叉，且易于辨认。

⑩ 厂区如有员工宿舍和食堂，应与生产区域隔离。

（二）厂房和设施

1. 厂房和场地

① 食品加工用酶厂房（以下简称厂房）应依生产工艺流程合理布局，便于卫生管理和清洗、消毒，厂房和设施物流、人流的设计应避免交叉污染。

② 厂房和设施应有足够空间，以便有秩序地放置设备和物料。厂房内设备与设备之间或设备与墙壁之间，应留有适当的距离，便于通行和维修。

③ 应根据生产对洁净度要求的不同，对厂区内的生产车间和公共场所实行分级卫生管理。

④ 生产区域应具备适当的通风系统，以提供清洁的空气，通风系统中空气的流向应由卫生等级高的区域流向卫生等级低的区域。

⑤ 厂房内配电设施应防水。

⑥ 电源应有接地线与漏电保护装置，不同电压的电源应明确标示。

⑦ 厂房应按国家消防法规要求，安装火警警报系统。

⑧ 对会产生一定量粉尘的操作区域，应采用防爆型电气设备。

⑨ 厂区内应建立明确的废弃物处理区域，以便废弃物的收集、存放、处理及废弃。

⑩ 相关生产车间应配置适当的防滑工作鞋。

2. 建筑材料及设计

① 应使用具有防水、防吸收、无毒无害、易于清洁的材料来建筑生产区间，包括地面、墙壁和顶棚。相关建筑应不产生灰尘、有害物并抗腐蚀。

② 应避免在地面、墙壁、顶篷等建筑上聚集灰尘，易于清洁及维护。

③ 不应在墙壁上有与外界连通的空道（包括管道穿孔的四周）。

④ 地面应保持足够的斜度，以利于液体的定向排放。排水沟应有足够的尺寸，并保持顺畅，且沟内不得设置其他管路，应防止倒、虹吸。墙面与地面的夹角及窗台与墙面的夹角应做圆角处理。

⑤ 发酵、发酵后加工、包装工序的墙壁和天花板应避免产生滴漏、剥落，应有防霉措施，防治霉菌生长。

⑥ 所有区域都应提供足够的自然光或人工照明以便于操作及维护。照明设施不应发生变换颜色的情形。

⑦ 工厂应有足够的生产用水。如需配备储水设施，应有防止污染的措施。水质应符合 GB 5749 的规定。

⑧ 直接用于蒸煮原材料的蒸汽用水不得含有影响人体健康和污染产品的物质。

⑨ 非与产品生产接触的蒸汽用水、冷却用水、消防用水应用单独管道输送，不应与生产水系统交叉连接，并易于区别。

⑩ 工厂应设有废水、废气处理系统。该系统应经常检查、维修，保持良好的工作状态。废水、废气的排放应分别符合 GB 8978 和 GB 16297 的规定。

3. 门窗

门窗应具有平滑且不吸附的表面。门能够关闭自如，且关闭后的缝隙不得大于 6mm。对于下列区域，应有门户来分割：

—执行不同卫生要求的区域；

—具有潜在污染危害的房间；

—生产区和非生产区；

—向户外开放处。

向外开启的窗户上，应安装防范害虫进入的网格（孔径不得大于 1.2mm）。如果外界可能通过窗户给生产区带来污染（气体、灰尘等），该窗户不应开放。

4. 更衣室

工厂应设有与生产车间人数相适应的更衣室。

5. 洗手消毒设施

无菌室内及进口处，纯种微生物培养车间（室）进口处应设有方便的、不用手开关的冷/热水洗手设施和供洗手用的清洗剂、消毒剂以及擦手纸或烘干设备。包装车间的适当位置应设有方便的洗手设施。洗手设施的下水管应经反水弯引入排水管，废水不得外溢，以防止污染环境。洗手消毒设施应做明确的标示，避免用于其他用途。

6. 厕所、浴室

厂内应设有与职工人数相适应的、灯光明亮、通风良好、清洁卫生的厕所及淋浴室；门窗不得直接开向生产车间。厕所内应安装纱窗、纱门；地面平整，便于清洗、消毒。坑式厕所应远离生产车间；坑应采用防渗材料建造。厕所应设有洗手消毒设施。

（三）设备和工器具

① 生产企业应具备基本的酶制剂生产设备和分析检测设备。

② 设备的选型、安装应符合生产要求，易于清洗、消毒或灭菌，便于生产操作、维修和保养，并能减少污染。设备内部焊缝应尽可能光滑，避免物料、半成品或产品的积存。

③ 凡与产品接触的机械设备、容器、管路等，应采用无毒、不吸水、易清洗、无异味及不与产品起化学反应的材料制作。

④ 与料液直接接触的设备表面应光洁、平整、易清洗消毒、耐腐蚀，不与料液发生化学反应或吸附料液。设备内部焊缝应尽可能光滑，避免物料的积存。设备所用的润滑剂、冷却剂等不得对料液或容器造成污染。

⑤ 与设备连接的主要固定管道应标明管内物料名称、流向。

⑥ 用于生产和检验的仪器、仪表、量具、衡器等，其适用范围和精密度应符合生产和检验要求，有明显的合格标志，并定期校验。

⑦ 建立健全维修保养制度。生产设备应定期维修、保养和验证。维修、保养的措施不得影响产品的质量。应有使用、维修、保养、校验记录，并由专人管理。

⑧ 应保存一套现有设备及其布置的图纸。

（四）人员管理和培训

1. 健康状况

从事食品用酶生产的人员应身体健康、无不良嗜好，如果具有以下的一种或更多种症状或疾病，应停止生产操作，直到恢复健康。①化脓的伤口；②发烧（＞38℃）；③沙门菌感染（雇员或家庭成员中的一人）；④超过两天的腹泻；⑤黄疸。

在手或前臂上的外露的伤口，如戴塑料/胶皮手套可进行操作。

2. 个人卫生

① 应保持良好的个人卫生和健康习惯。

② 在工作岗位上不得有妨碍生产操作和产品安全的行为。在生产及仓储区域不得饮食、吸烟和咀嚼口香糖等。

③ 食品加工用酶区域内生产操作工应穿戴干净的工作服/帽/鞋。易掉落的东西应放在腰部以下的口袋中。不允许穿短裤/短裙。

进行开放性操作的区域不允许佩戴不牢靠的饰品，如：项链、耳环、手表、有镶嵌物的戒指等。

进行任何接触产品或设备内表面的操作时，应佩戴干净的新的一次性手套（防渗透材料）。劳保手套应保持清洁。

④ 进行开放性操作的区域蓄须的操作人员应佩戴胡须罩。

3. 外部人员

① 制定外部人员的管理制度。

② 进入食品加工用酶生产、加工和操作处理区的外部人员，应穿防护工作服并遵守本章中其他的个人卫生要求。

4. 教育和培训

① 企业应建立各级人员的定期培训制度，并设立考核机制，持证上岗。

② 新进入企业的人员应根据工作岗位分别进行上岗培训和生产基本知识的相关培训，经考核合格后，方可上岗工作。

③ 企业员工应定期进行生产和食品安全理论知识培训，并对培训和培训效果进行评估。

④ 培训应有记录，并存档。

（五）卫生管理

1. 机构

① 生产企业应有相应的卫生管理机构或人员，对本企业的卫生工作进行全面管理。

② 相关人员应经专业培训。

2. 职责（任务）

① 宣传和贯彻食品卫生法规和有关规章制度，监督、检查在本企业的执行情况，定期向食品卫生监督部门报告。

② 制定和修订本单位的各项卫生管理制度和规划。

③ 组织卫生宣传教育工作，培训有关人员。

④ 定期组织本企业人员的健康检查，并做好善后处理工作。

3. 清洗和消毒工作

① 应制定有效的清洗及消毒方法和制度，以确保所有场所设备管路清洁卫生，防止污染。

② 使用清洗剂和消毒剂时，应采取适当措施，以防止人身伤害和产品污染。

4. 鼠虫害控制

① 厂区应定期或在必要时进行除虫灭害工作，应采取措施防止鼠类、蚊、蝇、昆虫等的聚集和滋生。

② 鼠药与杀虫剂应从相关资质的单位处采购，并保证杀虫剂及鼠药符合当地法规的要求。

③ 杀虫剂及鼠药禁止用于存放生产物料所在的相关区域及生产区域。

④ 使用各类杀虫剂或其他药剂前，应做好对人身、设备、工具的污染和中毒的预防措

施。用药后应将所有设备、工具彻底清洗，消除污染。

5. 有毒有害物品的管理

① 清洗剂、消毒剂及其他有害有毒物品，均应有易于辨认的包装，并明确标示"有毒品"字样，储存于专门库房或柜橱内，加锁并由专人负责保管，建立管理制度。

② 使用时应由经过培训的人员按照使用方法进行，防止污染和人身中毒。

③ 清洗剂、消毒剂均不应在生产车间长期存放。

④ 各种药剂的使用品种和范围应符合国家的有关规定。

6. 卫生设施的管理

洗手池、消毒池、更衣室、淋浴室、厕所等卫生设施应有专人管理，建立管理制度，责任到人，应经常保持良好状态。

7. 工作服

应有清洗保洁制度。工作服应定期更换，保持清洁。

（六）质量管理

1. 质量管理标准

应制定涵盖完整生产流程的质量管理标准，并经相关部门批准后实施。

2. 检测与质量控制

① 生产企业应设有与生产能力相适应的卫生、质量检验室，配备经专业培训、考核合格的检验人员。

② 生产企业应具备一定的检验设备。检验设备应定期校验，精确度和灵敏度要符合有关检验要求。在检定规程规定的最长周期内，至少应委托国家计量检验机构校正一次，并做好记录。

③ 企业的质量管理部门应负责生产全过程的质量管理和检验，受企业负责人直接领导。

3. 生产过程质量管理

① 应找出生产过程中的控制点，并制定控制措施，包括：检验项目、检验标准、抽样及检验方法等，并做好执行记录。

② 应检查设备使用前是否保持清洁，并处于正常状态。

③ 生产过程中质量管理结果若发现异常现象时，应迅速追查原因并进行处理。

4. 成品质量管理

① 应按照国家和企业制定的质量管理标准，详细制定出成品检验项目、检验标准、抽样及检验方法。

② 应制定成品留样保存计划，每批成品应做留样保存实验，保存时间应不短于成品标示的保质期。

③ 每批成品须经质量管理部门检验，不合格品不得出厂。

④ 严格控制不合格品的存储/丢弃，避免污染合格品。若允许返工则可以再加工以去除污染；不允许将卫生指标不合格品与合格品混合，用以稀释不合格品，并使其检验合格。

5. 仪器或设备校准

依据相关的计量规定对检测仪器进行校准，并做好记录。

在没有国家或行业测量设备校准方法时，企业可制定校准规范，以企业标准形式发布和实施，用以满足测量设备检修的需要。但在相应的国家或行业校准规范发布后，企业校准规范应废止。

（七）物料控制和管理

1. 物料接收

① 所有与食品加工用酶生产相关的原辅料、清洗剂、消毒剂、加工助剂、添加剂、包装材料均应符合国家的有关法规或标准的要求。国家和行业标准未涵盖到的，生产企业应建立企业内控标准。物料应按标准进行接收检验，应有物料接受检验程序。大容积如槽车运输至少应在接收前进行目测。检验情况应进行记录存档。

② 在接收时或不定期地在装卸后对容器和运输设施进行清洁检查，以避免任何物料污染。

③ 物料在接收时的所有检测，无论是合格或不合格都应进行记录并存档。

④ 怀疑可产生致病微生物的物料应经检验或有供应商提供的微生物级数的证明。

⑤ 物料怀疑有黄曲霉毒素或按相关规定要求的其他自然毒素染菌（如玉米浆、豆粕粉），这些物料应经检验或应有供应商提供的证明。

⑥ 对有毒物质或变质物质（如有毒的金属、杀虫剂）的要求同第⑤条。

⑦ 致病微生物和毒素要求应包含在物料规格内。需符合上述要求的物料在放行前应记录存档。

⑧ 对于物料和再加工物料如怀疑感染了除规格要求外的不良微生物或昆虫应进行检测或有供应商提供的证明。

⑨ 生产过程中可使用国家允许使用的食用级的添加剂。清洗剂、消毒剂等应在每一独立包装上有明显的中文名称标示；清洗剂、消毒剂等使用应依"先进先出"的原则，并做仓储存量与领用管理记录。

2. 物料的运输

① 用于包装、盛放物料的包装袋/容器应适合物料的运输。包装袋/容器应无毒、干燥、洁净。

② 运输工具应干燥、洁净。不得将有毒、有害、有污染的物品与物料混装混运，防止造成污染。

3. 物料的储藏

① 物料及需再加工的物料应在适宜的温度和相对湿度下储存在指定储罐、储仓及仓库中，以避免污染，并有防虫、防鼠、防雀设施。成品、中间品及物料应分开存储，并不得与设备、技术仪器或其他不相关的物品存储在一起。

② 需进行再加工的物料应进行适宜的标识和隔离以防止不适宜使用。

③ 需冷冻的材料应保持冷冻状态，如在使用前需融解，应采取适当方式以防止原料及其他组分变质。

④ 清洗剂、消毒剂、加工助剂及添加剂储存时，应采取有效的防止污损的措施，并应严格按照其性能特点，防止出现质量下降现象或产生质量事故。

（八）工艺和控制

1. 总体要求

① 所有涉及食品加工用酶制剂的各工序的操作应按特定的卫生程序进行，并应包含在各公司/部门的质量文件中。

② 应对相关生产过程制定操作规程。对实际操作加以记录，由专人定期检查，并规定相关记录的保留时间。

③ 所有物料或产品均应有标识以确保其完成的可追溯性。

④ 应在关键工艺控制点采取必要的检测手段来识别卫生问题或可能的污染。包装材料经批准才可用于食品。

⑤ 对定期清洁任务及日常车间清洁应做出程序化的书面的计划并记录存档。

⑥ 至少每季度应进行一次由多部门代表组成的小组开展的内部 GMP 检查。检查情况应进行记录存档。

2. 发酵过程

① 发酵罐、种子罐、管路、设备应保持清洁。保持生产环境的清洁，避免生长霉菌和其他杂菌。软管、跨接管等临时设备，使用前/后应及时清洗、消毒，防止污染。

② 菌种管理需制定严格的操作制度，菌种保存、扩大培养的生产过程应做到无菌操作，人员需进行微生物和菌种相关知识的培训，并具有相关技能。

③ 发酵过程应制定操作规程，实际操作应进行记录，生产负责人或工艺管理人员应定期对记录进行检查，应有书面规定记录的留存时间。

3. 发酵后加工过程

① 发酵后加工车间的墙壁、地面以及设备、工器具、管路应保持清洁，避免生长霉菌和其他杂菌。间断使用须用清洗剂、消毒剂彻底清洗、消毒。

② 加工助剂和添加剂应严格按国家规定采购和使用。

4. 包装过程

① 包装材料应符合国家有关标准的规定。

② 包装材料在使用前应避免受到污染。包装过程中应避免引入异物。

（九）成品储存和运输

① 成品储存及运输使用的车辆/机械应可以有效地保护成品不受到化学、物理及微生物的污染。

② 仓库应经常清理，储存物品不得直接放置在地面。成品仓库应按生产日期、品名、包装形式及批号分别堆置，应设明确标识，并做记录。

③ 为确保成品质量，应定期查看，如有异常情况需进行处理。

④ 每批成品应经检验，确实符合产品质量标准后，方可出货，并遵行"先进先出"的原则。

⑤ 成品的储存应有存量记录，成品出厂应做出货记录。内容应包括批号、出货时间、地点、对象、数量等，便于质量追踪。

⑥ 对于有外包装的成品，运输车辆应适合成品的运输，便于清洁，并且不得运输可能污染成品的非食品级物料。对于散装成品的运输，运输车辆应是专门用于食品级物料的车辆，在装卸成品前应检查车辆/容器的卫生情况，并做相关记录。

（十）文件和记录

1. 生产管理、质量管理的各项制度和记录

① 应有厂房、设施和设备的使用、维护、保养、检修等制度和记录。

② 应有物料验收、生产操作、检验、发放、成品销售和用户投诉等制度和记录。

③ 应有不合格品管理、物料退库和报废、紧急情况处理等制度和记录。

④ 应有环境、厂房、设备、人员等卫生管理制度和记录。

⑤ 应有本标准和专业技术培训等制度和记录。

2. 产品生产管理文件

① 应有生产工艺规程、岗位操作法或标准操作规程生产工艺规程。

② 应有批生产记录，内容包括：产品名称、生产批号、生产日期、操作者、复核者的签名，有关操作与设备、相关生产阶段的产品数量、物料平衡的计算、生产过程的控制记录及特殊问题记录。

3. 产品质量管理文件

① 应有物料、中间产品和成品质量标准及其检验操作规程。

② 应有产品质量稳定性考察文件。

③ 应有批检验记录。

4. 文件的起草、修订、审批、保管

生产企业应建立文件的起草、修订审查、批准、撤销、印制及保管的管理制度。分发、使用的文件应为批准的现行文本。已撤销和过时的文件除留档备查外，不应在工作现场出现。

5. 生产管理文件和质量管理文件的编制要求

① 文件的标题应能清楚地说明文件的性质。

② 各类文件应有便于识别其文本、类别的系统编码和日期。

③ 文件使用的语言应确切、易懂。

④ 填写数据时应有足够的空格。

⑤ 文件制定、审查和批准的责任应明确，并有责任人签名。

（十一）投诉处理和产品召回

1. 建立投诉处理制度

所有投诉，无论以口头或书面方式收到，都应根据书面程序进行记录和调查。质量管理负责人（必要时，应协调其他有关部门）应及时追查，妥善解决。

2. 投诉记录和处理

① 投诉人姓名地址及联系方式。

② 投诉内容（包括产品名称和批号）。

③ 收到投诉日期。

④ 最初采取的措施（包括回复日期和回复者）。

⑤ 随后采取的措施。

⑥ 对投诉人的回复（包括发出回复的日期）。

⑦ 对该投诉的最终处理。

⑧ 投诉记录宜定期统计，并分送有关部门参考并加以改进。

3. 产品召回

① 应有书面文件规定，在何种情况下应考虑召回产品，根据危害程度，对召回产品进行分类，相应制定不同级别的召回制度。

② 召回程序应规定参与评估情况的人员、启动召回的方法、召回应通知到的对象，以及召回后产品的处理方法。

③ 宜定期进行模拟召回，并记录存档。

（十二）产品信息和宣传引导

1. 批次的标识

每个包装上应有清晰不易脱落的标识，以便于辨认生产厂和生产批次。

2. 产品信息

所有的产品都应具有或提供充分的产品信息，并提供产品安全数据表，以使下一个经营

者或者消费者能够安全、正确地对产品进行处理、展示、储存和使用。

本 章 小 结

　　酶制剂是按照一定的质量标准要求，应用适当的物理、化学方法，将酶从动、植物细胞以及微生物发酵液中提取出来，加工成一定规格，并能稳定发挥其催化功能的生物制品。世界上已知的酶有 4000 多种，工业化生产的酶制剂有 300 多种，常用的有 50 多种，其中 80％以上为水解酶类。酶制剂大多来源于微生物，如果筛选不当，则可能将致病菌或产生毒素及其他生理活性物质的微生物作为产酶菌株，基因修饰的微生物也可能发生非预期改变，从而给消费者或生产者的健康带来潜在危害。因此，需要对酶制剂进行规范的管理和安全评价。在我国，食品用酶制剂按食品添加剂管理，饲料用酶制剂按饲料添加剂管理。GB 2760—2011 将食品用酶制剂列入加工助剂范畴，收入了 52 种单酶及其来源和供体。食品加工用酶制剂企业执行 GB/T 23531—2009。用于产酶的微生物必须是非病原性和无毒性的。

　　我国酶制剂工业始于 1965 年。半个世纪来，该产业从无到有、由小变大，迅速发展。产量从当初的几百吨，发展到现在的近 80 万吨；品种从当初只有一种淀粉酶，到现在二十几个品种；应用领域从当初的淀粉和纺织等少数领域，发展到现在涉及食品、饲料、纺织、造纸、皮革、医药、洗涤剂、化工、酿造、环保等十几个行业。目前，逐步成熟的酶制剂研究及应用技术使我国酶制剂产业正向"高档次、高活性、高质量、高水平、多领域"方向发展。

实 践 练 习

　　1.FAO/WHO 食品添加剂联合专家委员会的英文缩写是（　　）。

　　A. FCC　　　　　　B. SCF　　　　　　C. JECFA　　　　　D. FDA

　　2. GB 2760—2011 列入了（　　）种单酶名称？

　　A. 18　　　　　　B. 22　　　　　　C. 45　　　　　　D. 52　　　　　　E. 56

　　3. 来源于基因修饰微生物的酶，应在酶来源编号后加（　　）。

　　A. 基因　　　　　B. 修饰　　　　　C. G　　　　　　D. M　　　　　　E. GM

　　4. 食品用酶制剂生产人员患以下哪种症状或疾病，应停止生产操作？（　　）

　　A. 化脓的伤口　　B. 黄疸　　　　　C. 脂肪肝　　　　D. 发烧（>38℃）

　　5. 我国酶制剂工业可分为哪几个发展阶段？

　　6. 食品用酶制剂与一般的食品添加剂有何不同？

　　7. 简述微生物酶开发的一般程序。

　　8.SCF 对食品用酶制剂的安全性评价提出了哪些资料要求？

（韦平和）

第二章

酶学基础

学习目标

■【学习目的】

通过学习，掌握酶的催化机理和酶促反应动力学等酶学基础知识，学会酶活测定方法、原理及影响因素。

■【知识要求】

1. 掌握酶的命名原则及分类。
2. 理解酶的催化特性及催化原理。
3. 掌握酶促反应的影响因素。
4. 理解酶活力单位、比活力及其测定原理。

■【能力要求】

1. 学会测定酶活力的基本方法。
2. 培养应用酶学知识解决实际问题的能力。

第一节 酶的分类与命名

早期，酶的名称多数是由酶发现者根据酶所催化的底物、反应的类型或酶的来源命名。如催化淀粉水解的酶称为淀粉酶；催化底物分子水解的酶称水解酶；按酶的来源分，如胃蛋白酶、唾液淀粉酶等。这种命名缺乏系统的规则，不能说明酶促反应的本质，常出现一酶多名现象，产生混乱。目前已发现的酶有4000多种，在生物体中酶的种类远远大于这个数量，随着生物化学和分子生物学等生命科学的发展，会发现更多的新酶。为了研究和使用方便，需对已知的酶加以正确地分类，并给以科学的名称。1961年国际生物化学和分子生物学学会（IUBMB）以酶的分类为依据，提出系统命名法，规定每一种酶有一个系统名称，它标明酶的所有底物和反应性质。有时底物名称太长，为了使用方便，国际酶学学会从每种酶的习惯名称中，选定一个简便和实用的作为推荐名称。多数酶的系统名可从手册和数据库中检索。

一、习惯命名

习惯命名主要依据两个原则。

1. 酶作用的底物

如催化蛋白质水解的酶称蛋白酶；催化淀粉水解的酶称淀粉酶。有时还加上来源以区别不同来源的同一类酶，如胃蛋白酶、胰蛋白酶等。

2. 酶催化的反应类型

如水解酶、转氨酶、氧化酶等。

有的酶是结合上述两个原则来命名，如琥珀酸脱氢酶，它是催化琥珀酸脱氢反应的酶。虽然习惯命名较简单，但缺乏系统性，不准确，易产生误会。由于应用历史较长，现在还是被人们普遍使用。

另外，还有一些酶有特殊的名称和其他分类方法。

（1）根据酶蛋白质分子组成和结构特点

① 单体酶。只有一条多肽链组成，属于这一类的酶比较少，相对分子质量也较小，一般是催化水解反应的酶。

② 寡聚酶。由几条至几十条不等的多肽链组成，每条多肽链称为一个亚基，这些亚基可以相同也可以不同，亚基之间通过非共价键相连，其相对分子质量差别较大，如 3-磷酸甘油醛脱氢酶。

③ 多酶复合体。是指由几个酶聚合而成的复合体，催化一系列的化学反应，有利于化学反应的连续进行，以提高酶的催化效率，同时便于机体对酶的调控，其相对分子质量一般都很高，如丙酮酸脱氢酶和脂肪酸合成酶等。

④ 多酶融合体。一条多肽链上含有两种或两种以上催化活性的酶，这往往是基因融合的产物。

（2）根据酶的化学本质

① 蛋白酶。是指酶的组成为蛋白质或主要成分是蛋白质，简称 P 酶。目前已知绝大多数酶都属于蛋白酶。

② 核酶。是指酶的组成成分或主要成分是核酸或脱氧核酸，简称 R 酶。关于 R 酶的分类还没有统一的原则和方法。

（3）根据酶催化反应时所在的场所　胞外酶是在细胞内产生的，分泌到细胞外发挥作用，如大多数水解酶。胞内酶主要存在于细胞的各种类型膜上或胞质液中，参与许多种化学反应。

一个细胞内含有上千种酶，互相有关的酶往往组成一个酶体系，分布于特定的细胞部位（表 2-1）。

表 2-1　分布在细胞内不同部位的酶

部位	细胞核	细胞质	内质网	线粒体	溶酶体
酶	酸性磷酸酶、三磷酸核苷酶、核糖核酸酶、醇解酶系、乳酸脱氢酶	醇解酶系、磷酸戊糖途径酶系、脂肪酸合成酶复合体、天冬氨酸氨基转移酶、核苷酸激酶	胆固醇合成酶系、蛋白质合成酶系	酰基辅酶 A 合成酶、NADH 脱氢酶、三羧酸循环酶系、脂肪酸 β-氧化酶系	水解蛋白质的酶、水解糖苷类的酶、水解核酸的酶、水解脂类的酶

（4）根据酶是否被人工加工修饰　在细胞内或人工地从细胞内提取的、直接参与化学反应的酶属于天然酶。人工修饰酶是指从生物体细胞中提取的、经过特殊的理化方法加工修饰过，然后再催化特定的化学反应的酶，如固定化酶。

另外，还有同工酶和诱导酶等名称。

同工酶：能催化同一种化学反应，但其酶蛋白本身的分子结构不同的一组酶，存在于生物的同一种属或同一个体的不同组织中，甚至同一组织、同一细胞中。

诱导酶：在正常细胞中含量极少或没有，当细胞中加入特定诱导物后含量显著增高。诱导物往往是该酶的底物或底物类似物，如大肠杆菌中的 β-半乳糖苷酶。

二、系统命名

系统命名法是以酶所催化的整个反应为基础的，规定每种酶的名称应标明酶的底物及催化反应的性质。如果一种酶催化两种底物起反应，应在它们的系统名称中包括两种底物的名称，并以"："将它们隔开。若底物是水时，可略去不写。表 2-2 说明几种常见酶的两种命名法的不同。

表 2-2　酶的习惯命名法和系统命名法举例

习惯名称	系统名称	催化反应
乙醇脱氢酶	乙醇：NAD^+ 氧化还原酶	乙醇$+NAD^+\to$乙醛$+NADH$
谷丙转氨酶	丙氨酸：α-酮戊二酸氨基转移酶	丙氨酸$+\alpha$-酮戊二酸$\to$谷氨酸$+$丙氨酸
脂肪酶	脂肪：水解酶	脂肪$+H_2O\to$脂肪酸$+$甘油

国际酶学委员会根据酶所催化的反应类型及性质不同，将酶分为六类，即氧化还原酶类、转移酶类、水解酶类、裂合酶类、异构酶类和合成酶类，分别用 1、2、3、4、5、6 表示。再根据底物中被作用的基团或键的特点，将每一大类分为若干个亚类，编号用 1、2、3…表示，每个亚类又可分为若干个亚亚类，仍用编号 1、2、3…表示。每一个酶的编号由 4 个数字组成，中间以"·"隔开，第一个数字表示该酶属于 6 大类中的哪一类，第二个数字表示该酶属于哪一个亚

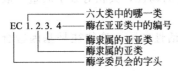

图 2-1　酶的系统命名

类，第三个数字表示该酶属于哪一个亚亚类，第四个数字表示该酶在亚亚类中的编号，编号之前冠以 EC（enzyme commission 的缩写）（见图 2-1）。系统命名法表达准确，但太繁琐，使用不便。

1. 氧化还原酶类

催化氧化还原反应的酶，一般需要辅酶参与。可分为氧化酶和脱氢酶两类。

① 氧化酶类。催化底物脱氢氧化生成 H_2O_2 或 H_2O。其反应通式为 $A\cdot2H+O_2\to A+H_2O_2$ 或 $2A\cdot4H+O_2\to2A+2H_2O$。如葡萄糖氧化酶，酶分子中含有两分子 FAD 作为氢受体，催化葡萄糖氧化生成葡萄糖酸，并生成 H_2O_2。

② 脱氢酶类。催化直接从底物脱氢的反应，其反应通式为 $A\cdot2H+B\to A+B\cdot2H$。如乳酸脱氢酶，以 NAD^+ 为辅酶，将乳酸氧化成丙酮酸。

2. 转移酶类

催化某些基团的转移，即将一种分子上的某一基团转移到另一种分子上，许多转移酶需要辅酶，其反应通式为 $AB+C\to A+BC$。谷丙转氨酶需要磷酸吡哆醛作为辅基，能使谷氨酸上的氨基转移到丙酮酸上，使之成为丙氨酸，而谷氨酸转化为 α-酮戊二酸。

3. 水解酶类

催化各种化合物进行水解反应，包括淀粉酶、核酸酶、蛋白酶、脂酶等，一般不需要辅酶，但无机离子对其活性有影响。水解酶属于胞外酶，在生物体内分布广，数量多，包括水解酯键、糖苷键、醚键、肽键、酸酐键及其他 C—N 键共 11 个亚类。其反应通式为 $A\text{-}B+H_2O\to AOH+BH$。如磷酸二酯酶催化磷酸酯键水解，成为醇和磷酸单糖。

4. 裂合酶类

催化从底物上移去一个基团而形成双键的反应或其逆反应。该酶催化某化合物裂解，产

物中增加了一个双键，根据裂合键是 C—O、C—N、C—C 等的不同可分为若干亚类。其反应通式为 A·B→A+B。二磷酸酮糖裂合酶可催化果糖-1,6-二磷酸成为磷酸二羟丙酮及甘油醛-3-磷酸，是糖代谢过程中的一个关键酶，习惯称为醛缩酶。

5. 异构酶类

催化同分异构体之间相互转化，即分子内基团的重新排列。根据异构化的类型不同可分为若干亚类，如消旋、变位、顺反异构等。其反应通式为 A→B。包括消旋酶、差向异构酶、顺反异构酶等亚类。如葡萄糖-6-磷酸异构酶可催化葡萄糖-6-磷酸转变成果糖-6-磷酸。

6. 合成酶类

催化与 ATP 水解相偶联、由两种物质合成一种物质的反应。该酶在催化过程中都需要金属离子作为辅助因子，如 Mg^{2+} 等。其反应通式为 A+B+ATP→A·B+ADP+Pi 或 A+B+ATP→A·B+AMP+Pi。如 L-酪氨酸 tRNA 合成酶催化 L-酪氨酸 tRNA 的合成，这类酶在蛋白质生物合成中起重要作用。

第二节 酶的催化特性

一、酶的高效性

酶能降低反应分子所需要的活化能，从而增加了活化分子数，加快了反应速度。酶降低反应活化能的机理是通过改变反应途径，使反应沿着一个低活化能的途径进行。

酶如何通过改变反应途径使反应的活化能降低，目前比较满意的解释是中间产物学说，即酶与底物通过形成中间产物使反应沿着一个低活化能的途径进行。酶在催化反应时，首先与底物结合成一个不稳定的中间产物 ES，ES 经作用再分解成产物和原来的酶，反应式 E+S→ES→E+P。在这个反应顺序中，底物 S 与酶结合形成中间产物 ES，由于 S 与 E 的结合导致分子中某些化学键发生变化，呈不稳定状态，即活化态，使反应活化能降低，然后复合物 ES 转变成酶与产物的复合物 EP，继而 EP 裂解生成产物，这一过程所需的活化能低，所以反应速度加快。图 2-2 表示非酶促反应和酶促反应所需活化能的差异。酶的催化效率是极高的，一般酶催化反应的反应速度比非催化反应高 $10^8 \sim 10^{20}$ 倍，比非生物催化剂高 $10^7 \sim 10^{13}$ 倍。

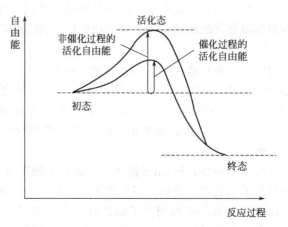

图 2-2 非酶促反应和酶促反应所需活化能差异

中间产物学说是否正确取决于中间产物是否确实存在，由于中间络合物很不稳定，易分解成产物，因此不易把它从反应体系中分离出来。但是有不少间接证据表明中间产物确实存在。如过氧化物酶催化下列反应：$H_2O_2 + AH_2 \rightarrow A + 2H_2O$，式中 AH_2 表示氢供体，此酶含铁卟啉辅基，酶溶液呈红褐色，在 645nm、583nm、548nm、498nm 处有特征吸收光谱。当向酶溶液中加入过氧化氢后，酶液由褐色变为红色，光谱改变，只在 561nm 和 530.5nm 处有吸收带。发生这种现象的唯一解释就是酶与底物之间发生了某种作用，可以说明两者形成了新的物质。此时，若再加入供氢体，则光谱又发生了改变，两条新谱带消失，酶液又变为红褐色，原来的四条吸收带又重新出现，说明中间络合物已分解成产物。

二、酶的专一性

专一性是指酶对催化的反应和反应物有严格的选择性。酶往往只能催化一种或一类反应，作用于一种或一类物质，而一般催化剂没有这样严格的选择性。如氢离子可以催化淀粉、脂肪和蛋白质的水解，而淀粉酶只能催化淀粉糖苷键的水解，蛋白酶只能催化蛋白质肽键的水解，脂肪酶只能催化脂肪酯键的水解，而对其他的物质无催化作用。酶作用的专一性是酶最重要的特点之一，也是和一般催化剂最主要的区别。

酶的专一性可分为结构专一性和立体异构专一性两种类型。

1. 结构专一性

有些酶对底物的要求非常严格，只作用于一种底物，而不作用于任何其他物质，这种专一性是绝对专一性。例如脲酶只能水解尿素，而对尿素的各种衍生物不起作用；DNA 聚合酶 I 催化 4 种脱氧核苷酸合成 DNA，在合成 DNA 时要求有一条 DNA 链作为模板，新合成的 DNA 链的排列顺序完全由 DNA 链的排列顺序决定。DNA 聚合酶在执行模板给出的指令时特别精确，在新 DNA 链中插入一个错误的核苷酸的机会不到百万分之一，DNA 聚合酶也可以说具有绝对专一性。

有些酶对底物的要求比上述绝对专一性要低一些，可作用一类结构相似的底物，这种专一性称为相对专一性。具有相对专一性的酶作用于底物时，对链两端的基团要求程度不同，对一个基团要求严格，对另一个则要求不严格，这种专一性称为族专一性或基团专一性。例如 α-D-葡萄糖苷酶不但要求 α-糖苷键，并且要求 α-糖苷键的一端必须有葡萄糖残基，即 α-葡糖苷，而对键的另一端 R 基团则要求不严，因此，它可催化各种 α-D-葡糖苷衍生物 α-糖苷键的水解。有些酶只要求作用于底物一定的键，而对键两端的基团并无严格的要求，这种专一性称为键专一性。例如酯酶催化酯键的水解，对底物中的 R 基团都没有严格的要求。

2. 立体异构专一性

当底物具有立体异构体时，酶只能作用其中的一种，这种专一性称为立体异构专一性。酶的立体异构专一性是相当普遍的现象，它又分为两种：①旋光异构专一性，如 L-氨基酸氧化酶只能催化 L-氨基酸氧化，而对 D-氨基酸无作用；②几何异构专一性，当底物具有几何异构体时，酶只能作用于其中的一种，如琥珀酸脱氢酶只能催化琥珀酸脱氢生成延胡索酸，而不能生成顺丁烯二酸。

为了阐明酶促反应高度的专一性，Fischer 提出了"锁钥学说"，认为酶和底物的结合状如钥匙与锁的关系，底物分子或底物分子的一部分像钥匙那样，专一地契合到酶的活性中心部位，即底物分子进行化学反应的部位与酶分子的活性中心具有紧密互补的关系（见图 2-3）。此学说很好地解释了酶的立体异构专一性，但不能解释酶的活性中心，既适合于可逆反应的底物，又适合于可逆反应的产物，也不能解释酶专一性的所有现象。

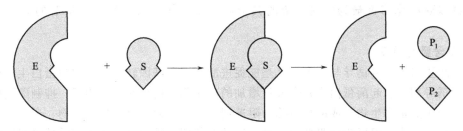

图 2-3　锁钥学说

Koshland 提出"诱导契合学说",酶分子活性中心的结构原来并非和底物的结构互相吻合,但酶的活性中心是柔性的,而非刚性的。当底物与酶相遇时,可诱导酶活性中心的构象发生相应的变化,其上有关的各个基团达到正确的排列和定向,因而使酶和底物契合,二者结合成中间络合物,并引起底物发生反应。反应结束后,当产物从酶上脱落下来后,酶的活性中心又恢复了原来的构象,图 2-4 表示诱导契合过程。近年来 X 射线晶体衍射分析的实验结果支持这一假说,证明了酶与底物结合时,确有显著的构象变化。

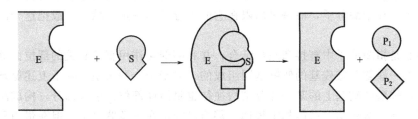

图 2-4　酶和底物的诱导契合过程

三、酶的不稳定性

　　酶是由细胞产生的生物大分子,凡能使生物大分子变性的因素,如高温、强碱、强酸、重金属等都能使酶失去催化活性。因此,酶所催化的反应往往都是在比较温和的、常温、常压和接近中性酸碱度条件下进行的。例如,生物固氮在植物中是由固氮酶催化的,通常在27℃和中性 pH 下进行,每年可从空气中将 1 亿吨左右的氮固定下来。而在工业合成氨时,需要在 500℃、几百个大气压下才能完成。

四、酶的可调节性

　　根据生物体的需要,许多酶的活性可受多种调节机制的灵活调节,包括:变构调节、酶的共价修饰、酶的合成、活化与降解等。酶的催化活性还离不开辅酶、辅基、金属离子等物质的参与和影响。

　　其调节机理体现在以下几个方面。

　　1. 酶活性的调节

　　(1) 变构调节　体内一些代谢物与某些酶活性中心外的调节部位非共价可逆地结合,使酶发生构象改变,引起催化活性改变,这一调节酶活性的方式称为变构调节。受变构调节的酶称变构酶,引起变构效应的代谢物称变构效应剂。变构酶通常是代谢过程中的关键酶,酶的变构调节属酶活性的快速调节。

　　(2) 共价修饰调节　某些酶蛋白肽链上的侧链基团在另一酶的催化下可与某种化学基团发生共价结合或解离,从而改变酶的活性,这一调节酶活性的方式称为酶的共价修饰。酶的共价修饰以磷酸化修饰最为常见，酶的共价修饰属于体内酶活性快速调节的另一种重要方式。

2. 酶含量的调节

（1）酶蛋白合成的诱导与阻遏　凡是能促进酶蛋白的基因转录，增加酶蛋白生物合成的物质称为诱导剂，引起酶蛋白生物合成量增加的作用称为诱导作用；相反，抑制酶蛋白的基因转录，减少酶蛋白生物合成的物质称为阻遏剂。某些内源底物、反应产物、激素或外源药物等可通过诱导或阻遏影响酶蛋白合成量，这种调节酶活性的方式属于酶活性的缓慢而长效的调节方式。

（2）酶的降解调控　减低或加快酶蛋白的降解速度，也可使细胞酶含量增多或减少。

第三节　酶的结构和功能

一、酶的活性中心

酶是大分子蛋白质，而反应物大多是小分子，因此酶与底物的结合不是整个酶分子，催化反应的也不是整个酶分子，而是只局限在它的大分子的一定区域，一般把这个区域称为酶的活性中心。

活性中心是指酶分子中直接和底物结合，并和酶催化作用直接有关的部位。对于单纯酶来说，它是由一些氨基酸残基的侧链基团组成的。对于结合酶来说，除了上述氨基酸残基的侧链基团外，辅酶或辅基上的某一部分结构往往也是活性部位的组成部分。构成酶活性部位的这些基团，在一级结构上可能相距很远，甚至可能不在一条肽链上，但在蛋白质空间结构上彼此靠近，形成具有一定空间结构的区域，这个区域在所有已知结构的酶中都是位于酶分子的表面呈裂缝状。

酶的活性中心有两个功能部位：一是结合部位，由一些参与底物结合的有一定特性的基团组成；二是催化部位，由一些参与催化反应的基团组成，底物的键在此被打断或形成新的键，从而发生一定的化学反应。一个酶的催化位点可以不止一个，而在结合部位又可以分为各种亚位点，分别与底物的不同部位结合。

活性中心的基团均属于必需基团，但必需基团还包括那些在活性部位以外的对维持酶的空间构象必需的基团。因为酶分子的一定空间构象对于活性中心的形成是必需的，当外界理化因素破坏了酶的结构时，就可能影响酶活性中心的特定结构，从而影响酶活力（见图 2-5）。

二、酶的结构与功能

现在人们很清楚，酶蛋白的一级结构并非线性就能表现其活性，但一级结构决定其二级、三级和四级结构，从此意义上讲，酶蛋白的一级结构对于它的催化活性起着决定作用。

在溶液中，多肽链的折叠、聚集成有序结构的过程是自发的，即只要一级结构确立或不变，该蛋白就可以自动形成确定的二级、三级和四级结构。对于由多条多肽链组成的酶蛋白质来说，只有以四级结构存在，酶才会具有催化活性。因为只有四级结构形成才能形成酶的活性中心，才能与底物结合，并释放反应产物。活性中心由多肽链上不同位置的氨基酸经折叠后才能形成，对于一个酶蛋白来讲可能很大，但起催化作用的仅是处于活性中心那部分的氨基酸。所以，当酶蛋白的氨基酸发生变化时，有可能影响蛋白质的高级结构，造成酶活性的降低或丧失，或造成酶反应条件的变化。

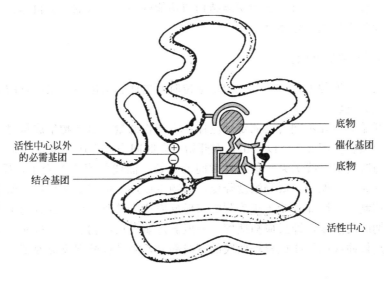

图 2-5 酶的活性中心

三、酶原激活

有的酶当其肽链合成之后，即可自发地折叠成一定的三维结构，一旦形成一定的构象，酶就可以立即表现出全部酶活性。然而更多的酶，特别是一些与消化有关的酶，在最初合成和分泌时，是没有活性的酶的前体形式，这种前体称为"酶原"。酶原在一定条件下被打断一个或几个特殊的肽键，从而使酶构象发生一定的变换形成具有活性的三维结构，此过程称为酶原激活。例如，胃蛋白酶原由胃黏膜细胞分泌，在胃液中的盐酸或已有活性的胃蛋白酶作用下，转变成有活性的胃蛋白酶。胃蛋白酶原相对分子质量为 42000，含有三对二硫键，

在酶原激活时，自 N 端切下 12 个多肽碎片，其中一个大的多肽碎片对胃蛋白酶有抑制作用，在 pH 高的条件下，它与胃蛋白酶以共价键方式结合，堵塞酶的活性中心，所以胃蛋白酶原没有活性。而在 pH＝1.0～2.0 时，它很容易由胃蛋白酶原上脱离下来，使胃蛋白酶原转化为胃蛋白酶。

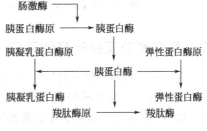

图 2-6 酶原的激活

酶原激活实际上是酶活性部位形成和暴露的过程，在组织和细胞中，某些酶以酶原形式存在，具有重要的生物学意义：一则可保护分泌酶原的组织不被水解破坏；二则酶原激活是有机体调控酶活的一种形式。酶原激活进一步说明了酶的功能是以酶的结构为基础的。图 2-6 表示胰蛋白酶的激活及与其他酶的激活的关系。

第四节 酶促反应动力学

酶促反应动力学是研究酶促反应速度及其影响因素的科学。影响酶促反应速度的因素主要包括酶的浓度、底物的浓度、pH、温度、抑制剂和激活剂等。在研究某一因素对酶促反应速度的影响时，应该维持反应中其他因素不变，而只改变要研究的因素。但必须注意，酶促反应动力学中所指明的速度是反应的初速度，因为此时反应速度与酶的浓度呈正比关系，这样避免了反应产物以及其他因素的影响。

研究酶促反应动力学，有助于阐明酶结构与功能的关系、酶的催化机理、某些药物的作用机理以及寻找酶作用的最佳条件等。

一、酶促反应速度的测定

测定酶促反应速度的方法有两种：测定单位时间内底物的减少量或产物的生成量，通常以测定产物的生成量较为准确。

酶促反应开始后，在不同时间测定反应体系中产物的量，以产物生成量对时间作图，即可得反应过程曲线。由图 2-7 可以看出，在开始一段时间内，反应速度几乎维持恒定，亦即产物的生成量与时间成直线关系。但随着时间的延长，曲线斜率逐渐变小，反应速度降低。产生这种现象的原因可能是：底物浓度降低，产物生成逐渐促进了逆反应，酶本身在反应中失活及产物的抑制等。因此，为了正确测定酶促反应速度并避免以上因素的干扰，就必须测定酶促反应初期时的速度，即反应初速度。一般测定酶促反应初速度，应先绘出反应过程曲线，根据由原点做曲线的切线或根据曲线的直线部分，来计算酶促反应速度。

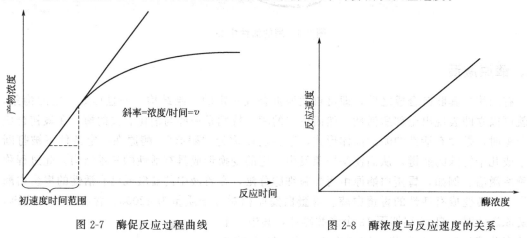

图 2-7　酶促反应过程曲线　　　　　图 2-8　酶浓度与反应速度的关系

二、酶浓度对反应速度的影响

在一定温度和 pH 条件下，当底物浓度大大超过酶的浓度时，若反应系统中不含有抑制酶活性的物质及其他不利于酶发挥作用的因素时，酶的浓度 [E] 与反应速度 v 呈正比关系，即 $V=k$ [E]。图 2-8 表示酶浓度与反应速度的关系。

三、底物浓度对反应速度的影响

在酶浓度不变的情况下，底物浓度对反应速度影响的作用呈现矩形双曲线。图 2-9 表示底物浓度与酶促反应速度的关系。

在底物浓度很低时，反应速度随底物浓度的增加而急骤加快，两者呈正比关系，表现为一级反应。随着底物浓度的升高，反应速度不再呈正比例加快，反应速度增加的幅度不断下降。如果继续加大底物浓度，反应速度不再增加，表现为零级反应。此时，无论底物浓度增加多大，反应速度也不再增加，说明酶已被底物所饱和。所有的酶都有饱和现象，只是达到饱和时所需底物浓度各不相同而已。

1. 米氏方程

解释酶促反应中底物浓度和反应速度关系的最合理学说是中间产物学说。酶首先与底物结合生成酶-底物复合物（中间产物），此复合物再分解为产物和游离的酶。

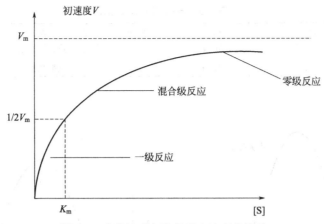

图 2-9　底物浓度与酶促反应速度的关系

Michaelis 和 Menten 在前人的工作基础上，经过大量实验，于 1913 年前后提出了反应速度和底物浓度关系的数学方程式，即著名的米氏方程式：

$$V = V_{max}[S]/(K_m + [S])$$

式中，V_{max} 为酶促反应的最大速度；$[S]$ 为底物浓度；K_m 为米氏常数；V 为在某一底物浓度时的反应速度。

当底物浓度很低时，$[S] \ll K_m$，则 $V \approx (V_{max}/K_m)[S]$，反应速度与底物浓度呈正比。当底物浓度很高时，$[S] \gg K_m$，此时 $V \approx V_{max}$，反应速度达最大速度，底物浓度增高不再影响反应速度。

2. 米氏常数的意义

当反应速度为最大速度一半时，米氏方程可以变换为：$V_{max}/2 = V_{max}[S]/(K_m + [S])$，即 $K_m = [S]$。由此可知，K_m 值等于酶促反应速度为最大速度一半时的底物浓度，其单位是 mol/L（摩尔/升）。

K_m 可以反映酶与底物亲和力的大小。K_m 值越小，则酶与底物亲和力越大；反之，则越小。K_m 值是酶的特征性常数，只与酶的性质、酶所催化的底物和酶促反应条件（如温度、pH、有无抑制剂等）有关，与酶的浓度无关。不同的酶，K_m 值不同，同一种酶与不同底物作用时，K_m 值也不同。

四、pH 对反应速度的影响

pH 可影响酶分子，特别是活性中心上必需基团的解离程度和催化基团中质子供体或质子受体所需的离子化状态，也可影响底物和辅酶的解离程度，从而影响酶与底物的结合。只有在特定 pH 条件下，酶、底物和辅酶的解离情况最适宜于它们互相结合，并发生催化作用，使酶促反应速度达最大值，这种 pH 值称为酶的最适 pH。它和酶的最稳定 pH 不一定相同，和体内环境的 pH 也未必相同。

各种酶的最适 pH 不同，一般在 pH4.0～8.0 之间，植物和微生物酶最适 pH5.5～6.5，动物体内多数酶最适 pH 值接近中性，但也有例外，如胃蛋白酶的最适 pH 约为 1.8，肝精氨酸酶最适 pH 约为 9.8（见表 2-3）。

最适 pH 不是酶的特征性常数，它受底物浓度、缓冲液的种类以及酶的纯度等因素影响。溶液 pH 值高于或低于最适 pH 时都会降低酶的活性，远离最适 pH 值时，甚至导致酶变性失活。测定酶活性时，应选用适宜的缓冲液，以保持酶活性的相对恒定。图 2-10 表示胰蛋白酶的活力与 pH 的关系。

表 2-3　一些酶的最适 pH

酶	最适 pH	酶	最适 pH	酶	最适 pH
胃蛋白酶	1.8	过氧化氢酶	7.6	延胡索酸酶	7.8
胰蛋白酶	7.7	精氨酸酶	9.8	核糖核酸酶	7.8

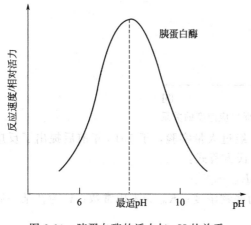

图 2-10　胰蛋白酶的活力与 pH 的关系

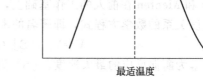

图 2-11　温度对酶活力的影响

pH 影响酶作用的原因可能有以下几个方面：过酸、过碱会强烈影响酶蛋白的构象，甚至导致酶变性失活；pH 改变不是很剧烈时，酶虽未变性，但 pH 影响底物分子的解离状态，从而影响酶活；pH 也影响酶分子的解离状态，即影响酶活性中心与底物结合基团和催化基团的解离，往往只有一种解离状态最有利于与底物结合，此时 pH 酶活力最高。

五、温度对反应速度的影响

化学反应的速度随温度增高而加快。但酶是蛋白质，可随温度的升高而变性。在温度较低时，前一影响较大，反应速度随温度升高而加快。一般温度每升高 10℃，反应速度约增加 1 倍。但温度超过一定数值后，酶受热变性的因素占优势，反应速度反而随温度上升而减慢，形成倒 U 形曲线。图 2-11 表示温度对酶活力的影响，在曲线顶点所代表的温度时，反应速度最大，称为酶的最适温度。

从温血动物组织提取的酶，其最适温度多在 35～40℃ 之间，植物酶在 40～50℃，某些微生物酶最适温度可达 70℃。一般情况下，在温度升高到 60℃ 以上时，大多数酶开始变性，80℃ 以上，多数酶的变性不可逆。酶的活性虽然随温度的下降而降低，但低温一般不破坏酶，温度回升后，酶又恢复活性。临床上低温麻醉就是利用酶的这一性质以减慢组织细胞代谢速度，提高机体对氧和营养物质缺乏的耐受体，有利于手术治疗。

酶的最适温度不是酶的特征性常数，因为它与反应所需时间有关，不是一个固定的值。酶可以在短时间内耐受较高的温度，相反延长反应时间，最适温度便降低。

六、抑制剂对反应速度的影响

凡能使酶的活性降低而不引起酶蛋白变性的物质称作酶抑制剂。使酶变性失活（称为酶的钝化）的因素如强酸、强碱等，其作用对酶没有选择性，不属于抑制剂。抑制作用通常分为可逆性抑制和不可逆性抑制两类。抑制剂对酶促反应抑制示意，见图 2-12。

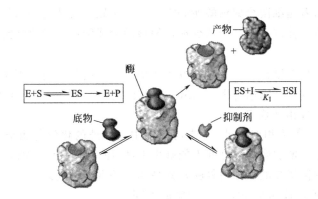

图 2-12　抑制剂对酶促反应抑制示意图

（一）不可逆性抑制

抑制剂与酶的必需基团以共价键结合而使酶丧失活性，不能用透析、超滤等物理方法除去抑制剂而恢复酶活力。抑制作用随抑制剂浓度的增加而逐渐增加，当抑制剂的量大到足以和所有的酶结合，则酶的活性就完全被抑制。

1. 非专一性不可逆抑制

抑制剂与酶分子中一类或几类基团作用，不论是否为必需基团，皆进行共价结合，由于其中必需基团也被抑制剂结合，从而导致酶的失活。

某些重金属离子（Pb^{2+}、Cu^{2+}、Hg^{2+}）、有机砷化合物及对氯汞苯甲酸等，能与酶分子的巯基进行不可逆结合，许多以巯基作为必需基团的酶（巯基酶），会因此而被抑制。用二巯基丙醇或二巯基丁二酸钠等含巯基的化合物可使酶复活。

2. 专一性不可逆抑制

抑制剂专一作用于酶的活性中心或其必需基团，进行共价结合，从而抑制酶的活性。有机磷杀虫剂能专一作用于胆碱酯酶活性中心的丝氨酸残基，使其磷酰化而不可逆抑制酶的活性。当胆碱酯酶被有机磷杀虫剂抑制后，神经末梢分泌的乙酰胆碱不能及时分解，导致乙酰胆碱过多而产生一系列胆碱能神经过度兴奋症状。解磷定等药物可与有机磷杀虫剂结合，使酶与有机磷杀虫剂分离而复活。

（二）可逆性抑制

抑制剂与酶以非共价键结合而引起酶活性降低或丧失，可用透析等物理方法除去抑制剂，恢复酶的活性。

1. 竞争性抑制

竞争性抑制是较常见的可逆抑制。它是指抑制剂（I）和底物（S）对游离酶（E）的结合有竞争作用，互相排斥。酶分子结合 S 就不能结合 I，结合 I 就不能结合 S。其原因是抑制剂和底物争夺同一结合位置，或者两者虽然结合位置不同，但由于空间障碍使得 I 和 S 不能同时结合到酶分子上。

抑制作用大小取决于抑制剂与底物的浓度比，加大底物浓度可使抑制作用减弱。当底物浓度极大时，酶促反应可达到最大反应速度，即抑制作用可以解除。例如，丙二酸、苹果酸及草酰乙酸皆和琥珀酸的结构相似，是琥珀酸脱氢酶的竞争性抑制剂。

很多药物都是酶的竞争性抑制剂。例如磺胺类药物与对氨基苯甲酸具有类似的结构，而对氨基苯甲酸、二氢蝶呤啶及谷氨酸是对磺胺敏感的细菌合成二氢叶酸的原料，二氢叶酸可还原为四氢叶酸，后者是细菌合成核酸所必需的。由于磺胺类药物是二氢叶酸合成酶的竞争性抑制剂，进而减少菌体内四氢叶酸的合成，使核酸合成障碍，导致细菌死亡。

2. 非竞争性抑制

非竞争性抑制是指 I 和 S 与 E 的结合互不相关，既不排斥，也不促进。I 可以和 E 结合生成 EI，也可以和 ES 复合物结合生成 ESI。S 和 E 结合成 ES 后，仍可与 I 结合生成 ESI，但 ESI 复合物不能释放出产物 P。

I 和 S 在结构上一般无相似之处，I 常与活性中心以外的化学基团结合，这种结合并不影响底物和酶的结合，增加底物浓度并不能减少 I 对酶的抑制程度。如赖氨酸是精氨酸酶的竞争性抑制剂，而中性氨基酸（如丙氨酸）则是非竞争性抑制剂。

图 2-13 表示竞争性抑制与非竞争性抑制的不同。

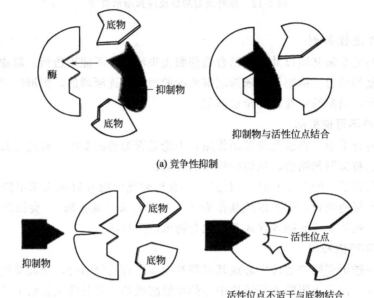

图 2-13　竞争性抑制与非竞争性抑制的区别

七、激活剂对反应速度的影响

凡是能提高酶活性，加速酶促反应进行的物质都称为激活剂，其中大部分是离子或简单的有机化合物。

1. 无机离子

（1）阳离子　如 K^+、Na^+、Mg^{2+}、Zn^{2+}、Fe^{2+}、Ca^{2+} 等，其中 Mg^{2+} 是多种激酶及合成酶的激活剂。

（2）阴离子　如经透析获得的唾液淀粉酶活性不高，加入 Cl^- 后则活性增高，故 Cl^- 是唾液淀粉酶的激活剂。

（3）金属离子　金属离子作为激活剂的作用：一是作为酶的辅因子，是酶的组成成分；二是在酶与底物的结合中起桥梁作用。

2. 有机分子

某些还原剂，如半胱氨酸、还原型谷胱甘肽、抗坏血酸等能激活某些酶，使含巯基酶中被氧化的二硫键还原成巯基，从而提高酶活性。

第五节　酶活力及其测定

一、酶活力

酶活力也称酶活性，是指酶催化一定化学反应的能力。检查酶的含量及存在时，很难直接用酶的量来表示，由于在最适条件下每个酶分子催化能力相同，因此，常用酶催化某一特定反应的能力来表示酶量，即用酶的活力表示。酶活力是研究酶的特性、进行酶制剂的生产及应用时的一项必不可少的指标。

酶活力可用在一定条件下，酶所催化的某一化学反应的速度来表示。酶催化的反应速度越快，酶的活力就越高；反之速度越慢，酶活力就越低。所以测定酶的活力就是测定酶促反应的速度。

研究酶促反应速度，以酶促反应的初速度为准。因为底物浓度降低、酶部分失活、产物抑制和逆反应等因素会使反应速度随反应时间的延长而下降。

通过两种方法可进行酶活力的测定：其一是测定完成一定量反应所需的时间；其二是测定单位时间内酶催化的反应量。测定酶活力就是测定产物增加量或底物减少量，主要根据底物或产物的理化性质来决定具体酶促反应的测定方法。目前，常用的测定方法有分光光度计法、荧光法、同位素测定法、电化学方法等。此外还有一些测定酶活力的方法，如旋光法、量气法、量热法等，但这些方法使用范围有限，灵敏度较差，只是应用于个别酶活力的测定。

国际酶学会规定：1个酶活力国际单位（IU）指在特定条件下，1min 内生成 $1\mu mol$ 产物的酶量（或转化 $1\mu mol$ 底物的酶量）。特定条件：25℃、pH 及底物浓度采用最适条件。

能力拓展

实际工作中，每一种酶的活力测定方法不同，对酶单位分别有一个明确的定义。

1. 淀粉酶两种定义

① 1g 可溶性淀粉，在 1h 内液化所需的酶量；

② 1mL 2%可溶性淀粉，在 1h 内液化所需的酶量。

2. 限制性核酸内切酶的测活方法及定义

① 黏度法测活性。定义为 30℃、1min，使底物 DNA 溶液的比黏度下降 25%的酶量为 1 个酶单位。

② 转化率法。标准条件、5min，使 $1\mu g$ 供体 DNA 残留 37%的转化活性所需的酶量为 1 个酶单位。

③ 凝胶电泳法测活。37℃、1h，使 $1\mu g$ λDNA 完全水解的酶量为 1 个酶单位。

可见，同一种酶采用不同的测活方法，得到的酶活单位是不同的，即使是同一种测活方法，实验条件稍有不同，测得的酶单位亦有差异。

二、酶的比活力

是指每单位质量样品中的酶活力，即每毫克酶蛋白所具有的酶活力的单位数，单位为 U/mg。酶的比活力是分析酶的纯度的重要指标。

三、测定酶活力应注意的问题

1. 底物浓度

除选择适合的底物外，在实际应用中更多考虑的是底物浓度。由于 ［S］与反应速度 V

成双曲线关系，在酶活性测定时，要求［S］达到一定水平以保证酶活性与酶量成正比。［S］范围一般选择在 $10 \sim 20 K_m$ 为宜，此时反应速度基本达到最大反应速度，测定的误差在可接受范围。

2. 酶浓度

在反应条件一定时，酶浓度与反应速度成正比。按照中间产物学说，只有［S］≫［E］时，酶才能被底物分子饱和，反应速度才能达到最大值。因此当标本酶活力过高时，应将标本适当稀释后再加以测定。

3. 温度

不同的酶最适温度不同，多数酶的最适温度在 $37 \sim 40℃$，高于或低于最适温度，酶活性都降低。目前，酶活性的测定温度尚未统一，但常规实验室多使用 $37℃$。温度对酶促反应的影响程度通常用温度系数（Q_{10}）表示。温度系数指温度每升高 $10℃$，化学反应速度增加的倍数。Q_{10} 通常为 $1 \sim 2$。由温度系数得知，温度的变化对酶活性有着重要影响，因此要求酶活性测定要在恒温条件下进行，温度波动要控制在 $±1℃$。

4. 离子强度和 pH 值

在最适 pH 时，酶的活性最强，高或低于最适 pH，酶的活性都降低，多数酶的最适 pH 为 $5.0 \sim 8.0$。测定酶活性时，要求缓冲液具有足够的缓冲容量，以便 pH 值保持稳定。

5. 辅助因子

某些金属离子和维生素类辅酶是结合酶的辅助因子，例如 Zn^{2+} 是羧基肽酶的辅基，Mo^{6+} 是黄嘌呤氧化酶的辅基，NADH 是不需氧脱氢酶的辅酶。这些酶离开它们的辅基或辅酶就不能表现活性，因此在酶活性测定时，就要保证辅基或辅酶的供给。

6. 激活剂

有些酶在有激活剂存在时才有活性或活性较高，如 Mg^{2+} 是肌酸激酶的激活剂，Cl^- 是淀粉酶的激活剂，因此在酶活性测定时，也要满足酶对激活剂的需要。

7. 抑制剂

抑制剂能使酶活性降低，抑制剂对酶的影响较复杂。重金属离子和砷化物对巯基酶的抑制、有机磷对羟基酶的抑制属于不可逆抑制；丙二酸对琥珀酸脱氢酶的抑制、磺胺类药物对二氢叶酸合成酶的抑制属于竞争性抑制；哇巴因对 Na^+，K^+-ATP 酶的抑制属于非竞争性抑制。因此，在测定酶活性时，应避免抑制剂的影响。

综上所述，测定酶活性时，最适条件的选择应该遵循最适底物浓度、最适温度、最适 pH 值、适宜的辅助因子和激活剂、避免抑制剂的原则。

技能实训 2-1 酶促反应与时间的关系——初速度时间范围测定

一、实训目标

掌握酶促反应初速度时间范围测定的方法。

二、实训原理

酸性磷酸酯酶广泛分布于动物和植物中，它能专一性水解磷酸单酯键，对生物体核苷酸、磷蛋白和磷脂的代谢，骨的生成与磷酸的利用，都起着重要的作用。

本实训选用绿豆芽作材料，从中提取酸性磷酸酯酶。以人工合成的对硝基苯磷酸酯（NPP）作底物，水解产生对硝基酚和磷酸。在碱性溶液中，对硝基酚盐离子于 405nm 处光吸收强烈，而底物没有这种特性。利用产物的这种特性，可以定量地测定产物的生成量，从而求得酶的活力单位，即测定单位时间内 405nm 处光吸收值的变化，来确定酸性磷酸酯酶的活性。

进行酶活力测定，首先要确定酶反应时间。酶的反应时间应该在初速度时间范围内选择，可以通过进程曲线的制作来求出酶的初速度时间范围。本实训进程曲线要在酶反应的最适条件下采用每隔一定时间测产物生成量的方法，以酶反应时间为横坐标、产物生成量为纵坐标绘制而成。要真实反映出酶活力大小，就应在初速度时间内测定。

三、操作准备

1. 材料与仪器

（1）酸性磷酸酯酶原酶液　取萌发好的绿豆芽，剪去根的头部，称取豆芽茎 20g，用蒸馏水洗干净，用研钵研碎，加 0.2mol/L 乙酸盐缓冲液 4mL，置冰箱 6h 以上。将上述绿豆芽浸液倒入纱布内压榨，榨出液 3000r/min 离心 15min，上清液置透析袋对蒸馏水充分透析，间隔换水 10 次，透析 24h 以上。将透析后酶液稀释至最终体积与豆芽茎克数相等，以3000r/min 离心 30min，所得的上清液即为原酶液，置冰箱待用。

（2）酸性磷酸酯酶液　取原酶液，用 0.05mol/L pH5.0 柠檬酸盐缓冲液稀释，使进程曲线中第 11 号管吸光度 A_{405} 为 0.6～0.7。

（3）恒温水浴槽。

（4）可见光分光光度计。

（5）试管、刻度吸管。

2. 试剂及配制

（1）1.2mmol/L 对硝基苯磷酸酯　精确称取对硝基苯磷酸酯 0.4454g，加缓冲液定容至 1000mL。

（2）0.3mol/L NaOH。

四、实施步骤

取试管 12 支，按下表编号，0 号为空白，各管加入 1.0mL 1.2mmol/L NPP；另外 2 支试管，各加入稀释好的酶液 7mL。在反应前，底物与酶都放入 35℃ 恒温水浴槽中预热 2min。然后向 1～11 号管内各加入 1.0mL 预热的酶液，立即摇匀并开始计时。按时间间隔为 3min、5min、7min、10min、12min、15min、20min、25min、30min、40min、50min 进行反应。待反应进行到上述各相应时间时，加入 3.0mL 0.3mol/L NaOH 终止反应。冷却后以 0 号管作空白，在分光光度计上测定各管 A_{405} 值。

0 号管加入 1.0mL NPP 后保温 25min，然后加入 3.0mL 0.3mol/L NaOH，再加入 1.0mL 酶液。

	试管编号	0	1	2	3	4	5	6	7	8	9	10	11
试剂	NPP/mL						1.0						
	稀释的酶液/mL						1.0						
	反应时间/min	25	3	5	7	10	12	15	20	25	30	40	50
	NaOH 溶液/mL						3.0						
	A_{405}												

温馨提示： 注意水浴锅的水温和水位。

五、实训报告

记录实训结果，绘制酶促反应进程曲线，计算酸性磷酸酯酶反应初速度的时间范围。

技能实训 2-2　pH 对酶活力的影响——最适 pH 的测定

一、实训目标

掌握 pH 对酶活力的影响及最适 pH 的测定方法。

二、实训原理

pH 对酶活力的影响极为显著，酶表现其最高活性时所处的 pH 即酶的最适 pH。通常各种酶只在一定的 pH 范围内才表现出活力，一种酶在不同 pH 条件下所表现出的活性不同。

三、操作准备

1. 材料与仪器

酸性磷酸酯酶原液（同技能实训 2-1），恒温水浴槽，移液枪，可见光分光光度计，试管，刻度吸管等。

2. 试剂及配制

1.2mmol/L 对硝基苯磷酸酯（NPP）配制同技能实训 2-1；0.3mol/L NaOH。

四、实施步骤

	试管编号	0	1	2	3	4	5	6	7	8	9	10
反应试剂与条件	对硝基苯磷酸酯/mL	0.4	0.4	0.4	0.4	0.4	0.4	0.4	0.4	0.4	0.4	0.4
	pH 缓冲液 1.6mL	5.0	2.0	3.0	3.5	4.0	4.5	5.0	5.5	6.0	6.5	7.0
	35℃预热 2min 的稀释酶/mL	1	1	1	1	1	1	1	1	1	1	1
	反应时间/min	15	15	15	15	15	15	15	15	15	15	15
	NaOH/mL	2.0	2.0	2.0	2.0	2.0	2.0	2.0	2.0	2.0	2.0	2.0
	A_{405}											

0 管号加入 0.4mL 对硝基苯磷酸酯和 pH5.0 的缓冲液 1.6mL，保温 15min，然后加入 2mL 0.3mol/L NaOH，再加入 1.0mL 的酶液。1～10 支试管按照表格所列数据分别加入对硝基苯磷酸酯液、缓冲液和酶液，35℃条件下保持 15min，后加入 NaOH 终止反应，分别取反应液进行吸光值的测定。

五、实训报告

记录实训结果并分析，以反应 pH 为横坐标、A_{405} 为纵坐标，绘制 pH 酶活力曲线，求出酸性磷酸酯酶在本实训条件下的最适 pH。

技能实训 2-3　影响唾液淀粉酶活力的因素

一、实训目标

1. 观察酶活力高低不同时的反应现象。

2. 理解温度、pH 及激活剂、抑制剂等对酶活力影响的原理。

二、实训原理

1. 大多数酶的化学本质是蛋白质，凡能引起蛋白质变性的因素，都可以使酶丧失活性。温度、pH、抑制剂、激活剂等对酶活性有显著的影响。

2. 物质与碘反应颜色。

物质	淀粉	各种糊精	麦芽糖	葡萄糖
与碘作用显色	蓝	蓝、紫、褐、红	不变色	不变色

三、操作准备

1. 材料与仪器

（1）材料　每人用少许蒸馏水漱口 3 次，然后取 20mL 蒸馏水含于口中，0.5min 后吐入烧杯中，经棉花过滤，取滤液供实训用。

（2）仪器　烧杯，比色盘，温度计，吸管，水浴锅等。

2. 试剂及配制

0.5％的淀粉，2％碘液，pH 不同的缓冲液，蒸馏水，1％CuSO$_4$，0.5％ NaCl。

四、实施步骤

1. 温度对酶活性的影响

取 3 支试管编号按表中数据加液，同时分别放入 0℃、37℃、沸水浴中。

试管	0.5％淀粉/mL	唾液/mL	温度
1	2	1	0℃
2	2	1	37℃
3	2	1	沸水浴

先在比色盘上加碘液 2 滴于各孔中，每隔 1min，用吸管从第 2 管中取反应液 1 滴与碘液混合，观察颜色反应，待第 2 管中反应液遇碘不发生颜色变化时（即只呈碘的颜色），迅速地分别从 1、3 管中吸取液体 1 滴到比色盘的小孔内，加入碘液 2 滴，观察并记录反应所产生的颜色。

2. pH 对酶活性的影响

按照表中数据向每只试管加入缓冲液和淀粉，在 37℃水浴 3min，再加入 2mL 的唾液，继续反应，同时开始计时，定时取反应液 1 滴与碘液混合于比色盘上，观察并记录现象。

试管	pH 缓冲液/mL	0.5％淀粉液/mL	温度	时间/min	唾液/mL
1	2(pH5.0)	2	37℃	3	2
2	2(pH6.8)	2	37℃	3	2
3	2(pH8.0)	2	37℃	3	2

3. 激活剂及抑制剂对酶活性的影响

按照表格数据分别向 1、2、3 试管加入 1％CuSO$_4$、0.5％NaCl、蒸馏水，再分别加入 0.5％淀粉液，单位 mL。将 3 支试管放入 37℃水浴中，3min 后再加入唾液 1mL。定时在白色比色盘上用碘液检查第 2 管反应状况，待碘液不变色时，向各管加碘液 1 滴，观察水解情况。

试管	0.5%淀粉液/mL	1%CuSO₄/mL	0.5%NaCl/mL	蒸馏水/mL	唾液/mL
1	2	1	0	0	1
2	2	0	1	0	1
3	2	0	0	1	1

五、实训报告

对比每次试验每只试管显示的现象，记录实验数据和现象。

本章小结

酶是由活细胞产生的具有催化功能的蛋白质。酶的命名主要有习惯命名法和系统命名法，系统命名法把酶分成氧化还原酶类、转移酶类、水解酶类、裂合酶类、异构酶类和合成酶类。酶的催化作用具有效率高、专一性强等特点。

酶的活性中心是指酶分子中直接和底物结合，并与催化作用直接相关的部位。活性中心有两个功能部位：一是底物结合部位；二是催化部位。酶的功能是由以一级结构为基础的空间结构决定的。

酶促反应动力学是研究酶促反应速度以及各种因素对反应速度的影响，这些因素主要有酶浓度、底物浓度、pH、温度、激活剂和抑制剂等。K_m 为酶促反应速度达到最大反应速度一半时的底物浓度。K_m 值愈小，酶与底物亲和力愈大。可用竞争性抑制作用的原理来阐明某些药物的作用机理和指导新药设计。

酶活力是指酶催化一定化学反应的能力，可用一定条件下催化某一反应的速度表示。反应速度表示方法：单位时间、单位体积中底物的减少量或产物的增加量。酶的比活力是指每单位质量样品中的酶活力，即每毫克酶蛋白所具有的酶活力的单位数。

实践练习

1. 测定酶促反应速度主要是测定初速度，其原因是（　　　）。

A. 初速度最大　　　　　　　　B. 初速度最小

C. 初速度是不变的　　　　　　D. 初速度在一定时间范围内与酶浓度有定量关系

2. 影响酶促反应初速度的范围测定的因素主要有哪些？（　　　）

A. 酶的性质　　B. 酶浓度　　C. 底物浓度　　D. 温度　　E. pH

3. 影响酶活力的因素一般有哪些？（　　　）

A. 水　　　　B. 温度　　　C. pH　　　　D. 抑制剂　　E. 激活剂

4. 如何粗略推测某些酶的 pH 范围？（　　　）

A. 酶在生物体内的部位　　　　B. 酶所催化的反应类型

C. 由底物的性质决定　　　　　D. 由产物的性质决定

5. 简述 pH 对酶促反应影响的原理。

6. 温度、pH 和抑制剂对酶的影响有何不同？

（孟滕）

第三章

酶制剂的应用

学习目标

【学习目的】

学习酶制剂在各个行业的应用现状及发展趋势，认识酶制剂的重要性。

【知识要求】

1. 了解酶在医药方面的应用。
2. 了解酶在轻工、化工、环境保护方面的应用。
3. 掌握酶在食品工业的应用方法以及在生产中的注意事项。

【能力要求】

1. 培养学生自学、查阅资料、独立思考的能力。
2. 综述酶在各个行业的应用现状及发展趋势。

第一节 酶制剂在医药行业中的应用

酶在医药方面的应用多种多样，可归纳为三个方面：用酶进行疾病的诊断；用酶进行疾病的治疗；用酶制造各种药物。

一、酶在疾病诊断方面的应用

酶学诊断方法包括两个方面：一是根据体内原有酶活力的变化诊断疾病；二是利用酶来测定体内某些物质的含量，从而诊断某些疾病。

1. 根据体内酶活力的变化诊断疾病

正常情况下，人体液内所含有的某些酶的量是恒定的，若出现某些疾病，则体液内的某种或某些酶的活力将会发生相应的变化。因此，可根据体液内某些酶的活力变化情况，诊断某些疾病。

（1）酸性磷酸酶 酸性磷酸酶是一种在酸性条件下催化磷酸单酯水解生成无机磷酸的水解酶。人血清酸性磷酸酶的最适 pH 为 5.0～6.0，最适温度为 37℃。

正常人血清中的酸性磷酸酶来源于骨、肝、肾、脾、胰等组织，不论男女老幼，其含量大致相同。而前列腺癌患者以及出现肝炎、甲状旁腺机能亢进、红细胞病变等疾病时，血清中酸性磷酸酶的活力都会升高。为了鉴别血清中增加的酸性磷酸酶是来自前列腺还是来自其他组织器官，可进一步采用某些抑制剂进行选择性抑制，从而加以区别。

（2）碱性磷酸酶 碱性磷酸酶是一种在碱性条件下催化磷酸单酯水解生成无机磷酸的水

解酶。人血清中碱性磷酸酶的最适 pH 为 9.5～10.0，最适温度为 37℃。

碱性磷酸酶在体内分布广泛，特别是在骨骼组织、牙齿、肾和小肠中含量较高。该酶主要由造骨细胞产生，所以佝偻病、骨骼软化症、骨瘤、骨骼广泛性转移癌、甲状旁腺机能亢进、黄疸性肝脏疾病等患者血清中碱性磷酸酶活性升高。再结合其他物理、化学、酶学等诊断方法，可以进一步确诊是何种疾病。

（3）转氨酶　转氨酶是催化氨基从一个分子转移到另一个分子的转移酶类。在疾病诊断方面应用的主要有谷丙转氨酶（GPT）和谷草转氨酶（GOT）。GPT 是催化谷氨酸和丙酮酸之间的转氨作用；GOT 催化谷氨酸和草酰乙酸之间的转氨作用。血清 GPT 和 GOT 的最适 pH 为 7.4，最适温度为 37℃。

临床中血液 GPT 和 GOT 的活力测定，已在肝病和心肌梗死等疾病诊断中得到广泛应用。急性传染性肝炎、肝硬化和阻塞性黄疸型肝炎患者，血清 GPT 和 GOT 活力急剧升高；心肌梗死患者 GOT 活力升高尤为显著。

（4）乳酸脱氢酶同工酶　同工酶在代谢的调节控制方面有重要作用，当人体代谢失常而出现某种疾病时，可能引起同工酶含量的改变。

乳酸脱氢酶有 5 种同工酶：心肌梗死、恶性贫血患者，血清 LDH_1 增高；白血病、肌肉萎缩患者，LDH_2 增高；白血病、淋巴肉瘤、肺癌患者，LDH_3 增高；转移性肝癌、结肠癌患者，LDH_4 增高；肝炎、原发性肝癌、脂肪肝、心肌梗死、外伤、骨折患者，LDH_5 增高。

（5）葡萄糖磷酸异构酶　葡萄糖磷酸异构酶催化 6-磷酸葡萄糖异构化生成 6-磷酸果糖。急性肝炎患者，血清中葡萄糖磷酸异构酶活力极度升高；心肌梗死、急性肾炎、脑溢血患者，该酶活力明显升高。

（6）胆碱酯酶　胆碱酯酶催化胆碱酯水解生成胆碱和有机酸。正常情况下，血清胆碱酯酶的活力随个体不同有较大差异，但对于某个个体来说，则基本上维持在一定范围。当出现传染性肝炎、肝硬化、风湿、营养不良等病症时，血清胆碱酯酶活力下降。

（7）端粒酶　端粒酶催化端粒合成和延长。在合成端粒过程中，端粒酶以其本身 RNA 作为模板把端粒重复列加到染色体 DNA 末端，使端粒延长。在人体正常细胞内（除生殖细胞和干细胞），端粒酶的生物合成和酶活性都受到抑制，而在分化程度较低的癌细胞中却可明显检测到端粒酶的活性。因此，可通过测定人体细胞内端粒酶活性，诊断细胞是否发生了癌变。其他见表 3-1。

表 3-1　通过酶活性变化进行疾病诊断

酶	疾病与酶活性变化
γ-谷氨酰转肽酶	原发、继发性肝癌，活性升高至 200U/L 以上；阻塞性黄疸、肝硬化、胆管癌等，血清中酶活性升高
醛缩酶	急性传染性肝炎、心肌梗死，血清中酶活性显著升高
精氨酰琥珀酸裂解酶	急、慢性肝炎，血清中酶活性升高
磷酸葡糖变位酶	肝炎、癌症活性增高
β-葡糖醛缩酶	肾癌及膀胱癌，活性增高
5′-核苷酸酶	阻塞性黄疸、肝癌，活性显著升高
肌酸磷酸激酶	心肌梗死，活性显著升高；肌炎、肌肉创伤，活性升高
单胺氧化酶	肝脏纤维化、糖尿病、甲状腺功能亢进，活性升高
α-羟基丁酸脱氢酶	心肌梗死、心肌炎，活性增高
磷酸己糖异构酶	急性肝炎，活性急剧升高；心肌梗死、脑溢血、急性肾炎，活性明显升高
鸟氨酸氨基甲酰转移酶	急性肝炎，活性急剧升高；肝癌，活性明显升高
亮氨酸氨肽酶	肝癌、阴道癌、阻塞性黄疸，活性明显升高

2. 用酶测定体液中某些物质的变化诊断疾病

酶具有专一性强、催化效率高等特点，可利用酶来测定体液中某些物质的含量，从而诊断某些疾病（见表 3-2）。

表 3-2　用酶测定物质含量的变化进行疾病诊断

酶	测定物质	用　途
葡萄糖氧化酶	葡萄糖	测定血糖、尿糖，诊断糖尿病
葡萄糖氧化酶＋过氧化物酶	葡萄糖	测定血糖、尿糖，诊断糖尿病
尿素酶	尿素	测定血液、尿液中尿素含量，诊断肝、肾病变
谷氨酰胺酶	谷氨酰胺	测定脑脊液中谷氨酰胺含量，诊断肝昏迷、肝硬化
胆固醇氧化酶	胆固醇	测定胆固醇含量，诊断高血脂等
DNA 聚合酶	基因	通过基因扩增、基因测序，诊断基因变异，检测癌基因

二、酶在疾病治疗方面的应用

酶可以作为药物治疗多种疾病，用于治疗疾病的酶称为药用酶。药用酶具有疗效显著、副作用小等特点，其应用越来越广泛。现以几个常用的药用酶为例简单加以说明。

1. 蛋白酶

蛋白酶是一类催化蛋白质水解的酶类，可用于治疗多种疾病，是临床上使用最早、用途最广的药用酶之一。

蛋白酶可作为消化剂，用于治疗消化不良和食欲不振，使用时往往与淀粉酶、脂肪酶等制成复合制剂，以增加疗效。例如，胰酶就是一种由胰蛋白酶、胰脂肪酶和胰淀粉酶等组成的复合酶制剂。作为消化剂使用时，蛋白酶一般制成片剂，以口服方式给药。

蛋白酶可作为消炎剂，对治疗各种炎症有很好的疗效。常用的有胰蛋白酶、胰凝乳蛋白酶、菠萝蛋白酶、木瓜蛋白酶等。蛋白酶之所以有消炎作用，是由于它能分解一些蛋白质的多肽，使炎症部位的坏死组织溶解，增加组织的通透性，抑制浮肿，促进病灶附近组织积液的排出并抑制肉芽的形成。给药方式可采用口服、局部外敷或肌内注射等。

蛋白酶经静脉注射可治疗高血压，这是由于蛋白酶催化运动迟缓素原及胰血管舒张素原水解，除去部分肽段，而生成运动迟缓素和胰血管舒张素，从而使血压下降。

蛋白酶注射入人体后，可能引起抗原反应。通过酶分子修饰技术，可使抗原性降低或消除。另外，蛋白酶在使用时还可能产生某些局部过敏反应，要引起注意。

2. α-淀粉酶

α-淀粉酶催化淀粉水解生成糊精，可以治疗消化不良、食欲不振。当人体消化系统缺少淀粉酶或者在短时间内进食过量淀粉类食物时，往往引起消化不良、食欲不振的症状，服用含有淀粉酶的制剂，就可以达到帮助消化的效果。

3. 脂肪酶

脂肪酶是催化脂肪水解的酶。当在较短时间内进食过量脂肪类食物时，摄取的脂肪就无法消化或者消化不完全，结果引起消化不良、食欲不振甚至腹胀、腹泻等病症。服用脂肪酶制剂具有治疗消化不良、食欲不振的功效。常用的有胰脂肪酶、酵母脂肪酶等。通常脂肪酶与蛋白酶、淀粉酶组成复合酶制剂，以口服方式给药。

4. 溶菌酶

溶菌酶具有抗菌、消炎、镇痛等作用。溶菌酶作用于细胞的细胞壁，可使病原菌、腐败性细菌等溶解死亡，对抗生素有耐药性的细菌同样起溶菌作用，疗效显著且对人体不良反应很小，是一种较为理想的药用酶。

溶菌酶与抗生素联合使用，可显著提高抗生素的疗效。溶菌酶可以与带负电荷的病毒蛋白、脱辅基蛋白、DNA、RNA 等形成复合物，而具抗病毒作用，常用于带状疱疹、腮腺炎、水痘、肝炎、流感等病毒性疾病的治疗。

5. 超氧化物歧化酶

超氧化物歧化酶（SOD）是一种催化超氧负离子进行氧化还原反应，生成氧和双氧水的氧化还原酶，有抗氧化、抗衰老、抗辐射作用，对红斑狼疮、皮肌炎、结肠炎及氧中毒等疾病有显著疗效。

SOD 可通过注射、口服、外涂等方式给药。不管采用何种给药方式，SOD 均未发现有任何明显不良反应，也不会产生抗原性。所以 SOD 是一种多功效低毒性的药用酶。SOD 的主要缺点是它在体内的稳定性差，在血浆中半衰期只有 $6 \sim 10 \mathrm{min}$，通过酶分子修饰可大大增加其稳定性，为 SOD 的临床使用创造条件。

6. 尿激酶

尿激酶（UK）是一种具有溶解血栓功能的碱性蛋白酶，主要存在于人和其他哺乳类动物的尿液中，人尿中平均含量为 $5 \sim 6 \mathrm{U} / \mathrm{mL}$。

尿液中天然存在的尿激酶相对分子质量约为 54000，称为高分子量尿激酶（H-UK）。经过尿液中尿蛋白酶的作用，去除部分氨基酸残基，可以生成相对分子质量为 33000 的低分子量尿激酶（L-UK）。临床上用于治疗各种血栓性疾病，如心肌梗死、脑血栓、肺血栓、四肢动脉血栓、视网膜血管闭塞和风湿性关节炎等。

尿激酶一般采用静脉注射或局部注射方式给药。在治疗急性心肌梗死时，也可采用冠状动脉灌注的方式。由于尿激酶对多种凝血蛋白都能水解，专一性较低，使用时要控制好剂量，以免引起全身纤溶性出血。

7. L-天冬酰胺酶

L-天冬酰胺酶是第一种用于治疗癌症的酶，对治疗白血病有显著疗效。

L-天冬酰胺酶催化天冬酰胺水解，生成 L-天冬氨酸和氨。L-天冬酰胺酶经注射进入人体后，人体的正常细胞由于有天冬酰胺合成酶，可合成 L-天冬酰胺而使蛋白质合成不受影响；而对于缺乏天冬酰胺合成酶的癌细胞来说，由于本身不能合成 L-天冬酰胺，外来的天冬酰胺又被 L-天冬酰胺酶分解掉，因此蛋白质合成受阻，从而导致癌细胞死亡。

8. 凝血酶

凝血酶是一种催化血纤维蛋白原水解，生成不溶性的血纤维蛋白，从而促进血液凝固的蛋白酶。从蛇毒中获得的凝血酶称为蛇毒凝血酶。凝血酶通常采用牛血、猪血生产，可以用于各种出血性疾病的治疗。

9. 乳糖酶

乳糖酶是一种催化乳糖水解生成葡萄糖和 β-半乳糖的水解酶。通常人体小肠内有一些乳糖酶，用于乳糖的消化吸收，但其含量随种族、年龄和生活习惯的不同而有所差别。有些人群，特别是部分婴幼儿，由于遗传原因缺乏乳糖酶，不能消化乳中的乳糖，致使饮奶后出现腹胀、腹泻等症状。服用乳糖酶或在乳中添加乳糖酶可以消除或者减轻乳糖引起的腹胀、腹泻等症状。

10. 核酶

核酶是一类具有催化功能的核糖核酸（RNA）分子。它可催化本身 RNA 的剪切或剪接作用，还可催化其他 RNA 、DNA、多糖、酯类等分子进行反应。核酸类酶具有抑制人体细胞某些不良基因和某些病毒基因复制和表达等功能。

三、酶在药物制造方面的应用

酶在药物制造方面的应用是利用酶的催化作用将前体物质转变为药物。现已有不少药物包括一些贵重药物都是由酶法生产的（见表 3-3）。

表 3-3　酶在药物制造方面的应用

酶	主要来源	用　　途
青霉素酰化酶	微生物	制造半合成青霉素和头孢霉素
11-β-羟化酶	霉菌	制造氢化可的松
β-酪氨酸酶	植物	制造多巴
α-甘露糖苷酶	链霉菌	制造高效链霉素
核苷磷酸化酶	微生物	生产阿拉伯糖腺嘌呤核苷（阿糖腺苷）
5'-磷酸二酯酶	微生物	生产各种核苷酸
多核苷酸磷酸化酶	微生物	生产聚肌胞，聚肌苷酸
无色杆菌蛋白酶	细菌	由猪胰岛素（Ala30）转变为人胰岛素（Thr30）
β-葡萄糖苷酶	黑曲霉等微生物	生产人参皂苷-Rh2

1. 青霉素酰化酶制造半合成抗生素

青霉素酰化酶是在半合成抗生素生产上有重要作用的一种酶，可催化青霉素或头孢霉素水解生成 6-氨基青霉烷酸（6-APA）或 7-氨基头孢霉烷酸（7-ACA）；又可催化酰基化反应，由 6-APA 合成新型青霉素或由 7-ACA 合成新型头孢霉素。青霉素和头孢霉素同属 β-内酰胺类抗生素，该类抗生素可以通过青霉素酰化酶的作用，改变其侧链基团而获得具有新的抗菌特性及有抗 β-内酰胺酶能力的新型抗生素。

2. β-酪氨酸酶制造左旋多巴

β-酪氨酸酶可催化 L-酪氨酸或邻苯二酚生成二羟苯丙氨酸（DOPA，左旋多巴）。左旋多巴是治疗帕金森（Parkinson）综合征的一种重要药物。β-酪氨酸酶已经制成固定化酶使用。

> **知识链接**
>
> 帕金森综合征是 1817 年英国医师 Parkinson 所描述的一种大脑中枢神经系统发生病变的老年性疾病，其主要症状为手指颤抖、肌肉僵直、行动不便，病因是由于遗传原因或人体代谢失调，不能由酪氨酸生成多巴或多巴胺所致。

3. 核苷磷酸化酶制造阿糖腺苷

核苷中的核糖被阿拉伯糖取代可以形成阿糖苷，阿糖苷具有抗癌和抗病毒的作用，是令人注目的药物，其中阿糖腺苷疗效显著。阿糖腺苷（腺嘌呤阿拉伯糖苷）可由核苷磷酸化酶催化阿糖尿苷（阿拉伯糖苷）转化而成。而阿糖尿苷由尿苷（尿嘧啶核苷）通过化学方法转化而成。

4. 无色杆菌蛋白酶

无色杆菌蛋白酶可以特异性地催化胰岛素 B 链羧基末端（第 30 位）上的氨基酸置换反应，由猪胰岛素（Ala30）转变为人胰岛素（Thr30），以增加疗效。

人胰岛素和猪胰岛素只有 B 链第 30 位的氨基酸不同，在无色杆菌蛋白酶的作用下，首先将猪胰岛素第 30 位的丙氨酸（Ala30）水解除去，生成去丙氨酸-B30 的猪胰岛素，再在同一酶的作用下使之与苏氨酸丁酯偶联，然后用三氟乙酸和苯甲醚除去丁醇，即得到人胰岛素。

第二节　酶制剂在食品行业中的应用

食品行业是应用酶制剂最早和最广泛的行业，如 α-淀粉酶、β-淀粉酶、异淀粉酶、糖化酶、蛋白酶、果胶酶、脂肪酶、纤维素酶、氨基酰化酶、天冬氨酸酶、磷酸二酯酶、核苷酸磷酸化酶、葡萄糖异构酶、葡萄糖氧化酶等（见表 3-4）。

表 3-4　酶在食品工业中的应用

酶	来　源	主　要　用　途
α-淀粉酶	枯草杆菌、米曲霉、黑曲霉	淀粉液化，制造糊精、葡萄糖、饴糖、果葡糖浆
β-淀粉酶	麦芽、巨大芽孢杆菌、多黏芽孢杆菌	制造麦芽，啤酒酿造
糖化酶	根霉、黑曲霉、红曲霉、内孢霉	淀粉糖化，制造葡萄糖、果葡糖
异淀粉酶	气杆菌、假单胞杆菌	制造直链淀粉、麦芽糖
蛋白酶	胰、木瓜、枯草杆菌、霉菌	啤酒澄清，水解蛋白、多肽、氨基酸
右旋糖酐酶	霉菌	糖果生产
葡萄糖异构酶	放线菌、细菌	制造果葡糖、果糖
葡萄糖氧化酶	黑曲霉、青霉	蛋白加工、食品保鲜
柑橘苷酶	黑曲霉	水果加工、去除橘汁苦味
天冬氨酸酶	大肠杆菌、假单胞杆菌	由反丁烯二酸制造天冬氨酸
磷酸二酯酶	橘青霉、米曲霉	降解 RNA，生产单核苷酸作食品增味剂
纤维素酶	木霉、青霉	生产葡萄糖
溶菌酶	蛋清、微生物	食品杀菌保鲜

下面分别从食品保鲜、淀粉糖和甜味剂工业、乳品工业、酿酒工业、果蔬类食品、肉类食品和焙烤食品、食品分析与检测等方面进行简单介绍。

一、酶在食品保鲜方面的应用

生物酶用于食品保鲜主要是制造一种有利于食品保质的环境，它主要根据不同食品所含的酶和种类，而选用不同的生物酶，使食品所含的不利食品保质的酶受到抑制或降低其反应速度，从而达到保鲜的目的。

1. 食品除氧保鲜

解决氧化的根本方法是除氧。葡萄糖氧化酶是一种有效的除氧保鲜剂。它是催化葡萄糖与氧反应生成葡萄糖酸和过氧化氢的一种氧化还原酶。通过葡萄糖氧化酶的作用，可以除去氧气，达到食品保鲜的目的。应用葡萄糖氧化酶进行食品保鲜时，食品应该置于密闭容器中，将葡萄糖氧化酶和葡萄糖一起置于这个密闭的容器中。葡萄糖氧化酶也可以直接加到罐装果汁、水果罐头等含有葡萄糖的食品中，起到防止食品氧化变质的效果。

2. 蛋类制品脱糖保鲜

蛋类制品，如蛋白粉、蛋白片、全蛋粉等，由于蛋白质中含有 0.5％～0.6％的葡萄糖，会与蛋白质发生反应生成小黑点，并影响其溶解性，从而影响产品质量。

为了尽可能地保持蛋类制品的色泽和溶解性，必须进行脱糖处理，将蛋白质中含有的葡萄糖除去，以往多采用接种乳酸菌的方法进行蛋白质脱糖，但是处理时间较长，效果不大理想。应用葡萄糖氧化酶进行蛋白质的脱糖处理，是将适量的葡萄糖氧化酶加到蛋白液或全蛋液中，采用适当的方法通入适量的氧气，经葡萄糖氧化酶作用，使所含的葡萄糖完全氧化，从而保持蛋品的色泽和溶解性。

3. 食品灭菌保鲜

微生物的污染会引起食品的变质、腐败。防止微生物污染是食品保鲜的主要任务。杀灭微生物污染的方法很多，诸如加热、添加防腐剂等，但是这些方法都可能引起产品品质的改变。如果采用溶菌酶进行食品保鲜，不但效果好，而且不存在食品安全问题，已在干酪、水产品、啤酒、清酒、鲜奶、奶粉、奶油、生面条等生产中得到广泛应用。

二、酶在淀粉类食品工业中的应用

淀粉类食品是指含有大量淀粉或者以淀粉为主要原料加工制成的食品，是世界上产量最大的一类食品。

淀粉糖加工的第一步是用 α-淀粉酶将淀粉液化，再通过其他各种糖酶的作用生成各种淀粉糖浆，各种淀粉糖浆由于 DE 值（葡萄糖当量值）不同，糖的成分不同，其性质也各不相同，风味各异，从而适合于不同的用途。随着人们对食品要求的提高，食品工业广泛使用各种糖浆来改善食品的风味、组织结构和其他性质。例如，水果罐头加入葡萄糖与果糖浆后，可保持果实原有的色香味且甜度适中；在制造糕点与胶姆糖时，加入饴糖可增加稠度，且可减轻淀粉老化，保持糕点的柔韧性；淀粉糖浆用于蜜饯制造可防止蔗糖析晶；果葡糖浆以其渗透压高、防腐性好、在低温下甜度突出等特点，适合于蜜饯、冷饮等制造，又因吸湿性强，故可用于制造面包和其他糕点，保鲜期也得到延长；低 DE 麦芽糊精用于糖果制造可冲淡甜度，使之更接近于天然风味，用于饮料在增稠和稳定泡沫方面益处很大。见表 3-5。

表 3-5　酶在淀粉类食品生产中的应用

酶	用　途
α-淀粉酶	生产糊精、麦芽糊精
α-淀粉酶，糖化酶	生产淀粉水解糖、葡萄糖
α-淀粉酶，β-淀粉酶，支链淀粉酶	生产饴糖、麦芽糖、酿造啤酒
支链淀粉酶	生产直链淀粉
糖化酶，支链淀粉酶	生产葡萄糖
α-淀粉酶，糖化酶，葡萄糖异构酶	生产果葡糖浆、高果糖浆、果糖
α-淀粉酶，环状糊精葡萄糖苷酶	生产环状糊精

1. 酶法生产葡萄糖

利用酶水解生产葡萄糖是酶催化工业的一项重大成就，由日本在 20 世纪 50 年代末研究成功，现已在全世界普遍采用。与酸水解法相比，酶法生产葡萄糖具有使用原料不需精制、投料浓度和水解率高、设备不需耐酸耐压、产品收率高、品质好等诸多优点。

糖化酶主要由黑曲霉所生产，而 α-淀粉酶若采用不太耐热的细菌 α-淀粉酶，则需向淀粉乳中添加 Ca^{2+} 和 NaCl 以提高耐热性，且在 80℃ 以上不稳定。所以，一般改用最适温度 90℃ 的地衣芽孢杆菌耐热性 α-淀粉酶，即使在 120℃ 采用喷射瞬间液化也不需添加 Ca^{2+}，从而可使糖品精制大为省力。

2. 酶法生产果葡糖浆

生产果葡糖浆也是酶工程在工业生产中最成功、规模最大的应用之一。在实际生产中，为了提高酶的使用效果，异构酶是制成固定化酶柱后进行连续反应的。固定化酶的制法基本上有两种：一种是将含酶细胞在加热后以壳聚糖处理及戊二醛交联的方法而制成固定化细胞，也可将细胞包埋在醋酸纤维或蛋白质中，再交联而固定；另一种是将细胞中异构酶提取后，稍加净化，再用多孔氧化铝或阴离子交换树脂吸附，制成活性很高的固定化酶。通常用 1000g 固定化细胞可生产 2000～3000kg 果葡糖浆（以干物质计），高活性的酶生产能力达 6000～8000kg。

3. 麦芽糖的生产

麦芽糖的生产则是将淀粉原料用 α-淀粉酶轻度液化，加热使 α-淀粉酶失活，再加 β-淀粉酶与脱枝酶，在 pH5.0～6.0、40～60℃反应 24～28h，使淀粉几乎完全水解，进而浓缩析出结晶麦芽糖。

高麦芽糖浆是含麦芽糖为主的淀粉糖浆，仅含少量葡萄糖，由于麦芽糖不易吸湿，因而国外糖果工业常用它代替酸水解淀粉糖浆。

4. 糊精、麦芽糊精的生产

糊精是淀粉低程度水解的产物，广泛应用于食品增稠剂、填充剂和吸收剂。其中，DE 值在 10～20 之间的糊精称为麦芽糊精。淀粉在 α-淀粉酶的作用下生成糊精。控制酶反应的 DE 值，可以得到含有一定量麦芽糖的麦芽糊精。

5. 环状糊精的生产

环状糊精是由 6～12 个葡萄糖单位以 α-1,4-糖苷键连接而成的具有环状结构的一类化合物，能选择性地吸附各种小分子物质，起到稳定、乳化、缓释、提高溶解度和分散度等作用，在食品工业中有广泛用途。α-环状糊精的溶解度大，制备较为困难，γ-环状糊精的生成量较少，所以目前大量生产的是 β-环状糊精。β-环状糊精通常以淀粉为原料，采用环状糊精葡萄糖苷转移酶为催化剂进行生产。

三、酶在乳品工业中的应用

在乳品工业生产过程中所用的酶主要有凝乳酶（制造干酪）、乳糖酶（分解乳糖）、脂肪酶（黄油增香）等。

凝乳酶在乳品工业中的应用最为常见。全世界每年生产干酪所用牛奶达一亿多吨。以前所用凝乳酶均取自小牛，现在绝大部分的动物酶已由微生物酶所代替。用基因工程的方法将牛凝乳酶原生成基因植入大肠杆菌，已经表达成功。也可用发酵法生产凝乳酶。

乳糖酶可分解乳糖生成半乳糖和葡萄糖。牛奶中含有 4.5% 的乳糖，有些人由于体内缺乏乳糖酶，因而在饮牛奶后常发生腹泻、腹胀等；另外，由于乳糖难溶于水，常在炼乳、冰淇淋中呈沙样结晶而析出，影响风味，如将牛奶用乳糖酶处理，即可解决上述问题。

脂肪酶在乳制品的增香过程中发挥着重要的作用。乳制品的特有香味主要是加工时所产生的挥发性物质（如脂肪酸、醇、醛、酮、酯以及胺类），乳品加工时添加适量脂肪酶可增强干酪和黄油的香味，将增香黄油用于奶糖、糕点等可节约用量。

四、酶在酿酒工业中的应用

酿酒工业使用酶较为常见的是在啤酒的生产中。啤酒是以麦芽为主要原料，经糖化和发酵而成的含酒精饮料，麦芽中含有降解原料生成可发酵性物质所必需的各种酶类，主要为淀粉酶、蛋白酶、β-葡聚糖酶、纤维素酶等。当麦芽质量欠佳或大麦、大米等辅助原料使用量较大时，由于酶的活力不足，使糖化不能充分，蛋白质降解不足，从而影响啤酒的风味与收率。使用微生物淀粉酶、蛋白酶、β-淀粉酶、β-葡聚糖酶等酶制剂，可补充麦芽中酶活力不足的缺陷。另外，使用木瓜蛋白酶、菠萝蛋白酶或霉菌酸性蛋白酶，可以用于啤酒澄清并防止浑浊，从而延长啤酒的保存期。

酶在果酒酿造中也广泛使用。果酒是以各种果汁为原料，通过微生物发酵而成的含酒精饮料，主要是指葡萄酒，此外还有桃酒、梨酒、荔枝酒等。在葡萄酒等果酒的生产过程中，已经广泛使用果胶酶和蛋白酶等酶制剂。果胶酶用于葡萄酒生产，除了在葡萄汁的压榨过程中应用，以利于压榨和澄清，提高葡萄汁和葡萄酒的产量以外，还可以提高产品质量。在各种果酒的生产过程中，还可以通过添加蛋白酶，使酒中存在的蛋白质水解，以防止出现蛋白质浑浊，使酒体清澈透明。

五、酶在果蔬类食品加工中的应用

果蔬类食品是指以各种水果或蔬菜为主要原料加工而成的食品。在果蔬加工过程中，可以加入各种酶，以提高果蔬类食品加工生产产量和质量。

1. 柑橘制品去除苦味

柑橘果实中含有柚苷而具有苦味。在柑橘制品的生产过程中，加入一定量的柚苷酶，在 $30\sim40℃$ 左右处理 $1\sim2h$，即可脱去苦味。柚苷酶又称为 β-鼠李糖苷酶，可由黑曲霉、米曲霉、青霉等微生物生产。

2. 柑橘罐头防止白色浑浊

柑橘中含有橙皮苷，会使汁液中出现白色浑浊而影响质量。橙皮苷在橙皮苷酶作用下，水解生成溶解度较大的鼠李糖和橙皮素-7-葡萄糖苷，能有效地防止柑橘类罐头制品出现白色浑浊。

3. 果蔬制品的脱色

许多果蔬含有花青素，在不同的 pH 条件下呈现不同的颜色，在光照或高温下变为褐色，与金属离子反应则成灰紫色，对果蔬制品的外观质量有一定的影响。如果采用一定浓度的花青素酶处理水果、蔬菜，可使花青素水解，以防止变色，从而保证产品质量。

4. 酶在果汁生产中的应用

水果中含有大量果胶，在果汁和果酒生产过程中会造成压榨困难、出汁率低、果汁浑浊等不良影响。为了达到利于压榨，提高出汁率，使果汁澄清，防止在存放过程中产生浑浊的目的，广泛使用果胶酶，应用于苹果汁、葡萄汁、柑橘汁等生产。

六、酶在焙烤食品中的应用

在制造面包等糕点时，面团中的酵母依靠面粉本身的淀粉酶和蛋白酶的作用所生成的麦芽糖和氨基酸来进行繁殖和发酵。当使用酶活力不足或陈旧面粉制造面包时，由于发酵力差，烤制的面包体积小、色泽差。如果使用酶活力高的面粉来发酵制造面包，则气孔细且分布均匀，体积大、弹性好、色泽佳。

为了保证面团的质量，常需添加酶进行强化，一般添加 α-淀粉酶来调节麦芽糖生成量，使二氧化碳产生和面团气体保持力相平衡。蛋白酶可促进面筋软化，增强伸延性，减少揉面时间和动力，从而改善发酵效果。在面包糕点等制造中，还广泛使用脂肪氧化酶，使面包中不饱和脂肪同胡萝卜素等发生共轭氧化作用而将面包漂白。

七、酶在食品添加剂生产中的应用

食品添加剂是指为改善食品品质和色、香、味，以及为防腐和加工工艺需要而加入食品中的化学合成或天然物质。

1. 酶在酸味剂生产中的应用

以赋予食品酸味为主要目的的食品添加剂称为酸味剂。在食品中添加一定量的酸味剂，可以给人一种爽快的刺激，起到增加食欲的效果，有利于钙的吸收，有一定的防止微生物污染的作用。

目前广泛采用酶法生产的酸味剂主要有乳酸和苹果酸。

（1）采用乳酸脱氢酶，催化丙酮酸还原为乳酸　D 型乳酸由 D-乳酸脱氢酶催化丙酮酸还原而成，L 型乳酸由 L-乳酸脱氢酶催化丙酮酸还原而成。

（2）采用 2-卤代酸脱卤酶，催化 2-氯丙酸水解生成乳酸　以 L-2-氯丙酸为底物，通过 L-2-卤代酸脱卤酶的催化作用，将 L-2-氯丙酸水解生成 D 型乳酸。

（3）采用延胡索酸酶催化反丁烯二酸水合，生成苹果酸　L-苹果酸的酶法生产可以用延胡索酸（反丁烯二酸）为底物，通过延胡索酸酶的催化作用，水合生成 L-苹果酸。

2. 酶在食品增味剂生产中的应用

酶在食品增味剂生产中主要用于氨基酸和呈味核苷酸的生产。

（1）L-氨基酸的酶法生产　有些氨基酸，如 L-谷氨酸、L-天冬氨酸等具有鲜味，称为氨基酸类增味剂。氨基酸类增味剂是当今世界上产量最大、应用最广的一类食品增味剂。

通过酶的催化作用生产 L-氨基酸类增味剂的途径主要有：蛋白酶催化蛋白质水解生成 L-氨基酸混合液，再从中分离得到鲜味氨基酸；谷氨酸脱氢酶催化 α-酮戊二酸加氨还原，生成 L-谷氨酸；转氨酶催化酮酸与氨基酸进行转氨反应，生成所需的 L-氨基酸；谷氨酸合酶催化 α-酮戊二酸与谷氨酰胺反应，生成 L-谷氨酸；天冬氨酸酶催化延胡索酸（反丁烯二酸）氨基化，生成 L-天冬氨酸等。

（2）呈味核苷酸的酶法生产　呈味核苷酸都是 5′-嘌呤核苷酸，主要有鸟苷酸和肌苷酸等。

通过酶的催化作用生产的核苷酸类增味剂主要有 5′-磷酸二酯酶催化 RNA 水解，生成呈味核苷酸（4 种 5′-单核苷酸，即腺苷酸、鸟苷酸、尿苷酸和胞苷酸的混合物）；腺苷酸脱氨酶催化 AMP 脱氨，生成肌苷酸等。

3. 酶在甜味剂生产中的应用

食品甜味剂能够改进食品的可口性和其他食用性质，满足一部分人群的爱好，在食品中广泛应用。通过酶的催化作用可以生成各种甜味剂。

（1）嗜热菌蛋白酶催化天冬氨酸和苯丙氨酸反应生成天苯肽　天苯肽是由 L-天冬氨酸和 L-苯丙氨酸甲酯缩合而成的二肽甲酯，是一种常用的甜味剂。其甜度约为蔗糖的 150～200 倍，但热量低，在甜度相同的情况下，天苯肽的热量仅为蔗糖的 1/200，所以在食品、饮料等方面广泛应用。天苯肽可以通过嗜热菌蛋白酶在有机介质中催化 L-天冬氨酸与 L-苯丙氨酸甲酯反应缩合生成。

（2）葡萄糖基转移酶生产帕拉金糖　帕拉金糖是一种低热值甜味剂，是蔗糖的一种异构体，甜味与蔗糖近似，但甜度较低。可通过葡萄糖基转移酶的催化作用，由蔗糖转化而成。

（3）β-葡萄糖醛酸苷酶生产单葡萄糖醛酸基甘草皂苷　甘草皂苷是甘草的主要有效成分，具有免疫调节和抗病毒等功能。甘草皂苷及其钠盐是一种低热值的甜味剂，其甜度约为蔗糖甜度的 170～200 倍。甘草皂苷的生物活性与其分子中的 β-葡萄糖醛酸基有密切关系，通过 β-葡萄糖醛酸苷酶的作用，去除甘草皂苷末端的一个 β-D-葡萄糖醛酸残基，得到单葡萄糖醛酸基的甘草皂苷，其甜度约为蔗糖甜度的 1000 倍，是一种高甜度、低热值的新型甜味剂。

4. 酶在乳化剂生产中的应用

食品乳化剂是使食品中互不相溶的液体形成稳定的乳浊液的一类食品添加剂。目前国内外普遍使用的乳化剂是甘油单酯及其衍生物和大豆磷脂等。

利用脂肪酶的作用，将甘油三酯水解生成的甘油单酯，简称为单甘酯，是一种应用广泛的食品乳化剂。目前工业产品主要是经过分子蒸馏含量达 90% 以上的单甘酯，以及单甘酯含量为 40%～50% 的单双酯混合物。

第三节　酶制剂在饲料行业中的应用

饲用酶制剂是动物科技发展到一定时期出现的一种新型饲料添加剂，20 世纪 90 年代初才进入我国，短短的几年时间已从探索性应用效果研究发展到广大养殖业经营者较广泛的认同和使用，发展异常迅速。目前酶制剂已在国内外的许多畜禽饲料公司得到广泛应用，应用范围覆盖猪、鸡、牛、羊和水产等各个领域。

一、饲料用酶制剂的作用

1. 补充同源酶的不足，促进动物的消化吸收，提高饲料的利用率

动物饲料是以淀粉、蛋白质等大分子化合物作为营养源的，由于动物生理上的差异，不同动物消化道中的酶系不同，数量也很有限，再加上饲料在消化道中停留的时间一般都很短，如鸡、鱼、虾仅 3～4h，在这样短的时间内，酶的催化作用远远没有发挥出来，饲料未被充分消化吸收而随粪便排出体外，造成部分浪费。

2. 破坏植物细胞壁，使营养物质更好地被利用

由于植物细胞壁中含有的大量纤维素组成微纤维，埋在木质素、半纤维素和果胶中间，形成结构稳定且复杂的细胞壁结构，加工粉碎只能打碎部分细胞壁，有很多植物细胞仍完整无损，故营养物质包在其中难以被动物消化吸收。如果利用纤维素酶、半纤维素酶和果胶酶等来破坏其细胞壁，使其中的营养物质释放出来，可增加动物对植物原料的利用率。

3. 消除抗营养因子，释放矿物元素和其他微量元素来提高饲料利用率，促进动物健康生长

纤维素是一种纤维二糖的高聚体，是单胃动物不能利用的，这种大分子物质较难溶解并对单胃动物的消化有阻碍作用。半纤维素和果胶部分溶于水后，会产生黏性溶液，增加消化物的黏度，因而使营养物质和内源酶难以扩散，同时还缩短了饲料在肠道内的停留时间，降低了营养物质的同化作用，从而影响了动物的消化吸收。利用酶制剂可以将纤维素、半纤维素、果胶以及糖、蛋白质等降解为单糖或寡糖，减少了此类物质对动物消化、吸收和利用的障碍作用。与此同时，结合着的矿物元素和一些微量元素在酶的作用下被水解出来，为动物所吸收，有利于动物健康生长。

4. 酶制剂的选择和优化组合

生物体是一个多酶系统，因此选用的饲用酶制剂也应由多种酶组成，以发挥整体效应。复合酶的效果均优于单一酶，但是酶与酶之间既存在着互补的促进效应（或叫叠加效应），又存在着某些拮抗作用，因此选择不同酶制剂的结合是一个非常重要的问题，应根据不同动物与不同生长期的生理特性和日粮的组成等因素综合考虑。选择与组合添加酶制剂的种类及其适宜的添加量，应通过实验来确定，避免盲目性。

二、饲料用酶制剂的应用

随着研究的深入，产品科技含量的增加，饲用酶制剂应用效果逐步提高，应用范围也日益拓宽。

1. 仔猪

酶制剂最早用于早期断奶仔猪，添加以消化酶为主的饲用酶制剂，弥补了仔猪内源酶分泌量的不足，提高了淀粉、蛋白质等饲料养分的消化利用率，促进消化道的发育，使仔猪肠壁吸收功能大为加强；同时添加酶制剂可降低仔猪胃肠道中食糜的黏性，消除非淀粉多糖等抗营养因子对消化吸收的不良影响，大大降低了腹泻等疾病的发生率，增强了机体的抵抗力。

2. 生长肥育猪

复合酶制剂对生长肥育猪有良好的饲养效果。目前生长肥育猪日粮中，应用酶制剂降解碳水化合物尤其是在富含纤维素的非常规型日粮中的效果很明显。植物细胞壁中含有大量的纤维素而不易破碎，营养物质包于其中，难以与内源消化酶接触而被消化吸收，因而它们构成了非水溶屏障性抗营养因子。在饲料中添加纤维素酶、木聚糖酶、果胶酶为主的复合酶制剂可降解细胞壁木聚糖和细胞间质的果胶成分，并使纤维素部分水解，胞内营养物质更易与肠道消化酶接触，提高消化及营养物质的利用率。

3. 家禽

国外 20 世纪 70 年代开始在家禽日粮中使用酶制剂。由于家禽消化道较短，肠道微生物菌群少，对养分的消化吸收不彻底，肠道黏度的存在更加重了营养物质消化吸收的困难，因而饲用酶制剂的应用效果较为明显。复合酶制剂对改善家禽机体代谢有良好作用。

4. 草食家畜

幼龄草食家畜瘤胃发育不全，不能充分利用饲料资源，添加复合酶制剂有助于消化吸收。

5. 其他方面

饲用酶制剂，除在养殖业中提高各项生产性能以外，还在青储饲料、防病治病、饲料去毒、饲料储存等方面发挥明显的作用。

三、饲料用酶制剂的要求

1. 安全性

用于饲料工业的酶制剂首先应考虑其安全性。来源于微生物的酶制剂，应采用安全菌株。FDA 规定枯草芽孢杆菌、米曲霉、黑曲霉、啤酒酵母和脆壁克鲁维酵母，为不需要经过毒素鉴定的安全菌株。其他菌株，需要有认可部门提供菌株产毒试验报告，证明为安全菌，方可用于饲用酶制剂的生产。来源于动物和植物的酶制剂，动物组织应根据《肉品卫生检验试行规程》进行检验，必须符合《肉与肉制品卫生管理办法》中肉类检疫要求。植物组织应不霉烂、不变质。

在生产饲用酶制剂的过程中，为确保产品的安全、卫生，一切不能用于饲料的物质，禁止加入饲用酶制剂中，如非食用的填充料、杀菌剂、防腐剂等。

2. 稳定性

酶制剂作用的发挥受多种因素的影响，很容易在热、酸、碱、重金属和其他氧化剂作用下发生变性而失去活力，所以加入饲料中的酶制剂必须能耐受饲料加工过程中的各种影响，还应耐受动物胃中酸及小肠中蛋白分解酶的作用。

采用载体吸附和特殊的包埋工艺相结合的方法，可大大提高酶的稳定性。酶被吸附到载体上后，减轻了制粒期间由高温蒸汽所导致的热降解，使酶的稳定性得到了改善。干酶是最抗热的，能耐 90℃ 高温达 30min 之久而不失活，但在同样的温度下，供给蒸汽热，就会迅速失活。一般在制粒前 65℃ 的调制温度中，吸附到载体上的酶是十分稳定的，随着调制温度升高到 75℃ 时，酶开始失活，活力约为开始水平的 30％。为了进一步改善饲料中酶的稳定性，可以采用在制粒后添加酶的方法。这种方法是将液态酶产品喷洒在冷却后的颗粒饲料上，从而避免了高温对酶活力的不利影响。悬浮液酶是在选定的植物油中的酶悬浮物，这种酶产品完全无水，即使在高温中也比较稳定。喷洒液态或悬浮液酶的颗粒饲料，可以 100％ 回收添加的酶，这种方法可能是最经济也是效果较好的方法。实际生产表明，喷洒液态酶的方法比喷洒悬浮液酶更易操作，这是由于液态酶不要求溶解并预先稀释。

第四节　酶制剂在轻化工业中的应用

一、酶在洗涤剂工业中的应用

1. 洗涤剂酶的类型和特性

（1）碱性蛋白酶　碱性蛋白酶是一种生物催化剂，可以在碱性条件保持活力，并催化水解蛋白质。因为人类衣物上的污迹主要是由皮脂、汗、食物残渣和汤汁等构成。用于洗涤这些污物的洗涤剂，又是由表面活性剂、纯碱、水玻璃（硅酸盐）、三聚磷酸盐等配制而成。所以，在洗涤时的水溶液中，就显示出较高的碱性，一般为 pH9.0～11.0 之间。在这种条件下，碱性蛋白酶就可将污迹中的蛋白质催化水解，使结构复杂的蛋白质分解成结构简单、相对分子质量较小的水溶性肽，或者进一步分解为氨基酸。在这个过程中，碱性蛋白酶是不参与反应的，整个洗涤过程中反复起分解蛋白质的作用，只是活力会越来越低。

碱性蛋白酶是世界最早用于洗涤剂，而且是品种和数量最多的一种酶制剂，目前国内外生产的厂家及其品牌也很多。为了在配制加酶洗涤剂时，选用适宜的碱性蛋白酶，现将美国杰能科国际公司、丹麦诺维信公司等厂家生产的主要碱性蛋白酶产品的各种使用条件和情况列于表 3-6 中，以供选用参考。

表 3-6　几种碱性蛋白酶的适用范围

酶的品牌	生产公司	pH	温度/℃	说明
Alcalase	诺维信	7.0～10.5	10～65	细菌蛋白酶,适于预浸剂和重垢洗涤剂
Esperase	诺维信	9.0～12.0	25～70	细菌酶,适于重垢洗涤剂、工业洗衣剂
Savinase	杰能科	8.0～11.0	10～70	细菌酶,适于重垢洗涤剂等,低温极有效
Purafect	杰能科	8.0～11.0	10～70	蛋白质工程酶,适于含漂白剂的洗涤剂
Purafect OX	杰能科	9.0～11.0	10～30	蛋白质工程酶,低温效果极佳
低温高碱性蛋白酶	无锡杰能科生物工程有限公司(WGGC)	8.0～12.0	20～65	细菌酶,洗涤剂用

（2）纤维素酶　纤维织物，特别是棉纤维织物，经过穿用和多次洗涤之后，往往会出现很多微纤维的绒毛。这些绒毛同沾污在衣物上的有机、无机污渍一起缠绕成许多小球，结果使衣物表面变得灰暗、板结。为了解决这一问题，早在 1970 年国外专利中就提出了用纤维素酶来消除这些微纤维的想法，但这个想法久久未能变成现实。直到 1985 年，采用腐殖根酶发酵的方法，制得了世界上第一个洗涤剂用的纤维素酶。1987 年又推出了一种细菌纤维素酶，并成功地用于 Attack 洗衣粉。从此，纤维素酶正式加入了洗涤剂酶的行列。

纤维素酶与其他洗涤剂酶的作用机理不同，它不是直接催化污渍中的某种物质分解，使其变成洗涤水可溶解的物质而达到洗净目的，而是由纤维素酶对织物上的微纤维作用，达到整理、翻新织物的目的。为了在洗涤过程中去掉绒球但不损坏衣物，酶选用必须符合下述条件：①纤维素酶只对脱离了晶体的微纤维起作用，不会深入纤维内部破坏纤维本身；②在pH7.0～11.0范围内活力不受影响，以保证洗涤条件下的稳定活力；③有一定的耐温性，在60℃左右仍具稳定性。

（3）脂肪酶　人们衣物上的污渍中，脂肪类物质如食用的动、植物油脂，人体产生的皮脂、化妆品的脂类等，都是非常难以洗除干净的。即使洗涤时用了大量的肥皂和洗涤剂，也无法将其很好地洗净。为了解决这一难题，在碱性蛋白酶用于洗涤剂之后，自然就想借助碱性脂肪酶来解决这一问题，随着科学和工艺的进步，脂肪酶的使用面会越来越大。

（4）淀粉酶　淀粉酶是继碱性蛋白酶在洗涤剂中使用后出现的另一种洗涤剂酶。这种酶不仅在家用洗衣粉和液体洗衣剂中得到成功的应用，而且在用于工业洗衣剂和机用餐具洗涤剂中也取得了明显的效果。洗涤剂用市售碱性淀粉酶，一般是从解淀粉芽孢杆菌生产的α-淀粉酶和从地衣芽孢杆菌制得的具有高热稳定性的α-淀粉酶配制而成。

淀粉酶不论是粉状洗涤剂酶，还是液体洗涤剂酶，均可在一般的洗涤条件下很好地发挥作用。淀粉酶不仅具有耐高温和高碱度的特性，而且与其他酶，特别是蛋白酶，以及洗涤剂的各种组分都有很好的相溶性，所以在稳定性上也是比较突出的。不过，这种酶也有其一定的限制，在液体洗涤剂特别是欧美用的含氯液体餐具洗涤剂中，遇到释氯漂白剂和甲醛防腐剂很容易失活。所以，只能在过硼酸盐漂白剂的洗涤剂中使用。

2. 含酶洗涤剂的生产

含酶洗涤剂不论是粉状洗涤剂，还是液体洗涤剂，都是将洗涤剂酶混入其内的洗涤产品，也就是说，酶在这类产品中是处于大量化学物质存在的环境中。液体洗涤剂中除了大量的化学物质之外，还得浸没于这样的水溶液中，所以在洗涤剂的生产中搞清各组分之间的关系是很重要的。

（1）含酶粉状洗涤剂的生产　在含酶粉状洗涤剂的配方确定之后，在生产中需要考虑的主要因素有：①酶对热和湿度的敏感性，即酶的稳定性；②均匀地与洗涤剂混合；③车间环境和设备要洁净，防止操作中的酶粉尘产生和飞逸。

酶的粉尘对人体的呼吸道黏膜、眼睛和皮肤均有致敏的特性，遇热和碱性条件及吸湿时又易失去活力，所以洗衣粉生产中酶作为最后的成分加入，一般同其他热敏性成分如香精、过硼酸钠、漂白剂等一起加入，即以后配料的方式加入。如有电子微计量系统，在洗涤剂生产的后工序可直接添加酶颗粒；若无微计量系统，可通过各种混合器将酶颗粒与洗衣粉混合成加酶洗衣粉。

（2）加酶液体洗涤剂的生产　加酶液体洗涤剂的生产与含酶粉状洗涤剂一样，一般是在液体洗涤剂生产过程中的后工序加入液体酶而制成。液体酶加入的方式虽然比较简单，但加入过程中要十分注意保护酶的活力和操作人员的安全。对于液体酶来说，由于液体洗涤剂中酶能与洗涤剂配方中的其他成分充分接触，所以要特别注意避免高温、极端pH及能使酶失活或沉淀的成分，在生产中酶应尽可能晚的加入，且温度应低于30～40℃，pH7.0～9.5。如可能，酶的活力稳定剂和与酶相容性差的成分应在酶加入前混入洗涤剂中。

总之，不管是粉状含酶洗涤剂，还是液体含酶洗涤剂，其生产过程都要注意酶活力保持和人体安全两方面的问题，其他要求则与普通生产一样。

二、酶在有机酸工业中的应用

1. 柠檬酸

柠檬酸学名2-羟基丙烷-1,2,3-三羧酸，白色晶体，易溶于水，且溶解度大，是有机酸中产量与消费量最大的一种有机酸，广泛应用于食品工业、医药工业及化学工业等领域。

发酵产生柠檬酸的微生物主要是黑曲霉与酵母菌两种，尤其是黑曲霉，凡是用含淀粉质物质或含糖物质（玉米、薯干、淀粉、糖蜜等）作为发酵原料的，全部用黑曲霉作发酵微生物。

我国柠檬酸生产的简要工艺流程为：原料（薯干或玉米）→粉碎→液化→发酵→过滤→中和→分离→柠檬酸钙→酸解→分离→脱色→离子交换→减压浓缩→结晶→分离→柠檬酸结晶→干燥→成品。

我国生产柠檬酸与国外最大的不同是用薯干作原料，加入中温或高温 α-淀粉酶促使原料液化，不必再外加糖化酶进行糖化，也不必补充许多营养物质，就可进行柠檬酸发酵。近年来，由于薯干质量不稳定及价格偏高的原因，以及为了更易于三废治理和降低生产成本，许多工厂已改用玉米作原料，采用连续喷射液化、清液发酵工艺，取得了明显的经济效益。

2. 乳酸

乳酸学名 α-羟基丙酸，是有机酸中产量及消费量仅次于柠檬酸的第二种重要的有机酸。

乳酸杆菌能以葡萄糖、麦芽糖等为底物产生乳酸，且产生速度较快。乳酸杆菌具有分解淀粉的 α-淀粉酶及糖化酶，这两种酶不但不耐酸且产酶量少，而且酶活力又随菌种的生长状态而高低变化。因此，若依靠菌种自身的淀粉水解酶的作用，使淀粉水解而发酵，产酸速度极慢，酸浓度又低，发酵周期很长，对原料利用很差。在工业生产上必须外加酶制剂，加快淀粉水解。

近年来，高温 α-淀粉酶及高质量糖化酶的双酶法水解淀粉的成功应用，使乳酸工业的生产水平得到进一步提高，产品提取的发酵液不结晶工艺也得到顺利实施，提取收率由过去的 50％左右提高到 70％以上，产品的质量也得到明显的提高。

3. 苹果酸

苹果酸又名羟基丁二酸，由于有一个不对称碳原子，故苹果酸有三种：L-苹果酸、D-苹果酸、DL-苹果酸。苹果酸发酵工艺有两种，即一步发酵法与两步发酵法。不同发酵工艺所使用的微生物不同。

（1）一步发酵法　一步发酵法较多地采用黄曲霉，它能利用葡萄糖、麦芽糖、蔗糖、果糖及淀粉等多种糖质原料产生 L-苹果酸。培养基较复杂，发酵过程常有富马酸等其他有机酸产生，给分离提纯带来困难，难以得到高纯度的晶体，再加上产酸低、对糖转化率低（30％～40％）、周期长（最少也需 5 天），故至今在国内外均未实现工业化生产。

（2）两步发酵法　由华根霉或少根根霉将葡萄糖生物合成富马酸，再由膜醭毕赤酵母、普通变形菌、芽孢杆菌或掷孢酵母等将富马酸转化为 L-苹果酸。两步发酵法的第一步，先用根霉将糖类发酵生成富马酸，即富马酸发酵，这里的糖使用较多的是葡萄糖，葡萄糖可由淀粉经双酶水解而得。第二步是在前面所产的富马酸中接入酵母菌或细菌进行发酵，将富马酸转化为 L-苹果酸，即转化发酵。采用这种方法，苹果酸对糖转化率最高可达 60％以上，但是发酵周期太长，前后加起来要 8～9 天。

三、酶在纺织、皮革、造纸工业中的应用

1. 酶在纺织工业中的应用

（1）退浆　织物在织造过程中，纤维需要上浆，增加牢度，织坯进行染色、漂白、印花时需要将浆料去掉，印花后也需要把印花的浆料去掉。目前大多采用淀粉浆料上浆，利用酶制剂——淀粉酶在一定条件下，可将淀粉浆迅速变为糊精，液化后的可溶性糊精随水洗而洗净，达到退浆的目的。酶法退浆可用于棉布、丝绸、维纶、黏胶纤维、混纺织物、色织府绸和化纤混纺等织物。

退浆所用淀粉酶有两种：耐高温 α-淀粉酶和中温淀粉酶。采用耐高温 α-淀粉酶，所使用的温度要高于 90℃，最适温度 95℃以上；而使用中温淀粉酶所用的温度要低于 90℃，最适温度在 80～85℃。采用何种酶（退浆剂）退浆应根据各工厂设备条件及织物性能来决定。

（2）精炼   纯棉织物利用烧碱可以得到良好的精炼效果，但工艺流程长，手感板硬。用纤维素酶在前处理时代替烧碱进行精炼，流程短、设备简单、能耗低、无污染，可以得到良好的处理效果。精炼的目的是除去棉纤维表面的杂质，杂质存在于初生胞壁中，有果胶、蜡状物质、木质素等。利用纤维素酶和蛋白酶分解初生胞壁和次生胞壁形成的纤维素、纤维主体，从而使吸湿性、柔软性提高。

纺织酶处理工艺具有以下三个方面的突出优势：①生产综合成本。可节约大量的生产时间、工艺用水量、能耗、化工原料等，同时减少对废水的处理费用，因而生产综合成本不高于传统工艺。②生态环境。大幅度减少废水排放量及排放废水中盐、可吸附有机卤化物、染料、化学药剂等的含量，废水 COD 显著降低。③产品品质。由于避免了强碱、氧化剂等化学药剂对纤维的损伤，使得织物具有良好手感、外观、物理机械性能及染色性能等，产品品质明显提高。

2. 酶在皮革工业中的应用

酶制剂应用于皮革生产和研究始于 20 世纪 70 年代，利用蛋白酶的水解作用达到脱毛目的，从而消除了硫化物对环境的污染。蛋白酶可以破坏表皮生发层和毛鞘的细胞组织，削弱毛、表皮和真皮粒面层的关系，从而达到脱毛的目的。

皮革生产采用的酶法脱毛工艺很多，有液酶法脱毛和无液酶法脱毛。无液酶法脱毛又有常温无液酶脱脂脱毛及滚酶堆置脱毛。有液酶法脱毛是将猪皮先经水洗、脱脂、拔毛、碱膨胀、剖层、脱碱后，在转鼓中进行脱毛操作。无液酶法脱毛是将回软或脱脂后的猪皮，加入适量的酶制剂转动，使酶制剂能均匀地透入皮内。正面革生产已普遍采用臀部涂酶。制造高档皮革的关键是臀部处理，臀部处理的最佳方法是臀部涂酶，可使皮革柔软、无硬心。

皮革生产工艺中的软化，普遍采用酶法。用于皮革生产的蛋白酶品种有 1398、3942、166、209、2709 和胰酶。目前使用最为普遍的是 1398，其次是 2709 和胰酶。

3. 酶在造纸生产中的应用

造纸所用原料主要是木材和其他植物纤维原料，含有大量木质素，若不除去会使之变成黄褐色，降低强度，严重影响纸的质量。一般采用碱法制浆除去木质素，因而造成严重的环境污染。用木质素酶处理，可以使木质素水解而除去，不但可提高纸的质量，而且使环境污染程度大为减轻。

纸浆漂白是造纸过程的重要环节。通常采用二氯化盐进行漂白，一则影响环境，二则影响纸的光泽和强度。国际上已经采用木聚糖酶、半纤维素酶、木质素过氧化物酶等进行漂白，不仅减轻了环境污染程度，而且使纸的强度和光泽得以改善。在回收利用的纸张上，油墨等污迹难以完全除去，影响纸的光洁度，通常用化学药剂处理，费用较高，应用纤维素酶对再生纸进行处理，则可显著降低成本。

第五节   酶制剂在环境保护中的应用

当前，环境污染已经成为制约人类社会发展的重要因素。我国每年排出大量废水、废气和烟尘，以及固体废弃物，污染规模达到相当严重的地步。原先人们常用的化学方法和物理方法，已经很难达到完全清除污染物的目的。微生物在环境治理方面发挥了十分巨大的作用，最常用、最成熟的活性污泥废水处理技术，就是依靠了微生物的作用。同样，各种微生物酶能够分解糖类、脂肪、蛋白质、纤维素、木质素、环烃、芳香烃、有机磷农药、氰化物、某些人工合成的聚合物等，正成为环境保护领域研究的热点课题。

一、酶在环境监测方面的应用

1. 利用胆碱酯酶检测有机磷农药污染

最近几十年来，为了防治农作物的病虫害，大量使用各种农药。农药的大量使用，对农作物产量的提高起到了一定的作用，然而由于农药，特别是有机磷农药的滥用，造成了严重的环境污染，破坏了生态环境。为了监测农药的污染，人们研究了多种方法，其中采用胆碱酯酶监测有机磷农药的污染就是一种具有良好前景的检测方法。

胆碱酯酶可以催化胆碱酯水解生成胆碱和有机酸，有机磷农药是胆碱酯酶的一种抑制剂，可以通过检测胆碱酯酶的活性变化，来判定是否受到有机磷农药的污染。

2. 利用乳酸脱氢酶的同工酶监测重金属污染

乳酸脱氢酶有 5 种同工酶，它们具有不同的结构和特性。通过检测家鱼血清乳酸同工酶的活性变化，可以检测水中重金属污染的情况及其危害程度。

3. 通过 β-葡聚糖苷酸酶监测大肠杆菌污染

将 4-甲基香豆素基-β-葡聚糖苷酸掺入选择性培养基，样品中如果有大肠杆菌存在，大肠杆菌中的 β-葡聚糖苷酸酶就会将其水解，生成甲基香豆素。甲基香豆素在紫外光的照射下发出荧光。由此可以检测水或者食品中是否有大肠杆菌污染。

4. 利用亚硝酸还原酶检测水中亚硝酸盐浓度

亚硝酸还原酶是催化亚硝酸还原生成一氧化氮的氧化还原酶。利用固定化亚硝酸还原酶，制成电极，可以检测水中亚硝酸盐的浓度。

二、酶在废水处理方面的应用

不同的废水，含有各种不同的物质，要根据所含物质的不同，采用不同的酶进行处理。有的废水中含有淀粉、蛋白质、脂肪等各种有机物质，可以在有氧和无氧的条件下用微生物处理，也可以通过固定化淀粉酶、蛋白酶、脂肪酶等进行处理。冶金工业产生的含酚废水，可以采用固定化酚氧化酶进行处理；含有硝酸盐、亚硝酸盐的地下水或废水，可以采用固定化硝酸还原酶、亚硝酸还原酶和一氧化氮还原酶进行处理，使硝酸根、亚硝酸根逐步还原，最终成为氮气。

三、酶在可生物降解材料开发方面的应用

目前应用于各个领域的高分子材料，大多数是生物不可降解或不可完全降解的材料。这些高分子材料使用后，成为固体废弃物，对环境造成严重的影响。研究和开发可生物降解材料，已经成为可生物降解的高分子材料开发的重要途径。

利用酶在有机介质中的催化作用合成的可生物降解材料主要有：利用脂肪酶的有机介质催化合成聚酯类物质、聚糖脂类物质；利用蛋白酶或脂肪酶合成多肽类或聚酰胺类物质等。

四、其他方面

处理食品工业废水，如淀粉酶、糖化酶、蛋白酶、脂肪酶、乳糖酶、果胶酶、几丁质酶等；处理造纸工业废水，如木聚糖酶、纤维素酶、漆酶等；处理芳香族化合物，如各种过氧化物酶、酪氨酸酶、萘双氧合酶等；处理氰化物，如氰化酶、腈水解酶、氰化物水合酶等；其他，如能够完全降解烷基硫酸酯和烷基乙基硫酸酯，以及部分降解芳基磺酸酯的烷基硫酸

酯酶等。

本章小结

酶制剂在疾病诊断方面的应用：根据体内原有酶活性的变化来诊断某些疾病，或者利用酶来测定体内某些物质的含量，从而诊断疾病。

酶制剂在食品保鲜方面的应用：利用酶的催化作用，防止或者消除各种外界因素对食品产生的不良影响，从而保持食品的优良品质和风味特色。

饲料用酶制剂的作用：补充同源酶的不足，促进动物的消化吸收，提高饲料的利用率；破坏植物细胞壁，使营养物质更好地被利用；消除抗营养因素，释放矿物元素和其他微量元素来提高饲料利用率，促进动物健康生长。

酶制剂在环境监测方面的应用：农药污染的监测、重金属污染的监测、微生物污染的监测。

实践练习

1. 青霉素酰化酶可催化生成的抗生素为（　　）。

A. 高效链霉素　　B. L-氨基酸　　C. 6-APA　　D. 7-ACA　　E. 新型头孢霉素

2. 利用（　　）的作用，将甘油三酯水解生成的甘油单酯，简称为单甘酯，是一种广泛应用的食品乳化剂。

A. α-淀粉酶　　　　B. 蛋白酶　　　C. 脂肪酶　　　D. 脱枝酶

3. 用于饲料工业的酶制剂应首先考虑（　　）。

A. 安全性　　　　B. 防腐剂　　　C. 稳定性　　　D. 经济性

4. 发酵法生产有机酸已成为有机酸产业的主要方法，工业化生产且需求量较大的主要有机酸品种有（　　）。

A. 柠檬酸　　　　B. 乳酸　　　　C. 衣康酸　　　D. 苹果酸

5. 纸浆漂白是造纸过程的重要环节。通常采用二氯化盐进行漂白，一则影响环境，二则影响纸的光泽和强度。国际上已经采用（　　）等进行漂白，不仅减轻了环境污染程度，而且使纸的强度和光泽得以改善。

A. 木聚糖酶　　　B. 半纤维素酶　　C. 木质素过氧化物酶

D. 蛋白酶　　　　E. 脂肪酶

（张伟）

模块二　酶制剂生产技术

第四章

酶的发酵生产

学习目标

■【学习目的】

　　通过本章学习，能掌握酶的发酵生产特点，能通过查阅资料设计产酶菌种的筛选方案并进行筛选，能对常用产酶菌种进行保藏，能优化常用酶的发酵工艺条件。

■【知识要求】

　　1. 掌握酶的发酵生产特点。

　　2. 掌握产酶菌种的选育和保藏方法。

　　3. 熟悉大肠杆菌和酵母工程菌的高密度发酵、动植物细胞培养产酶。

■【能力要求】

　　1. 能通过查阅资料设计产酶菌种的筛选方案并进行筛选。

　　2. 能对酶制剂工业常用菌种进行保藏。

　　3. 能优化并控制常用酶的发酵工艺条件。

第一节　酶制剂工业常用菌种与选育

一、酶制剂工业常用菌种

　　细菌、酵母菌及霉菌都是常用的工业酶生产菌，现将常用的产酶微生物简介如下。

1. 枯草芽孢杆菌（*Bacillus subtilis*）

　　枯草芽孢杆菌是应用最广泛的产酶微生物之一。枯草杆菌是芽孢杆菌属细菌，细胞呈杆状，大小为 $(0.7\sim0.8)\ \mu m \times (2\sim3)\ \mu m$，单个，无荚膜，周生鞭毛，运动，革兰染色阳性。菌落粗糙，不透明，污白色或微带黄色。

　　此菌用途很广，可用于生产 α-淀粉酶、蛋白酶、β-葡聚糖酶、碱性磷酸酶等。例如，枯草杆菌 BF7658 是国内用于生产 α-淀粉酶的主要菌株；枯草杆菌 AS1.398 可用于生产中性蛋白酶和碱性磷酸酶。枯草杆菌生产的 α-淀粉酶和蛋白酶都是胞外酶。而碱性磷酸酶存在于细胞间质之中。

2. 大肠杆菌（*Escherichia coli*）

大肠杆菌细胞呈杆状，其大小为 $0.5\mu m \times (1.0 \sim 3.0) \mu m$，革兰染色阴性，无芽孢，菌落从白色到黄白色，光滑闪光，扩展。

大肠杆菌可生产多种酶，一般都属于胞内酶，需经过细胞破碎才能分离得到。例如，谷氨酸脱羧酶，用于测定谷氨酸含量或生产 γ-氨基丁酸；天冬氨酸酶，催化延胡索酸加氨生成 L-天冬氨酸；青霉素酰化酶，生产新的半合成青霉素或头孢霉素；β-半乳糖苷酶，用于分解乳糖；限制性核酸内切酶、DNA 聚合酶、DNA 连接酶、核酸外切酶。

3. 黑曲霉（*Aspergillus niger*）

黑曲霉是曲霉属黑曲霉群霉菌。菌丝体由具横隔的分枝菌丝构成，菌丛黑褐色，顶囊球形，小梗双层，分生孢子球形，平滑或粗糙。

黑曲霉可用于生产多种酶，有胞外酶也有胞内酶。如糖化酶、α-淀粉酶、酸性蛋白酶、果胶酶、葡萄糖氧化酶、过氧化氢酶、核糖核酸酶、脂肪酶、纤维素酶、橙皮苷酶、柚苷酶等。

4. 米曲霉（*Aspergillus oryzae*）

米曲霉是曲霉属黄曲霉丛霉菌。菌丛一般为黄绿色，后变为黄褐色，分生孢子头呈放射形，顶囊球形或瓶形，小梗一般为单层，分生孢子球形，平滑少数有刺，分生孢子梗长 2mm 左右，粗糙。

米曲霉可用于生产糖化酶和蛋白酶，这在我国传统的酒曲和酱油中得到广泛应用。此外，米曲霉还用于生产氨基酰化酶、磷酸酯酶、核酸酶 P_1、果胶酶等。

5. 青霉（*Penicillium*）

青霉属半知菌纲。营养菌丝无色，淡色，有横隔，分生孢子梗亦有横隔，顶端形成扫帚状的分枝，小梗顶端串生分生孢子，分生孢子球形、椭圆形或短柱形，光滑或粗糙，大部分在生长时呈蓝绿色。

青霉菌分布广泛，种类很多。其中产黄青霉（*Penicillium chrysogenum*）用于生产葡萄糖氧化酶、苯氧甲基青霉素酰化酶（主要作用于青霉素 V）、果胶酶、纤维素酶 C_X 等，橘青霉（*Penicillium citrinum*）用于生产 $5'$-磷酸二酯酶、脂肪酶、葡萄糖氧化酶、凝乳蛋白酶、核酸酶 S_1、核酸酶 P_1 等。

6. 木霉（*Trichoderma*）

木霉属于半知菌纲。生长时菌落呈棉絮状或致密丛束状，菌落表面呈不同程度的绿色。菌丝透明，有分隔，分枝繁复，分枝末端为小梗，瓶状，束生、对生、互生或单生，分生孢子由小梗相继生出，靠黏液把它们聚集成球形或近球形的孢子头。分生孢子近球形或椭圆形，透明或亮黄绿色。

木霉是生产纤维素酶的重要菌株。木霉产生的纤维素酶中包含有 C_1 酶、C_X 酶和纤维二糖酶等。此外，木霉中含有较强的 17α-羟化酶，常用于甾体转化。

7. 根霉（*Rhizopus*）

根霉生长时，由营养菌丝产生匍匐枝。匍匐枝的末端生出假根，在有假根的匍匐枝上生出成群的孢子囊梗，梗的顶端膨大形成孢子囊，囊内生孢子囊孢子，孢子呈球形、卵形或不规则形状。

根霉用于生产糖化酶、α-淀粉酶、转化酶、酸性蛋白酶、核糖核酸酶、脂肪酶、果胶酶、纤维素酶、半纤维素酶等。根霉有强的 11α-羟化酶，是用于甾体转化的重要菌株。

8. 毛霉（*Mucor*）

毛霉的菌丝体在基质上或基质内广泛蔓延，菌丝体上直接生出孢子囊梗，分枝较小或单生，孢子囊梗顶端有膨大成球形的孢子囊，囊壁上常带有针状的草酸钙结晶。

毛霉用于生产蛋白酶、糖化酶、α-淀粉酶、脂肪酶、果胶酶、凝乳酶等。

9. 链霉菌（*Streptomyces*）

链霉菌是一种放线菌，形成分枝的菌丝体，有气生菌丝和基内菌丝之分，基内菌丝体不断裂，只有气生菌丝体形成孢子链。

链霉菌是生产葡萄糖异构酶的主要菌株，还可用于生产青霉素酰化酶、纤维素酶、碱性蛋白酶、中性蛋白酶、几丁质酶等。此外，链霉菌还含有丰富的 16α-羟化酶，可用于甾体转化。

10. 啤酒酵母（*Saccharomyces cerevisiae*）

啤酒酵母是在工业上广泛应用的酵母，细胞由圆形、卵形、椭圆形到腊肠形。在麦芽汁琼脂培养基上菌落为白色，有光泽，平滑，边缘整齐。营养细胞可以直接变为子囊，每个子囊含有 $1\sim4$ 个圆形光亮的子囊孢子。

啤酒酵母主要用于酿造啤酒、酒精、饮料酒和制造面包。在酶的生产方面，用于转化酶、丙酮酸脱羧酶、醇脱氢酶等的生产。

11. 假丝酵母（*Candida*）

假丝酵母的细胞圆形、卵形或长形。无性繁殖为多边芽殖，形成假菌丝，可生成厚垣孢子、无节孢子、子囊孢子。不产生色素。在麦芽汁琼脂培养基上菌落呈乳白色或奶油色。

假丝酵母是单细胞蛋白的主要生产菌。在酶工程方面可用于生产脂肪酶、尿酸酶、尿囊素酶、转化酶、醇脱氢酶。假丝酵母具有烷类代谢的酶系，可用于石油发酵；具有较强的羟基化酶，可用于甾体转化制造睾丸素等。

二、产酶微生物的选育

任何生物都能在一定条件下合成某些酶，但并不是所有的细胞都能用于酶的发酵生产。一般说来，能用于酶发酵生产的细胞必须具备如下几个条件：①酶的产量高。优良的产酶细胞首先要具有高产的特性，才有较好的开发应用价值。高产细胞可以通过筛选、诱变或采用基因工程、细胞工程等技术而获得。②容易培养和管理。要求产酶细胞容易生长繁殖，并且适应性较强，易于控制便于管理。③产酶稳定性好。在通常的生产条件下，能够稳定地用于生产，不易退化。一旦细胞退化，要经过复壮处理，使其恢复产酶性能。④利于酶的分离纯化。发酵完成后，需经分离纯化过程，才能得到所需的酶。这就要求产酶细胞本身及其他杂质易于和酶分离。⑤安全可靠。要求使用的细胞及其代谢物安全无毒，不会影响生产人员和环境，也不会对酶的应用产生其他不良影响。

菌种选育在酶生产中的地位日益重要，优良菌种不仅提高酶制剂的产量、发酵原料的利用效率，而且与增加酶的品种、缩短生产周期、改进发酵和提取工艺条件等密切有关。酶制剂产量和质量的不断提高，是由于菌种选育、发酵和提取等三个方面不断取得进展的结果，但菌种选育的作用是第一位的。发酵培养基成分和发酵条件的改进并不能离开菌种本身固有的遗传特性。提取方法的改进，可以提高酶的回收率，但是理想的最高回收率也只能以达到菌种的潜在产量为极限。因此，酶的产量和质量，主要是由菌种特性所决定的。

产酶菌种的筛选与其他发酵产品的生产菌种筛选一样，一般包括菌种采集、菌种分离纯化和生产性能鉴定等几个环节（见图 4-1）。

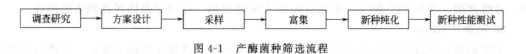

图 4-1　产酶菌种筛选流程

1. 菌样采集

采样前应先调查要筛选的产酶微生物可能在哪些地方分布较多，有目的地从自然界中寻找优良菌种。

> **能 力 拓 展**
>
> 　　不同的环境条件会得到不同的酶生产菌，这对于菌样采集、筛选菌种非常重要。要分离产蛋白酶的菌种，可到经常堆放肉、鱼的土壤或食肉动物的粪便中去找寻；分泌纤维素酶和半纤维素酶的微生物，普遍存在于森林的落叶和堆肥中；产生果胶酶的微生物则存在于腐败的水果和蔬菜中；在粮油化工厂周围的土壤中往往容易分离到脂肪酶菌种，因为这些土壤中长期被油脂污染，分解脂肪的微生物大量繁殖。嗜热菌可分泌热稳定的酶，嗜碱菌分泌的酶最适 pH 较高，前者主要分布于温泉水、自发产热的堆肥、沙漠土或类似的滋生地中，后者主要存在于富含石灰的场所。

2. 富集

所谓富集就是对具有理想性能的微生物提供有利其生长的条件，使其在培养物中的相对数量增加，一般的菌样含所要分离的微生物量很少时，富集培养有利于某种产酶菌种的筛选。控制培养温度、pH 或营养成分可达到富集的目的。例如在培养中以淀粉作为唯一的或主要碳源，那些在所采用的条件下适合于淀粉代谢的微生物最终将占优势，并可在淀粉琼脂平板上分离到产生淀粉酶的菌株。

3. 菌种纯化和分离

通过富集培养还不能得到微生物的纯种，因为样品本身含有种类繁多的微生物。纯种分离的方法常有两种，即稀释分离法和划线法。为了提高分离的效率，可采用一些快速筛选的技术，还可以选择合适的培养基和酶活测定方法（见表 4-1）。当用不溶性底物（如以几丁质、由其他微生物提纯到的细胞壁或脱脂奶粉）作为唯一碳/氮源或补充碳/氮源掺入培养基时，经保温培养后，产酶菌落的周围可出现透明圈。但是用可溶性底物时，则需要将多聚物沉淀或染色，才能显示透明圈。另一种方法是将底物与染料偶联，常用的染料为一种蓝色染料亮蓝和天青。

表 4-1　测试胞外酶和细胞结合酶的培养基

酶	底物	试剂	说　明
淀粉酶	淀粉	碘溶液	与着色的本底相比,呈现透明(α-淀粉酶)
蛋白酶	脱脂乳		透明圈
脱氧核糖核酸酶	DNA	盐酸	沉淀的 DNA 中呈现透明圈
脂肪酶	吐温		培养基中含有吐温,浑浊的晕圈表示有解脂性

4. 新菌种性能测试

得到新的分离菌种，这仅是菌种筛选工作的第一步，得到新分离菌种的数量往往有数十株或有数百株，需要进一步测定新分离菌种的性能。首先进行初筛工作，即先将新分离菌种活化，进行摇瓶试验或是采用其他技术方法，淘汰大部分性能较差的分离菌种。然后筛选出数株性能优良的菌株，进行生产性能测试，常称复筛工作。经数十次复筛，确定出 1～2 株有实用价值的菌种。如果产物与食品制造有关，还需对菌种进行毒性鉴定。

第二节　酶的发酵方法、工艺条件及优化控制

酶的发酵生产是以获得大量所需的酶为目的。为此，除了选择性能优良的产酶细胞以外，还必须满足细胞生长、繁殖和发酵产酶的各种工艺条件，并要根据发酵过程的变化进行优化控制。

酶发酵生产的一般工艺流程见图 4-2 所示。

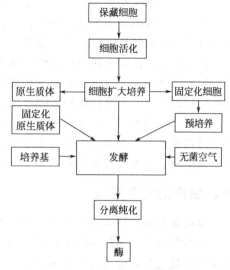

图 4-2　酶发酵生产的工艺流程

一、细胞活化与扩大培养

性能优良的产酶细胞选育出来以后，必须尽可能保持其生长和产酶特性不变异、不死亡、不被杂菌污染等。因此必须采取妥善的保藏方法，以备随时应用。

保藏细胞在使用之前必须接种于新鲜的斜面培养基上，在一定条件下进行培养，以恢复细胞的生命活动能力，这就叫做细胞活化。

为了保证发酵时有足够数量的优质细胞，活化了的细胞一般要经过一级至数级的扩大培养。用于细胞扩大培养的培养基称为种子培养基。种子培养基中一般氮源要丰富些，碳源可相对少些，种子培养条件包括温度、pH、溶解氧的供给等，应尽量满足细胞生长的需要，以便细胞生长得既快又好。种子扩大培养的时间不宜太长，一般培养至对数生长期，即可接入下一级扩大培养或接入发酵。但若以孢子接种的则要培养至孢子成熟期，才能接入发酵。接入发酵的种子的量一般为发酵培养基总量的 1%～10%。

二、培养基的配制

培养基是指人工配制的用于细胞培养和发酵的各种营养物质的混合物。培养基多种多样，千差万别，但培养基的组分一般包括碳源、氮源、无机盐和生长因素等几方面。在设计和配制培养基时，应特别注意各种组分的种类和含量，以满足细胞生长、繁殖和新陈代谢的需要，并要调节至适宜的 pH。还必须注意到，有些细胞生长、繁殖阶段和发酵阶段所要求的培养基有所不同，在此情况下，要根据需要配制不同的生长培养基和发酵培养基。

三、pH 调节

培养基的 pH 与细胞的生长繁殖以及发酵产酶都有密切关系，故必须进行必要的调节控制。不同细胞生长繁殖的最适 pH 有所不同。一般细胞和放线菌的生长最适 pH 为中性或微碱性（pH6.5～8.0）；霉菌和酵母的生长最适 pH 为偏酸性（pH4.0～6.0）；植物细胞生长的最适 pH 为 5.0～6.0。

细胞发酵产酶的最适 pH 通常接近于该酶反应的最适 pH。例如发酵生产碱性蛋白酶的最适 pH 为碱性（pH8.5～9.0）；生产中性蛋白酶的 pH 为中性至微酸性（pH6.0～7.0）；而酸性（pH4.0～6.0）条件有利于酸性蛋白酶的产生。然而要注意到有些酶在该酶反应的最适 pH 条件下，细胞受到影响，故有些细胞的产酶最适 pH 与酶作用的最适 pH 有明显差别。例如枯草杆菌碱性磷酸酶作用最适 pH 为 9.5，而产酶最适 pH 为 7.4。

有些细胞可以同时产生多种酶，通过控制培养基的 pH，往往可以改变各种酶之间的产

量比例。例如黑曲霉可生产 α-淀粉酶，又可生产糖化酶。当培养基的 pH 偏向中性时，可使 α-淀粉酶产量增加而糖化酶产量减少；反之，当培养基的 pH 偏向酸性时，则糖化酶产量提高而 α-淀粉酶的产量降低。再如用米曲霉生产蛋白酶，当培养基的 pH 为碱性时，主要生产碱性蛋白酶；降低培养基的 pH，则主要生产中性或酸性蛋白酶。

培养基的 pH 在细胞生长繁殖和代谢物产生的过程中往往会发生变化。这种变化与细胞特性有关，也与培养基的组分密切相关。含糖量高的培养基，由于糖代谢产生有机酸，会使培养基的 pH 向酸性方向移动；含蛋白质、氨基酸较多的培养基，经代谢产生较多的胺类物质，使 pH 向碱性方向移动；以硫酸铵为氮源时，随着铵离子被细胞利用，使培养基 pH 下降；以尿素为氮源时，先随着尿素被脲酶水解生成氨，使培养基 pH 上升，然后又随着氨被细胞同化而使 pH 下降；磷酸盐的存在，对培养基的 pH 起一定的缓冲作用。

因此，在细胞培养和发酵过程中，必须对培养基的 pH 进行适当的控制和调节。pH 的调节可以通过改变培养基的组分或其比例来实现。必要时可使用缓冲溶液，或流加适宜的酸、碱溶液，以调节控制培养基中 pH 变化。

四、温度的调节控制

温度是影响细胞生长繁殖和发酵产酶的重要因素之一。不同的细胞有各自不同的最适生长温度。如枯草杆菌的最适生长温度为 $34\sim37℃$，黑曲霉的最适生长温度为 $28\sim32℃$，植物细胞的最适生长温度为 $25℃$ 左右。

细胞发酵产酶的最适温度与最适生长温度有所不同，而且往往低于最适生长温度，这是由于在较低的温度条件下，可提高酶的稳定性，延长细胞产酶时间。例如用酱油曲霉生产蛋白酶，在 $28℃$ 条件下发酵，其蛋白酶的产量比在 $40℃$ 条件下高 $2\sim4$ 倍，在 $20℃$ 温度条件下发酵，则其蛋白酶产量会更高。但并不是温度越低越好，若温度过低，生化反应速度很慢，反而降低酶产量，延长发酵周期。故必须进行试验，以确定最佳产酶温度。

为此，有些酶的发酵生产，要在不同阶段控制不同的温度条件。在生长繁殖阶段控制在细胞生长最适温度范围内，以利于细胞生长繁殖；而在产酶阶段，则需控制在产酶的最适温度。

在细胞生长和发酵产酶过程中，由于细胞的新陈代谢作用，不断放出热量，会使培养基的温度升高，同时，热量不断扩散和散失，又会使培养基温度降低，两者综合，决定了培养基的温度。由于在发酵的不同阶段，细胞新陈代谢放出的热量差别很大，扩散和散失的热量受到环境温度等因素的影响，使培养基的温度变化明显。为此必须经常及时地进行调节控制，使培养基的温度经常维持在适宜的范围内。温度控制的方法一般采用热水升温，冷水降温，故在发酵罐中，均设计有足够传热面积的热交换装置，如排管、蛇管、夹套、喷淋管等。

五、溶解氧的调节控制

细胞的生长繁殖以及酶的生物合成过程需要大量的能量。为了获得足够多的能量，以满足细胞生长和发酵产酶的需要，培养基中的能源（一般是碳源提供）必须经有氧分解才能产生大量的 ATP。为此，必须供给充足的氧气。当耗氧速率改变时，必须相应地调节溶氧速率。

调节溶氧速率的方法，主要有下列几种。

1. 调节通气量

通气量是指单位时间内流经培养液的空气量（L/min）。通常用培养液体积与每分钟通入的空气体积之比表示。例如 $1m^3$ 培养液，每分钟流过的空气量为 $0.5m^3$，则通气量为 2：1；每升培养液，每分钟流过 2L 空气，则通气量为 1：2。当通气量增大时，可提高溶氧速率，反之，减少通气量，则使溶氧速率降低。

2. 调节氧的分压

增加空气压力，或提高空气中氧的含量都能提高氧的分压，从而提高溶氧速率。反之则使溶氧速率降低。

3. 调节气液接触时间

气液两相接触时间延长，可使更多的氧溶解，从而提高溶氧速率；反之则使溶氧速率降低。可以通过增加液层高度，在反应器中增设挡板等方法以延长气液接触时间。

4. 调节气液接触面积

氧气溶解到培养液是通过气液两相的界面进行的。增加气流接触界面的面积，有利于提高溶气速率。为了增大气液接触面积，应使通过培养液的空气尽量分散。在发酵容器的底部安装空气分配管，使分散的气泡进入液层，是增加气液接触面积的主要方法。装设搅拌装置或增设挡板等可使气泡进一步打碎和分散，也可有效地增加气液两相的接触面积，从而提高溶氧速率。

5. 改变培养液特性

培养液的特性对溶氧速率有明显影响，若培养液的黏度大，产生气泡多，则不利于氧的溶解。通过改变培养液的组分或浓度，可有效地降低培养液黏度，加入适宜的消泡剂或设置消泡装置，以消除泡沫的影响，都可提高溶氧速率。

以上各种方法可根据实际情况选择使用，以便根据耗氧速率的改变有效快捷地调节溶氧速率。若溶氧速率低于耗氧速率，则细胞得不到所需的供氧量，必然影响其生长和产酶；然而溶氧速率过高，对发酵也是不利的，一则造成浪费，二则在高溶氧速率下会抑制某些酶的生成，如青霉素酰化酶等；另外，为获得高溶氧速率而采用的大量通气或快速搅拌等措施会使某些细胞（如霉菌、放线菌、植物细胞和动物细胞、固定化细胞等）受到损伤。所以溶氧速率等于或稍高于耗氧速率即可。

六、提高酶产量的措施

在酶的发酵生产过程中，为了提高酶产量，除了选育优良的产酶细胞，保证发酵工艺条件并根据工艺变化情况及时加以调节控制外，还可以采取某些行之有效的措施，诸如添加诱导物、控制阻遏物浓度、添加表面活性剂或其他产酶促进剂等。

1. 添加诱导物

对于诱导酶的发酵生产，在发酵培养基中添加适当的诱导物，可使产酶量显著提高。例如乳糖诱导 β-半乳糖苷酶，纤维二糖诱导纤维素酶，蔗糖甘油单棕榈酸酯诱导蔗糖酶等。

一般来说，不同的酶有各自不同的诱导物。然而有时一种诱导物可诱导生成同一酶系的若干种酶。如 β-半乳糖苷可同时诱导 β-半乳糖苷酶、透过酶和 β-半乳糖乙酰化酶 3 种酶。

同一种酶往往有多种诱导物，实际应用时可根据酶的特性、诱导效果和诱导物的来源等方面进行选择。诱导物一般可分为三类。

（1）酶的作用底物 许多诱导酶都可由其作用底物诱导产生。例如大肠杆菌生长在以葡萄糖为单一碳源的培养基中，每个细胞平均只含有 1 分子 β-半乳糖苷酶。若将该细胞转移到含有乳糖而不含有葡萄糖的培养基中，2min 后开始大量产生 β-半乳糖苷酶，平均每个细胞产生 3000 分子 β-半乳糖苷酶。此外，纤维素酶、果胶酶、青霉素酶、右旋糖酐酶、淀粉酶、蛋白酶等均可由各自的作用底物诱导产生。

（2）酶的反应产物　有些酶可由其催化反应的产物诱导产生。例如半乳糖醛酸是果胶酶催化果胶水解的产物，它却可以作为诱导物，诱导果胶酶的产生。此外，纤维二糖诱导纤维素酶、没食子酸诱导单宁酶等。

（3）酶的底物类似物　研究结果表明，酶的最有效诱导物，往往不是酶的作用底物，也不是其反应产物，而是不能被酶作用或很少被酶作用的底物类似物。例如异丙基-β-D-硫代半乳糖苷（IPTG）对 β-半乳糖苷酶的诱导效果比乳糖高几百倍，蔗糖甘油单棕榈酸酯对蔗糖酶的诱导效果比蔗糖高几十倍等。有些反应物对酶也有诱导效果。

2. 控制阻遏物浓度

酶的生物合成要经过一系列的步骤，需要诸多因素的参与。因此在转录和翻译过程中，许多因素都会影响酶的生物合成。那么，究竟哪些因素对酶的生物合成起主要的调节控制作用呢？研究结果表明，至少在原核生物中，甚至在所有生物中，转录水平的调节控制对酶的生物合成是至关重要的。

酶的生物合成受到阻遏物的阻遏作用。为了提高酶的产量，必须设法解除阻遏作用。阻遏作用有产物阻遏和分解代谢物阻遏两种。阻遏物可以是酶催化反应产物、代谢途径的末端产物以及分解代谢物（葡萄糖等容易利用的碳源）。控制阻遏物浓度是解除阻遏、提高酶产量的有效措施。

β-半乳糖苷酶受葡萄糖引起的分解代谢物阻遏作用。在培养基中有葡萄糖存在时，即使有诱导物存在，β-半乳糖苷酶也无法大量产生。只有在不含葡萄糖的培养基中，或在葡萄糖被细胞利用完以后，诱导物的存在才能诱导该酶大量生成。类似情况在不少酶的生产中均可发生。为了减少或解除分解代谢物的阻遏作用，应控制培养基中葡萄糖等容易利用的碳源的浓度。可采用其他较难利用的碳源（如淀粉等），或采用补料、分次流加碳源等方法，以利于提高产酶量。此外，在分解代谢物存在的情况下，添加一定量的环腺苷酸（cAMP），可以解除分解代谢物的阻遏作用，若同时有诱导物存在，则可迅速产酶。

对于受代谢途径末端产物阻遏的酶，可以通过控制末端产物的浓度使阻遏解除。对于非营养缺陷型细胞，由于会不断地产生末端产物，则可通过添加末端产物类似物的方法，以解除末端产物的阻遏作用。

3. 添加表面活性剂

表面活性剂可分为离子型和非离子型两大类。离子型表面活性剂又分为阳离子型、阴离子型和两性离子型。

离子型表面活性剂有些对细胞有毒害作用，特别是季铵型离子表面活性剂（如新洁尔灭等）是消毒剂，不能用于酶的发酵生产。

非离子型表面活性剂，如吐温（Tween）、特里顿（Triton）等，可积聚在细胞膜上，增加细胞的通透性，有利于酶的分泌，所以可增加酶的产量。在使用时，要注意表面活性剂的添加量，过多或过少效果都不好，应控制在最佳浓度范围内，此外，添加表面活性剂有利于提高某些酶的稳定性和催化能力。

4. 添加产酶促进剂

产酶促进剂是指可以促进产酶、但作用机理并未阐明清楚的物质。添加产酶促进剂往往对提高酶产量有显著效果。

第三节　大肠杆菌和酵母工程菌的高密度发酵

重组 DNA 技术和大规模培养技术的有机结合，使得原来无法大量获得的天然蛋白质能够规模生产。目前，已经在高密度培养中成功地提高了同源和异源蛋白质的产量。

大肠杆菌和酵母工程菌在高密度发酵产酶方面应用较广。

一、大肠杆菌工程菌高密度发酵

大肠杆菌工程菌高密度培养工艺广泛地应用于重组蛋白的生产，其中主要用于酶的生产，这主要是由于大肠杆菌工程菌的遗传学和生理学已基本被认清。产量的高低主要取决于细胞密度、目的蛋白的表达含量。但在培养过程中也存在一些问题，如氧、基质的利用率、小分子物质、生长抑制物的积累等。因此，减少抑制物的形成，提供良好的生长条件是必要的。

1. 营养源

高密度发酵要获得高生物量和高浓度表达产物，需投入几倍于生物量的基质以满足细菌迅速生长繁殖及大量表达基因产物的需要。一般使用的培养基为半合成培养基，培养基各组分的浓度和比例要恰当，过量的营养物质反而会抑制菌体的生长，特别是碳源和氮源的比例。葡萄糖因细菌利用快且价廉易得，已被广泛用作重组菌高密度发酵的限制性基质。一般葡萄糖浓度控制在 10g/L 左右，如果超过 20g/L 将会抑制细胞的生长。同时已有人用甘油代替葡萄糖作为细菌生长的碳源，以减少代谢抑制物质——乙酸的积累，更易达到重组菌的高密度和外源蛋白的高表达。NO_3^-、胰蛋白胨、酵母提取物作为氮源有利于细胞的生长。有些营养物质在高密度培养过程中可以控制细胞的死亡率，曾有报道在非洲绿猴肾成纤维细胞系培养过程中，加入半乳糖和谷胱甘肽可以阻止细胞程序性死亡。

2. 控制条件

重组大肠杆菌高密度发酵生产酶时受接种量、溶氧浓度、pH 值、温度、诱导剂、补料控制等因素的影响。

（1）接种量　接种量大小的控制对很多细胞培养和代谢物积累都起到重要作用。接种量对基因表达的影响不大，但对菌体生长影响较明显。接种量小（0.5%～4%）时，比生长速率大，对数生长期持续时间长；接种量大（＞8%）时，细菌较快地达到了稳定期，持续生长时间短，自溶也较快，所以接种量一般选择在 4% 以下。

（2）溶氧浓度　溶氧浓度是高密度发酵过程中影响菌体生长的重要因素之一。大肠杆菌的生长代谢过程需要氧气的参与，溶解氧浓度对菌体的生长和产物生成的影响很大，溶解氧的浓度过高或过低都会影响细菌的代谢。在高密度发酵过程中，由于菌体密度高，发酵液的摄氧量大，一般通过增大搅拌转速和增加空气流量以增加溶氧量。随着发酵时间的延长，菌体密度迅速增加，溶氧浓度随之下降。因此在高密度发酵的后期，需要维持较高水平的溶氧浓度。

（3）pH 值　稳定的 pH 值是使菌体保持最佳生长状态的必要条件。外界的 pH 值变化会改变菌体细胞内的 pH 值，从而影响细菌的代谢反应，进而影响细胞的生物量和基因产物的表达。E. coli 发酵时产生的有机酸（主要是乙酸）可导致发酵液的 pH 值降低，细胞释放的 CO_2 溶解于发酵液内与 H_2O 作用生成的碳酸也会导致发酵液 pH 值的降低。在高密度发酵条件下，细胞产生大量的乙酸和 CO_2，可使 pH 值显著降低。必须及时调节 pH 值使之处于适宜的 pH 值范围内，避免 pH 值激烈变化对细胞生长和代谢造成的不利影响。

菌体生长和产物合成过程中，常用于控制 pH 的酸碱有 HCl、NaOH 和氨水等，其中氨水常被使用，因为它还具有补充氮源的作用。但有研究发现，NH_4^+ 浓度对大肠杆菌的生长有很大影响，当 NH_4^+ 浓度高于 170mmol/L 时会严重抑制大肠杆菌的生长。

（4）温度 培养温度是影响细菌生长和调控细胞代谢的重要因素。较高的温度有利于细菌的高密度发酵，低温培养能提高重组产物的表达量，而且在不同培养阶段采用不同的培养温度有利于提高细菌的生长密度和重组产物的表达量，并可缩短培养周期。对于采用温度调控基因表达或质粒复制的重组菌，发酵过程一般分为生长和表达两个阶段，分别维持不同的培养温度。但也会因为升温而引起质粒的丢失，进而减少重组蛋白产量。

（5）诱导剂 乳糖启动子被广泛地应用于重组蛋白在大肠杆菌表达系统中进行表达生产。这类启动子通常都用异丙基-β-D-硫代半乳糖苷作为诱导剂进行外源蛋白的表达，但它成本高，污染环境，因而不适于工业生产。已有人用乳糖代替异丙基-β-D-硫代半乳糖苷作为诱导剂或者以一定比例混合，诱导外源蛋白的表达。诱导剂的添加量及诱导时菌体密度的高低都会影响到外源蛋白的表达水平。诱导时间的选择也是影响外源蛋白表达的一个重要因素。一般控制在菌体的对数生长期或对数中后期。

（6）补料控制 重组大肠杆菌高密度发酵成功的关键在于补料策略，即采用合理的营养流加方式。

二、酵母工程菌的高密度发酵

影响酵母细胞高密度发酵的主要因素有工程菌本身的生物学特性和发酵工艺特点、培养基种类与配方、发酵罐的结构和性能、发酵过程中各项重要工艺参数或变量的控制等。

1. 酵母工程菌对细胞发酵密度的影响

酵母属于低等真核微生物，易于在营养成分简单的培养基中高密度发酵培养，适于工业化生产。其具有丰富的膜系统，能分泌菌体内合成的一些产物，且易被加工处理。酵母转化方法的建立及穿梭质粒的构建，使外源基因在酵母中的表达日益完善和丰富，并得以广泛应用。生物制品行业中用于生产和研发的原始宿主菌主要源于酿酒酵母和甲醇营养型酵母两类。

2. 培养基种类及配方对细胞发酵密度的影响

酵母菌发酵用的培养基主要是复合培养基及合成培养基，前者主要用于培养酿酒酵母（含酵母浸出粉、大豆蛋白胨等），毕赤酵母和汉逊酵母大多使用合成培养基（主要是甘油、磷酸二氢铵、硫酸铵、微量元素和维生素等）。

在上述培养基中，影响细胞密度的主要是含 C、N、P、S 的物质。复合培养基中酵母浸出粉、大豆蛋白胨的含量及合成培养基中甘油、磷酸二氢铵、硫酸铵的含量是影响细胞密度的关键因素，其他成分可通过优化试验适当增减。

在酵母菌高密度发酵过程中，为了获得高生物量，需要投入几倍于生物量的基质。简单地增加基础培养基的营养成分，超过一定的限度，反而会使酵母细胞的生长和表达受到抑制。若要进一步提高细胞密度，就要考虑优化初期的补料培养基配方和补料工艺。单纯提高基础培养基的浓度会导致生长阶段后期出现供氧不足的现象，因此在发酵罐达到供氧极限之前，发酵方式要适时转化为补料方式，以提高细胞密度。生长性补料既要保持较高的速度，又要使耗氧量在供氧极限之内，以发挥发酵罐的最大效能。

3. 发酵罐系统的设计、结构及性能对细胞发酵密度的影响

发酵罐主要包括罐体、搅拌装置、鼓气装置、补料口及在线检测设备（见图4-3）。发酵罐方面影响细胞培养密度的因素以罐的供氧能力为首。发酵罐的设计、结构及性能对细胞

发酵密度的影响主要体现在以下几个方面。

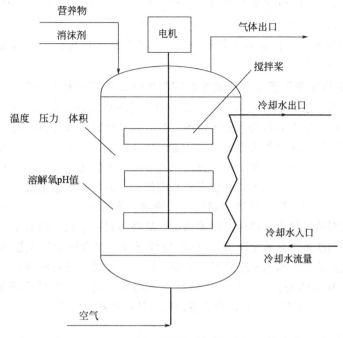

图 4-3 发酵罐系统的基本结构

（1）搅拌速度 搅拌速度越高，通入的空气就会被分散成越细小的气泡，从而大大提高传氧面积；细小的气泡上浮速度会减慢，从而增加传氧时间。增加搅拌速度要考虑剪切力增加对细胞的破坏，但因酵母细胞是圆形的，且细胞壁较结实，目前尚未发现剪切力的负面影响。快速搅拌会产生更多的泡沫，因此在提高搅拌速度时，要注意控制泡沫的产生。

（2）通气量 提高通气量能直接增加供氧，但较多的通气会使气体不能被搅拌器有效分散，使较大的气泡迅速覆盖发酵液，增加泡沫量，反而降低传氧效率。通气量一般宜在 1：1（发酵体积：每分钟的通气体积）左右。也可将氧气混入通气当中，以提高供氧能力。

（3）搅拌器及挡板系统 发酵罐的搅拌系统在搅拌器的尖端和挡板处产生强大的剪切力，从而将气体分散成细小的气泡，实现大范围有效的供氧。搅拌器的作用是综合的，表现为对固体成分的悬浮作用、对液体的混合作用和对气体的分散作用。对液体的混合能力（在通气发酵中为气液混合物）则是在搅拌器配置中应该注意的。在小型发酵罐中这一作用不突出，在较大的发酵罐中，搅拌器的形状、尺寸、层数就显得很重要。搅拌器的分类方法不止一种，以流型分类，搅拌器分为径流搅拌器、轴流搅拌器、混合流搅拌器。径流搅拌器的作用范围扁平宽大；轴流搅拌器的垂直作用范围大；混合流搅拌器则综合了前两种的特点。在中小型的发酵罐中，一般配置多层平叶搅拌器（径流）；在大型发酵罐中，则越来越多地采用轴流和混合流搅拌器。

（4）发酵罐的结构、尺寸及空气分布器的类型 影响发酵罐供氧能力的主要结构指标是高径比，随着机械加工能力的增强，大高径比的发酵罐越来越流行（一般为 3：1）。这样会使气泡滞留时间延长，从而提高传氧能力，但对产生泡沫较多的培养液应慎用，因细长的发酵罐会使泡沫不易破碎而难于控制。空气分布器一般分为点状和环状，较大的发酵罐最好选择环状，每次发酵后应及时清洗，避免堵塞。

4. 发酵工艺对细胞发酵密度的影响

发酵工艺对细胞发酵密度的影响主要依靠生长期的补料来控制，此时补料以生长用碳源为主，辅助一些必要的生长成分（N、P）和其他适于补加的必要成分（部分微量元素、维生素）。这一时期的补料以快速生长为目的，以供氧能满足为限制条件。但要注意生长期到诱导期的过渡，一般生长期和诱导期的工艺参数有明显的差别，如生长期温度高，诱导期温度低；生长期搅拌转速高，诱导期搅拌转速低；生长期通气量高，诱导期通气量低；生长期pH值低，诱导期pH值高。

5. 发酵过程各项重要工艺参数或变量的控制对细胞发酵密度的影响

影响细胞密度的工艺参数分为两类：一是影响发酵罐供氧能力的参数，如DO（溶解氧）、搅拌速度、通气量；二是影响营养成分供应的参数，如补料速度和补料总量。搅拌、通气能力较好，则细胞密度的增长速度和最终密度均会达到较高的水平，而这只是先决条件，直接影响细胞发酵密度的是补料速度和补料总量。提高生长阶段的补料速度可使细胞密度迅速增加，在同等时间、同等初始体积的情况下，细胞发酵密度的最终值与补料总量直接相关。供氧能力主要体现在溶氧上，通过调整搅拌转速和通气量，使溶氧维持在20%～50%的水平较合适；补料速度根据试验数据预先确定，再通过试验调整，最终达到一个较佳的水平。在补碳源为主的工艺中，较简单的判断条件是看pH值，pH值持续下降，并有适量的碱性溶液补入时，碳源补料速度基本上是正常的；而当pH值不再下降，甚至上升时，说明碳源补料速度慢了，需要提高。补料速度要有整体安排，否则，发酵后期细胞密度增大，发酵罐不能满足氧气需求，DO值下降，细胞生长减慢甚至死亡，外源蛋白的表达减慢甚至降低。

第四节　发酵染菌及检查、控制方法

杂菌感染，简称染菌，普遍存在于微生物发酵生产中。特别是夏季，随着气温的不断升高，在丙酮、丁醇粮食发酵法工业生产中尤其突出。发酵过程是利用某种特定的微生物在一定的环境中进行新陈代谢，从而获得某种产品。现代发酵工业要求纯种培养，不仅斜面、种子和培养基以及发酵罐、管道等须经严格灭菌除去各种杂菌，而且在需氧发酵中通入的空气也需经过除菌处理。只有这样，才能确保生产不受杂菌污染，保证生产菌的旺盛生长。染菌的结果，轻者影响产量或产品质量，重者导致倒罐，甚至停产。工业发酵中污染杂菌造成的损失是十分惊人的，所以必须认真对待染菌的检查及控制。

一、种子培养和发酵的异常现象

发酵过程中的种子培养和发酵的异常现象是指发酵过程中的某些物理参数、化学参数或生物参数发生与原有规律不同的改变，这些改变必然影响发酵水平，使生产蒙受损失。对此，应及时查明原因，加以解决。

1. 种子培养异常

种子培养异常表现在培养的种子质量不合格。种子质量差会给发酵带来较大的影响。然而种子内在质量常被忽视，由于种子培养的周期短，可供分析的数据较少，因此种子异常的原因一般较难确定，也使得由种子质量引起的发酵异常原因不易查清。种子培养异常的表现主要有菌体生长缓慢、菌丝结团、菌体老化以及培养液的理化参数变化。

（1）菌体生长缓慢　种子培养过程中菌体数量增长缓慢的原因很多。培养基原料质量下降、菌体老化、灭菌操作失误、供氧不足、培养温度偏高或偏低、酸碱度调节不当等都会引起菌体生长缓慢。此外，接种物冷藏时间长或接种量过低而导致菌体量少，或接种物本身质量差等也都会使菌体数量增长缓慢。

（2）菌丝结团　在培养过程中有些丝状菌容易产生菌丝团，菌体仅在表面生长，菌丝向四周伸展，而菌丝团的中央结实，使内部菌丝的营养吸收和呼吸受到很大影响，从而不能正常地生长。菌丝结团的原因很多，诸如通气不良或停止搅拌导致溶解氧浓度不足；原料质量差或灭菌效果差导致培养基质量下降；接种的孢子或菌丝保藏时间长而菌落数少，泡沫多；罐内装料小、菌丝粘壁等会导致培养液的菌丝浓度比较低；此外接种物种龄短等也会导致菌体生长缓慢，造成菌丝结团。

（3）代谢不正常　代谢不正常表现出糖、氨基氮等变化不正常，菌体浓度和代谢产物不正常。造成代谢不正常的原因很复杂，除与接种物质量和培养基质量差有关外，还与培养环境条件差、接种量小、杂菌污染等有关。

2. 发酵异常

不同种类的发酵过程所发生的发酵异常现象，形式虽然不尽相同，但均表现出菌体生长速度缓慢、菌体代谢异常或过早老化、耗糖慢、pH 值的异常变化、发酵过程中泡沫的异常增多、发酵液颜色的异常变化、代谢产物含量的异常下跌、发酵周期的异常拖长、发酵液的黏度异常增加等。

（1）菌体生长差　由于种子质量差或种子低温放置时间长导致菌体数量较少、停滞期延长、发酵液内菌体数量增长缓慢、外形不整齐。种子质量不好、菌种的发酵性能差、环境条件差、培养基质量不好、接种量太少等均会引起糖、氮的消耗少或间歇停滞，出现糖、氮代谢缓慢现象。

（2）pH 值过高或过低　发酵过程中由于培养基原料质量差、灭菌效果差，加糖、加油过多或过于集中，将会引起 pH 值的异常变化。而 pH 值变化是所有代谢反应的综合反映，在发酵的各个时期都有一定规律，pH 值的异常变化就意味着发酵的异常。

（3）溶解氧水平异常　根据发酵过程出现的异常现象如溶解氧、pH 值、排气中的 CO_2 含量以及微生物菌体酶活力等的异常变化来检查发酵是否染菌。对于特定的发酵过程要求一定的溶解氧水平，而且在不同的发酵阶段其溶解氧的水平也是不同的。如果发酵过程中的溶解氧水平发生了异常的变化，一般就是发酵染菌发生的表现。

在正常的发酵过程中，发酵初期菌体处于适应期，耗氧量很少，溶解氧基本不变；当菌体进入对数生长期，耗氧量增加，溶解氧浓度很快下降，并且维持在一定的水平，在这一阶段中操作条件的变化会使溶解氧有所波动，但变化不大；而到了发酵后期，菌体衰老，耗氧量减少，溶解氧又再度上升；当感染噬菌体后，生产菌的呼吸作用受抑制，溶解氧浓度很快上升。发酵过程感染噬菌体后，溶解氧的变化比菌体浓度更灵敏，能更好地预见染菌的发生。

由于污染的杂菌好氧性不同，产生溶解氧异常的现象也是不同的。当杂菌是好氧性微生物时，溶解氧的变化是在较短时间内下降，直到接近于零，且在长时间内不能回升；当杂菌是非好氧性微生物，而生产菌由于受污染而抑制生长，使耗氧量减少，溶解氧升高。对于特定的发酵过程，工艺确定后，排出的气体中 CO_2 含量的变化是规律的。染菌后，培养基中糖的消耗发生变化，引起排气中 CO_2 含量的异常变化，如杂菌污染时，糖耗加快，CO_2 含量增加；噬菌体污染后，糖耗减慢，CO_2 含量减少。因此，可根据 CO_2 含量的异常变化来判断是否染菌。

（4）泡沫过多　一般在发酵过程中泡沫的消长是有一定的规律的。但是，由于菌体生长代谢速度慢、接种物嫩或种子未及时移种而过老、蛋白质类胶体物质多等都会使发酵液在不断通气、搅拌下产生大量的泡沫。除此之外，培养基灭菌时温度过高或时间过长，葡萄糖受到破坏后产生的氨基糖会抑制菌体的生长，也会使泡沫大量产生，从而使发酵过程的泡沫发生异常。

（5）菌体浓度过高或过低 在发酵生产过程中菌体或菌丝浓度的变化是按其固有的规律进行的。但是如罐温长时间偏高，或停止搅拌时间较长造成溶氧不足，或培养基灭菌不当，可导致菌体浓度偏离原有规律，出现异常现象。

二、染菌的检查和判断

发酵过程是否染菌应以无菌试验的结果为依据进行判断。在发酵过程中，如何及早发现杂菌的污染并及时采取措施加以处理，是避免染菌造成严重经济损失的重要手段。因此，生产上要求能准确、迅速检查出杂菌污染。目前常用于检查是否染菌的无菌试验方法主要有显微镜检查法、肉汤培养法、平板培养法、发酵过程的异常观察法等。

1. 染菌的检查方法

（1）显微镜检查法（镜检） 用革兰染色法对样品进行涂片、染色，然后在显微镜下观察微生物的形态特征，根据生产菌与杂菌的特征进行区别，判断是否染菌。如发现有与生产菌形态特征不一样的其他微生物存在，就可判断为发生了染菌。此法检查杂菌最为简单、最直接，也是最常用的检查方法之一。必要时还可进行芽孢染色或鞭毛染色。

（2）肉汤培养法 通常用组成为 0.3％牛肉膏、0.5％葡萄糖、0.5％氯化钠、0.8％蛋白胨、0.4％酚红溶液（pH7.2）的葡萄糖酚红肉汤作为培养基，将待检样品直接接入经完全灭菌后的肉汤培养基中，分别于 37℃、27℃进行培养，随时观察微生物的生长情况，并取样进行镜检，判断是否染有杂菌。肉汤培养法常用于检查培养基和无菌空气是否带菌，同时此法也可用于噬菌体的检查。

（3）平板划线培养或斜面培养检查法 将待检样品在无菌平板上划线，分别于 37℃、27℃进行培养，一般 24h 后即可进行镜检观察，检查是否有杂菌。有时为了提高平板培养法的灵敏度，也可将需要检查的样品先置于 37℃条件下培养 6h，使杂菌迅速增殖后再划线培养。

2. 染菌的判断

无菌试验时，如果肉汤连续三次发生变色反应（由红色变为黄色）或产生浑浊，或平板培养连续三次发现有异常菌落的出现，即可判断为染菌。有时肉汤培养的阳性反应不够明显，而发酵样品的各项参数显示确有可疑染菌，并经镜检等其他方法确认连续三次样品有相同类型的异常菌存在，也应该判断为染菌。一般来讲，无菌试验的肉汤或培养平板应保存并观察至本批（罐）放罐后12h，确认为无杂菌后才能弃去。无菌试验期间应每6h观察一次无菌试验样品，以便能及早发现染菌。

3. 各种检查方法的比较

显微镜检查方法简便、快速，能及时发现杂菌，但由于镜检取样少，视野的观察面也小，因此不易检出早期杂菌。平板划线法和肉汤培养方法的缺点是需经较长时间培养（一般要过夜）才能判断结果，且操作较繁琐，但它比显微镜能检出更少的杂菌，而且结果也更为准确。

4. 杂菌检查中的问题

检查结果应以平板划线和肉汤培养结果为主要根据；平板划线和肉汤培养应做三个平行样；要定期取样；酚红肉汤和平板划线培养样品应保存至放罐后12h，确定无菌方可弃去；取样时要防止外界杂菌混入。

5. 检查的工序和时间

选择哪些生产工序和时间的样品检查也是十分重要的问题。科学合理地选择检查工序和时间，对于除去已污染杂菌的物料，避免下道工序再遭染菌，有着直接的指导意义。

三、染菌控制及预防

1. 发酵过程对设备的要求

（1）发酵罐 发酵罐在使用之前，需要进行认真检查，以消除染菌隐患，如搅拌系统转动有无异常；机械密封是否严密；罐内的螺丝是否松动；罐内的管道有无堵塞；夹层或罐内盘管是否泄漏；罐体连接阀门严密度等。

（2）发酵罐附属设备 发酵罐附属设备有空气净化系统，温度、压力流量等控制系统及相应的管道阀门。哪一个环节出现问题都会造成发酵失败。

2. 发酵过程对空气的要求

采用空气净化设备系统制备无菌空气，要严格控制好下述两点：一是提高空气进入压缩机之前的洁净度；二是除尽压缩空气中夹带的油水，否则会影响无菌空气的质量。

3. 种子带菌的预防

种子带菌的主要原因有以下几方面：①培养基及其用具的灭菌不彻底；②菌种在保藏和培养过程中染菌；③在移接过程中染菌。因此应对培养基、培养菌种所用的工具进行充分灭菌，同时对培养环境、菌种保藏环境和无菌室进行充分的灭菌，另外在菌种的移接过程中应严格按照无菌操作进行。

4. 染菌后的挽救措施

为了减少损失，对被污染的发酵液要根据具体情况采取不同的挽救措施。如果种子培养或种子罐中发现污染，则这批种子不能继续扩大培养，此时损失比较小。

发酵早期染菌可以适当添加营养物质，重新灭菌后再接种发酵。中后期染菌，如果杂菌的生长将影响发酵的正常进行或影响产物的提取时，应该提早放罐。但有些发酵染菌后发酵液中的碳、氮源还较多，如果提早放罐，这些物质会影响后处理，使产品提取不出，此时应先设法使碳、氮源消耗，再放罐提取。

在染菌的发酵液内添加抑菌剂（如小剂量的抗生素或醛类）用以抑制杂菌的生长也是一种办法。抑菌剂要事先经过试验，确实证明不妨碍生产菌的生长和发酵才能使用。因而不是所有发酵都能使用抑菌剂。另外，采用加大接种量的办法，使生产菌的生长占绝对优势，排挤和压倒杂菌的繁殖，也是一个有效的措施。还有将种子罐中种子培养好后，进行冷冻保压，经平板检查证明无杂菌后，再接入发酵罐发酵，这一措施在一些谷氨酸发酵生产工厂取得很好效果。

发酵罐偶尔染菌，原因一时又找不出，一般可以采取以下措施：①连续灭菌系统前的料液储罐在每年 4～10 月份（杂菌生长较旺盛时期）加入 0.2%甲醛，加热至 80℃，存放处理4h，以减少带入培养液中的杂菌数。②对染菌的罐，在培养液灭菌前先加甲醛进行空消处理。甲醛用量每立方米罐的体积 0.12～0.17 L。③对染菌的种子罐可在罐内放水后进行灭菌，灭菌后水量占罐体的三分之二以上。

技能实训 4-1 微生物菌种保藏方法

一、实训目标

掌握以下四种常规菌种保藏方法：

① 斜面传代保藏方法；

② 液体石蜡保藏方法；

③ 沙土管保藏方法；

④ 冷冻干燥保藏方法。

二、实训原理

1. 斜面传代保藏方法

将菌种定期在新鲜琼脂斜面培养基上、液体培养基中或穿刺培养，然后在低温条件下保存，使微生物在低温下处于较低的新陈代谢水平。

2. 液体石蜡保藏方法

在长好的斜面菌上覆盖灭菌的液体石蜡，达到菌体与空气隔绝，使菌处于生长和代谢停止状态，同时石蜡油还能防止水分蒸发，在低温下达到较长期的保藏菌种的目的。

3. 沙土管保藏方法

将培养好的微生物细胞或孢子用无菌水制成悬浮液，注入灭菌的沙土管中混合均匀，或直接将成熟孢子刮下接种于灭菌的沙土管中，使微生物细胞或孢子吸附在沙土载体上，将管中水分抽干后熔封管口或置干燥器中于 $4\sim6℃$ 或室温进行保存，使微生物得到最低的营养，处于最低的新陈代谢水平下。

4. 冷冻干燥保藏方法

冷冻干燥法是在低温下快速将细胞冻结，然后在真空条件下干燥，使微生物的生长和酶活性停止。干燥后的微生物在真空下封装，与空气隔绝，达到长期保藏的目的。

三、操作准备

1. 材料与仪器

超净工作台，酒精灯，接种环，接种棒，酒精棉，冰箱，无菌试管，无菌吸管（1mL及 5mL），无菌滴管，接种环，40 目及 100 目筛子，干燥器，安瓿管，冰箱，冷冻真空干燥装置，酒精喷灯，三角烧瓶（250mL），细菌、酵母菌、放线菌和霉菌斜面菌，无菌水，液体石蜡，P_2O_5，脱脂奶粉，10% HCl，干冰，95%乙醇，食盐，河沙，瘦黄土（有机物含量少的黄土）。

2. 试剂及配制

（1）牛肉膏蛋白胨培养基斜面（培养细菌）　牛肉膏 0.5g，蛋白胨 1g，NaCl 0.5g，琼脂 2g，蒸馏水 100mL，pH7.0～7.2，121℃灭菌 20min，倒平板。

（2）麦芽汁培养基斜面（培养酵母菌）　麦芽汁 150mL，琼脂 3g，121℃灭菌 20min，倒平板。

（3）高氏 1 号培养基斜面（培养放线菌）　可溶性淀粉 2g，KNO_3 0.1g，K_2HPO_4 0.05g，$MgSO_4 \cdot 7H_2O$ 0.05g，NaCl 0.05g，$FeSO_4 \cdot 7H_2O$ 0.001g，琼脂 2g，自来水 100mL，pH7.2～7.4，121℃灭菌 20min，倒平板。

（4）马铃薯蔗糖培养基斜面（培养丝状真菌）　去皮马铃薯 20g，蔗糖或葡萄糖 2g，琼脂 2g，自来水 100mL，121℃灭菌 20min，倒平板。

四、实施步骤

1. 斜面传代保藏法

（1）贴标签　取各种无菌斜面试管数支，将注有菌株名称和接种日期的标签贴上，贴在试管斜面的正上方，距试管口 2～3cm 处。

（2）斜面接种 将待保藏的菌种用接种环以无菌操作法移接至相应的试管斜面上，细菌和酵母菌宜采用对数生长期的细胞，而放线菌和丝状真菌宜采用成熟的孢子。

（3）培养 细菌 37℃恒温培养 18～24h，酵母菌于 28～30℃培养 36～60h，放线菌和丝状真菌置于 28℃培养 4～7 天。

（4）保藏 斜面长好后，可直接放入 4℃冰箱保藏。为防止棉塞受潮长杂菌，管口棉花应用牛皮纸包扎，或换上无菌胶塞，亦可用熔化的固体石蜡熔封棉塞或胶塞。

保藏时间依微生物种类不同而异，酵母菌、霉菌、放线菌及有芽孢的细菌可 2～6 个月移种一次，而不产芽孢的细菌最好每月移种一次。此法的缺点是容易变异，污染杂菌的机会较多。

2. 液体石蜡保藏法

（1）液体石蜡灭菌 在 250mL 三角烧瓶中装入 100mL 液体石蜡，塞上棉塞，并用牛皮纸包扎，121℃湿热灭菌 30min，然后于 40℃温箱中放置 2 周或置于 105～110℃烘箱中 1h，以除去石蜡中的水分，备用。

（2）接种培养 同斜面传代保藏法。

（3）加液体石蜡 用无菌滴管吸取液体石蜡以无菌操作加到已长好的菌种斜面上，加入量以高出斜面顶端约 1cm 为宜。

（4）保藏 棉塞外包牛皮纸，将试管直立放置于 4℃冰箱中保存。

利用这种保藏方法，霉菌、放线菌、有芽孢细菌可保藏 2 年左右，酵母菌可保藏 1～2年，一般无芽孢细菌也可保藏 1 年左右。

（5）恢复培养 用接种环从液体石蜡下挑取少量菌种，在试管壁上轻靠几下，尽量使油滴净，再接种于新鲜培养基中培养。由于菌体表面粘有液体石蜡，生长较慢且有黏性，故一般须转接 2 次才能获得良好菌种。

温馨提示：从液体石蜡封藏的菌种管中挑菌后，接种环上带有油和菌，故接种环在火焰上灭菌时要先在火焰边烤干再直接灼烧，以免菌液四溅，引起污染。

3. 沙土管保藏法

（1）沙土处理

① 沙处理。取河沙经 40 目筛过筛，去除大颗粒，加 10% HCl 浸泡（用量以浸没沙面为宜）2～4h（或煮沸 30min），以除去有机杂质，然后倒去盐酸，用清水冲洗至中性，烘干或晒干，备用。

② 土处理。取非耕作层瘦黄土（不含有机质），加自来水浸泡洗涤数次，直至中性，然后烘干，粉碎，用 100 目筛过筛，去除粗颗粒后备用。

（2）装沙土管 将沙与土按 2：1、3：1 或 4：1（质量比）比例混合均匀装入试管中（10mm×100mm），装至约 7cm 高，加棉塞，并外包牛皮纸，121℃湿热灭菌 30min，然后烘干。

（3）无菌试验 每 10 支沙土管任抽一支，取少许沙土接入牛肉膏蛋白胨或麦芽汁培养液中，在最适的温度下培养 2～4 天，确定无菌生长时才可使用。若发现有杂菌，经重新灭菌后，再做无菌试验，直到合格。

（4）制备菌液 用 5mL 无菌吸管分别吸取 3mL 无菌水至待保藏的菌种斜面上，用接种环轻轻搅动，制成悬液。

（5）加样 用 1mL 吸管吸取上述菌悬液 0.1～0.5mL 加入沙土管中，用接种环拌匀。加入菌液量以湿润沙土达 2/3 高度为宜。

（6）干燥　将含菌的沙土管放入干燥器中，干燥器内用培养皿盛 P_2O_5 作为干燥剂，可再用真空泵连续抽气 3～4h，加速干燥。将沙土管轻轻一拍，沙土呈分散状即达到充分干燥。

（7）保藏　沙土管可选择下列方法之一来保藏：①保存于干燥器中；②用石蜡封住棉花塞后放入冰箱保存；③将沙土管取出，管口用火焰熔封后放入冰箱保存；④将沙土管装入有 $CaCl_2$ 等干燥剂的大试管中，塞上橡皮塞或木塞，再用蜡封口，放入冰箱中或室温下保存。

（8）恢复培养　使用时挑取少量混有孢子的沙土，接种于斜面培养基上或液体培养基内培养即可，原沙土管仍可继续保藏。

此法适用于保藏能产生芽孢的细菌及形成孢子的霉菌和放线菌，可保存 2 年左右。但不能用于保藏营养细胞。

4. 冷冻干燥保藏法

（1）准备安瓿管和无菌脱脂牛奶　安瓿管一般用中性硬质玻璃制成，为长颈、球形底的小玻璃管。先用 2％HCl 浸泡过夜，然后用自来水冲洗至中性，分别用蒸馏水和去离子水各冲 3 次，烘干备用。高压蒸汽灭菌，121℃灭菌 30min。将脱脂奶粉配成 40％的乳液，121℃灭菌 30min，并做无菌检验。

（2）制备菌悬液

① 培养菌种斜面。作为长期保藏的菌种，须用最适培养基在最适温度下培养菌种斜面，以便获得良好的培养物。培养时间掌握在生长后期，这是由于对数生长期的细菌对冷冻干燥的抵抗力较弱，如能形成芽孢或孢子进行保藏则最好。一般来说，细菌可培养 24～48h，酵母菌培养 72h 左右，放线菌与霉菌则可培养 7～10 天。

② 制备菌悬液。吸取 1～2mL 已灭菌的脱脂牛奶至待保藏已培养好的新鲜菌种斜面中，轻轻刮下菌苔或孢子（操作时注意尽量不带入培养基），制成悬液，浓度以 10^9～10^{10} 个/mL 为宜。

③ 分装菌悬液。用无菌长滴管吸取 0.1～0.2mL 的菌悬液，通常加入 3～4 滴即可，要滴加在安瓿瓶内的底部，注意不要使菌悬液粘在管壁上。

（3）冷冻真空干燥操作步骤

① 预冻。装入菌悬液的安瓿瓶应立即冷冻。直接放在低温冰箱中（−30℃以下）或放在干冰无水乙醇浴中进行预冻。

② 真空干燥。将装有已冻结菌悬液的安瓿管置于真空干燥箱中，真空干燥。并应在开动真空泵后 15min 内，使真空度达到 66.7Pa。当真空度达到 26.7～13.3Pa 后，维持 6～8h，样品可被干燥，干燥后样品呈白色疏松状态。

③ 熔封安瓿管。熔封必须在第二次抽真空情况下，当真空度达到 26.7Pa 时，继续抽气数分钟，再用火焰在棉塞下部安瓿管细颈处烧熔封口。

（4）保藏　将封口安瓿管置于冰箱（2～8℃左右）中或室温保存。

（5）恢复培养　无菌条件下，于火焰上加热熔封口，然后立即加上 1～2 滴无菌蒸馏水或用酒精棉花轻擦，玻璃管可产生裂缝，接着轻轻敲击即可断落。加入少量的最适培养液使管内粉末溶解，即可接种在斜面或液体培养基中。

冷冻干燥保藏法综合利用了各种有利于菌种保藏的因素（低温、干燥和缺氧等），是目前最有效的菌种保藏方法之一。保存时间可长达 10 年以上。

温馨提示：①在真空干燥过程中安瓿管内样品应保持冻结状态，以防止抽真空时样品产生泡沫而外溢；②熔封安瓿管时注意火焰大小要适中，封口处灼烧要均匀，若火焰过大，封口处易弯斜，冷却后易出现裂缝而造成漏气。

五、实训报告

1. 按以下项目列表记录菌种保藏方法和结果。

接种日期	菌种名称		培养条件		保藏方法	保藏温度	操作要点
	中文名	学名	培养基	培养温度			

2. 试述四种菌种保藏方法的优、缺点。

技能实训 4-2　植酸酶高产菌株的筛选

一、实训目标

1. 掌握菌样采集原理。
2. 掌握植酸酶高产菌的筛选方法。
3. 掌握植酸酶的分析检测方法。

二、实训原理

植酸酶生产菌分泌植酸酶，在含有植酸钙的培养基上会产生透明圈，透明圈越大说明植酸酶的生产能力越强。

三、操作准备

1. 材料与仪器

小铁铲，无菌纸或袋，无菌水三角瓶（300mL 的瓶装水至 99mL，内有玻璃珠若干），无菌吸管（1mL、5mL 等），无菌水试管（每支 4.5mL 水），无菌培养皿。

2. 试剂及配制

筛选培养基：植酸钙 1%，葡萄糖 3%，NH_4NO_3 0.5%，KCl 0.05%，$MnSO_4 \cdot 4H_2O$ 0.003%，$MgSO_4 \cdot 7H_2O$ 0.05%，$FeSO_4 \cdot 7H_2O$ 0.003%，琼脂 1.5%，pH5.5。

四、实施步骤

① 土壤样品稀释 1×10^{-5} 倍，涂布于筛选培养基上，30℃培养72h，挑取产生透明圈的菌株。

② 用直尺量出透明圈直径（D_t）和菌落直径（D_j）大小，D_t/D_j 值最大者为植酸酶高产菌。

五、实训报告

1. 记录筛选出的植酸酶高产菌的 D_t/D_j。

2. 画出植酸酶高产菌在筛选培养基上的菌落图。

技能实训 4-3　啤酒酵母发酵力的测定

一、实训目标

掌握啤酒酵母发酵力测定方法——面团法。

二、实训原理

啤酒酵母的发酵力与其产气能力有关。本实训通过测定啤酒酵母在面团上的产气能力来测定其发酵力。

三、操作准备

1. 材料与仪器

酵母泥，无菌水，接种环，超净工作台，灭菌锅，麦芽汁琼脂培养基，标准面粉。

2. 试剂及配制

待排液体：蒸馏水 1000mL，NaCl 100g，浓 H_2SO_4 10mL。

四、实施步骤

① 把采取的酵母泥迅速用无菌水稀释，从稀释酵母泥中吸取 1mL 于装有 9mL 无菌水的试管中，摇匀，即稀释倍数为 10^{-1}。

② 同上述方法一样从 10^{-1} 试管里吸取 1mL 于 9mL 无菌水的试管中，即稀释倍数为 10^{-2}。同样可稀释出 10^{-3}、10^{-4}、10^{-5}、10^{-6}。在稀释过程中，每步均要抽取菌液镜检，当一个视野内酵母数为 1~2 个或无酵母菌时，即可停止稀释。

③ 将上述稀释后试管中的菌液分别接种于灭菌的培养皿中，并记上稀释倍数以示分辨。

④ 将灭菌后的麦芽汁琼脂培养基冷却至 45℃左右，倒入上述培养液中，摇匀后于 25℃生化培养箱中培养 2~3 天，每天检查菌落的生长情况。

⑤ 根据菌落的生长情况，选择 25 个形态整齐、大小均匀、菌态饱满的菌落用接种环种于斜面试管中，置于 25℃恒温箱培养 3 天。

⑥ 从上述 50 支斜面试管中挑选 1 支形态好、边缘整齐、菌落饱满的菌株，分别接种于装有 20mL 无菌麦芽汁的试管中，置于 25℃恒温培养 24h。

⑦ 发酵力测定装置如图 4-4 所示。测定操作：标准面粉（加入酵母培养液 1mL）加入蒸馏水和成面团置于面盆中，加入盐水调匀置于广口瓶中，将该装置置于培养箱中，通过体积测发酵力。

⑧ 发酵力的计算，测定时间为 2h，2h 的排出量减去第 1h 的排出量就是该酵母的发酵力。

发酵力测定装置见图 4-4。

五、实训报告

1. 设计啤酒酵母发酵力测定方案。

2. 计算啤酒酵母的发酵力。

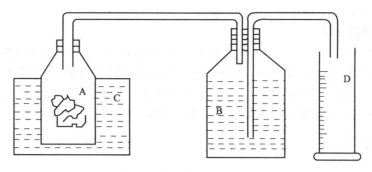

图 4-4　发酵力测定装置图

技能实训 4-4　麦麸发酵生产混合酶制剂的培养基条件优化

一、实训目标

1. 掌握麦麸发酵生产混合酶制剂的培养基条件优化方法。

2. 掌握混合酶制剂酶解产物量测定方法。

二、实训原理

不同的培养条件能产生不同品质的混合酶制剂，通过优化培养条件能得到高品质的混合酶制剂。

三、操作准备

1. 材料与仪器

黑曲霉菌种（采用 PDA 马铃薯培养基保藏），麦麸，淀粉酶，木瓜蛋白酶。

2. 试剂及配制

（1）发酵培养基成分　麦麸，水，葡萄糖，NH_4NO_3，KH_2PO_4，$MgSO_4$，$NaNO_3$，花生粕。

（2）去淀粉麦麸（DSWB）　将新鲜麦麸于 105℃ 下干燥 4h，粉碎，样品烘干，粉碎，过 80 目筛备用。

四、实施步骤

1. 发酵培养基条件设计

影响麦麸发酵生产混合酶制剂的因素为：麦麸/水，葡萄糖，NH_4NO_3，KH_2PO_4，$MgSO_4$，$NaNO_3$，花生粕，pH。

2. 发酵培养基配制

根据设计出的发酵条件配制发酵培养基。

3. 摇瓶培养产酶

采用摇瓶（250mL）培养，培养基于 121℃ 灭菌 30min，冷却，接入 1% 黑曲霉菌种。32℃、130r/min 下培养 4 天后用尼龙布过滤，滤液离心（4000r/min，20min）以去除菌丝体。取上清液加入 $(NH_4)_2SO_4$ 至终浓度为 80%，4℃ 下静置过夜，4000r/min 离心 30min，取沉淀（即粗酶）溶于 35mL、pH4.5、0.2mol/L 磷酸氢二钠-0.1mol/L 柠檬酸缓冲溶液，制备出混合酶制剂。

4. 酶解产物量测定

将混合酶制剂 30mL 于 40℃ 的恒温水浴震荡器保温 5min，加入 DSWB 1g，反应 15min，沸水浴终止反应。离心（4000r/min，20min），取上清液稀释到适当倍数，采用 DNS 法（3,5-二硝基水杨酸比色法）测定还原糖含量，采用紫外分光光度法测定阿魏酸含量。测定值减去发酵液中还原糖和阿魏酸的含量即酶解产物量。

五、实训报告

1. 设计发酵条件。

2. 列出每一个发酵条件下的酶解产物量。

3. 选出最优混合酶制剂的培养基条件。

本章小结

在酶制剂工业中，能用于酶发酵生产的微生物必须具备酶的产量高、容易培养和管理、产酶稳定性好、利于酶的分离纯化及安全可靠等条件。产酶菌种的筛选一般包括菌种采集、菌种分离纯化和生产性能鉴定等几个环节。酶的发酵生产一般包括细胞活化与扩大培养、培养基的配制、pH 调节、温度的调节控制、溶解氧的调节控制这几个方面。提高酶产量通常通过添加诱导物、控制阻遏物浓度及添加表面活性剂或其他产酶促进剂等措施来实现。影响工程菌高密度发酵的主要因素有工程菌本身的生物学特性、培养基种类与配方、发酵罐的结构和性能、发酵过程中各项重要工艺参数等。根据种子培养和发酵的异常现象，及早发现杂菌的污染并及时采取措施加以处理，避免染菌造成严重经济损失。

实践练习

1. 能用于酶发酵生产的细胞必须具备以下哪几个条件（　　）？

A. 酶的产量高　　B. 容易培养和管理　　　　C. 产酶稳定性好

D. 利于酶的分离纯化　　　　　　　　　　E. 安全可靠

2. 酶制剂产量和质量的不断提高，是由于（　　）三个方面不断取得进展的结果。

A. 菌种选育　　B. 发酵　　　C. 提取　　D. 富集　　E. 盐析

3. 提高酶产量的措施主要有（　　）。

A. 添加诱导物　　B. 控制阻遏物浓度　　　　C. 添加表面活性剂

D. 添加产酶促进剂　　　　　　　　　　　E. 添加阻遏物

4. 发酵罐的设计对细胞发酵密度的影响主要体现在（　　）几个方面。

A. 搅拌速度　　B. 通气量　　　　　　　　C. 搅拌器及挡板系统

D. 发酵罐的结构、尺寸　　　　　　　　　E. 空气分布器的类型

5. 目前常用于检查是否染菌的无菌试验方法主要有（　　）。

A. 显微镜检查法　　B. 肉汤培养法　　　　C. 平板培养法

D. 发酵过程的异常观察法　　　　　　　　E. 拉丝法

（李冰峰）

第五章

酶的提取和分离

学习目标

■【学习目的】

掌握酶的提取和分离的原理及方法。

■【知识要求】

1. 理解酶提取、分离的原则。

2. 掌握发酵液的预处理、细胞破碎原理和方法。

3. 掌握抽提及浓缩的原理和方法，了解固液分离及浓缩的设备种类。

■【能力要求】

1. 能进行发酵液的预处理。

2. 能进行细胞的破碎和酶的抽提。

3. 能进行酶液的浓缩及相关设备的操作使用。

第一节 一般原则及基本工艺流程

酶分离纯化整个工作包括三个基本环节：抽提、纯化和制剂。抽提是将酶从原料中抽提出来做成酶溶液；纯化则是将酶和杂质分离开来，或者选择性地将酶从包含杂质的溶液中分离出来，或者选择性地将杂质从酶溶液中移除出去；制剂则是将纯化的酶做成一定形式的制剂。

一、酶分离纯化的一般原则

1. 防止酶变性失效

防止酶变性失效是酶分离纯化工作中非常重要的问题。一般来说，凡是用以预防蛋白质变性失效的方法和措施都应考虑用于酶的分离纯化工作。

① 除了少数例外，所有操作必须在低温条件下进行，特别是采用有机溶剂提取时，温度应控制在 $0 \sim 10$℃。然而有些酶对温度的耐受性较高，如酵母醇脱氢酶、细菌碱性磷酸梅、胃蛋白酶等，可在 37℃或更高温度下提取。

② 大多数酶在 pH<4.0 或 pH>10.0 的情况下不稳定，应控制整个系统不要过酸、过碱，同时要避免在调整 pH 时产生局部酸碱过量。

③ 酶和其他蛋白质一样，常易在溶液表面或界面处形成薄膜而变性，故操作时要尽量减少泡沫形成。

④ 重金属等能引起酶失效，有机溶剂能使酶变性，微生物污染以及蛋白水解酶的存在都能使酶分解破坏，所有这些必须高度重视。

⑤ 添加保护剂，在酶提取过程中，为了提高酶的稳定性，防止酶变性失活，可以加入适量的酶作用底物，或其辅酶，或加入某些抗氧化剂等保护剂。

2. 选择有效的纯化方法

理论上，凡用于蛋白质分离纯化的一切方法都同样适用于酶，但实际上，对于酶的分离纯化来说，它还有更大的选择余地。

酶纯化的最终目的是要将酶以外的一切杂质（包括其他酶）尽可能地除去，因而，允许在不破坏待纯化的"目的酶"的限度内，使用各种"激烈"手段。

由于酶和它作用的底物、它的抑制剂等具有高的亲和性，因此可应用各种亲和分离法；并且，当这些物质存在时，酶的理化性质和稳定性往往会发生一些有利的变化。这样又扩大了纯化方法与纯化条件的选择范围。

3. 酶活性测定贯穿纯化过程的始终

酶活性测定应贯穿于整个纯化过程的始终。酶具有催化活性，通过检测酶活性可以跟踪酶的来龙去脉，为酶的抽提、纯化以及制剂过程中选择适当的方法与条件提供直接的依据。

4. 选择好提取液的体积

提取液的用量增加，可提高提取率。但是过量的提取液，使酶浓度降低，对进一步的分离纯化不利。故提取液用量一般为含酶原料体积的 3～5 倍。可一次提取，也可分几次提取。若辅以缓慢搅拌，则可提高提取率。

二、酶分离纯化的基本工艺流程

生物细胞产生的酶有两类：一类是由细胞内产生后分泌到细胞外进行作用的酶，称为细胞外酶。这类酶大都是水解酶，一般含量较高，通过细胞分离得到。另一类酶在细胞内产生后并不分泌到细胞外，而在细胞内起催化作用，称为细胞内酶。提取细胞内酶必须对细胞进行破碎。酶分离纯化的基本工艺流程见图 5-1。

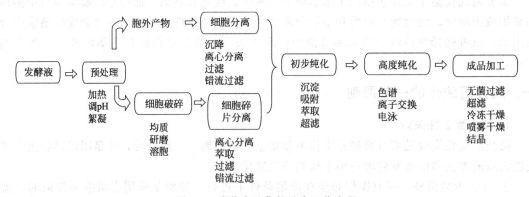

图 5-1 酶分离纯化的基本工艺流程

第二节　发酵液的预处理

微生物发酵或动、植物细胞培养结束后，发酵液中除含有所需要的生物活性物质外，还存在大量的菌体、细胞、胞内外代谢产物及剩余的培养基残分等。常规的处理方法是首先将菌体或细胞、固态培养基等固体悬浮颗粒与可溶性组分分离（即固-液分离），然后再进行后续的分离纯化操作。如果发酵液（或培养液）中的固态悬浮颗粒较大，发酵液可不经预处理，直接进行固-液分离；若发酵液（或培养液）中固态悬浮颗粒较小，常规的固-液分离方法很难将它们分离完全，则应先将发酵液（或培养液）进行预处理再进行固-液分离。对于胞内产物来说，还应先经细胞破碎，使生物活性物质转移到液相后，再经固-液分离除去细胞碎片等固体杂质。

预处理的目的主要有两个：①改变发酵（培养液）的物理性质，以利于固-液分离，主要方法有加热、凝聚和絮凝；②去除发酵液（培养液）中部分杂质以利于后续各步操作。

一、常用的预处理方法

1. 降低液体黏度

降低液体黏度常用的方法有加水稀释法和加热法。

加水稀释法可有效降低液体黏度，但会增加悬浮液的体积，使后处理任务加大，并且只有当稀释后过滤速率提高的百分比大于加水比时，从经济上才能认为有效。

升高温度可有效降低液体黏度，从而提高过滤速率，常用于黏度随温度变化较大的流体。加热是最简单和经济的预处理方法，即把发酵液（或培养液）加热到所需温度并保温适当时间。加热能使杂蛋白变性凝固，从而降低发酵液（或培养液）的黏度，使固液分离变得容易。但加热的方法只适合对热稳定的生物活性物质。

使用加热法时必须注意：①加热的温度必须控制在不影响目的产物活性的范围内；②对于发酵液，温度过高或时间过长，可能造成细胞溶解，胞内物质外溢，从而增加发酵液的复杂性，影响其后的产物分离与纯化。

2. 凝聚和絮凝

凝聚和絮凝在预处理中，常用于细小菌体或细胞、细胞的碎片以及蛋白质等胶体粒子的去除。其处理过程就是将一定的化学药剂预先投加到发酵液（或培养液）中，改变细胞、菌体和蛋白质等胶体粒子的分散状态，破坏其稳定性，使它们聚集成可分离的絮凝体，再进行分离。

（1）凝聚

① 凝聚的概念和原理。凝聚是指在某些电解质作用下，破坏细胞、菌体和蛋白质等胶体粒子的分散状态，使胶体粒子聚集的过程。

在发酵液（或培养液）中加入电解质，能中和胶体粒子的电性，夺取胶体粒子表面的水分子，破坏其表面的水膜，从而使胶体粒子能直接碰撞而聚集起来。

② 常用的凝聚剂。凝聚剂主要是一些无机类电解质，由于大部分被处理的物质带有负电荷（如细胞或菌体），因此工业上常用的凝聚剂大多为阳离子型，可分为无机盐类和金属氧化物类。常用的无机盐类凝聚剂有 $KAl(SO_4)_2 \cdot 12H_2O$（明矾）、$AlCl_3 \cdot 6H_2O$、$FeCl_3$、$ZnSO_4$、$MgCO_3$ 等；常用的金属氧化物类凝聚剂有 $Al(OH)_3$、Fe_3O_4、$Ca(OH)_2$ 等。

（2）絮凝

① 絮凝的概念和原理。絮凝是指使用絮凝剂（通常是天然或合成的相对分子质量的物质），在悬浮粒子之间产生架桥作用而使胶粒形成粗大的絮凝团的过程。

絮凝剂一般为高分子聚合物，具有长链线状结构，在长的链节上含有相当多的活性功能团。絮凝剂的功能团能强烈地吸附在胶粒表面，由于一个高分子絮凝剂的长链节上含有相当多的活性功能团，所以一个絮凝剂分子可以分别吸附在不同颗粒的表面，从而产生架桥连接。

② 常用的絮凝剂。絮凝剂根据活性功能团所带电性的不同，可分为阴离子型、阳离子型和非离子型三类。熟知的聚丙烯絮凝剂，经不同改性可以成为上述三种类型之一。除此以外，人工合成的高分子絮凝剂还有非离子型的聚氧化乙烯、阴离子型的聚丙烯酸钠和聚苯乙烯磺酸、阳离子型的聚丙烯酸二烷基胺己酯和聚二烯丙基四铵盐等。天然和生物絮凝剂目前使用较少。

③ 影响絮凝作用的主要因素

a. 高分子絮凝剂的性质和结构。絮凝剂的相对分子质量越大、线性分子链越长，絮凝效果越好；但相对分子质量增大，絮凝剂在水中的溶解度降低，因此要选择适宜分子量的絮凝剂。

b. 絮凝操作温度。当温度升高时，絮凝速度加快，形成的絮凝颗粒细小。因此絮凝操作温度要合适，一般为 20～30℃。

c. pH。溶液 pH 的变化会影响离子型絮凝剂功能团的电离度，因此阳离子型絮凝剂适合在酸性或中性 pH 环境中使用，阴离子型絮凝剂适合在中性或碱性环境中使用。

d. 搅拌速度和时间。适当的搅拌速度和时间对絮凝是有利的，一般情况下，搅拌速度为（40～80）r/min，不要超过 100r/min；搅拌时间以 2～4min 为宜，不超过 5min。

e. 絮凝剂的加入量。絮凝剂的最适添加量往往要通过实验方法确定，虽然较多的絮凝剂有助于增加桥架的数量，但过多的添加反而会引起吸附饱和，絮凝剂争夺胶粒而使絮凝团的粒径变小，絮凝效果下降。

（3）调节悬浮液的 pH　全细胞的聚集作用高度依赖于 pH 的大小，恰当的 pH 能够促进聚集作用。一般用草酸、无机酸或碱来调节。

二、杂质的去除

1. 去除杂蛋白

（1）等电点沉淀法　蛋白质在等电点时溶解度最小，因沉淀而除去。很多蛋白质的等电点都在酸性范围内（pH 为 4.0～5.5）。有些蛋白质在等电点时仍有一定的溶解度，单靠等电点的方法还不能将其大部分沉淀除去，通常可结合其他方法。

（2）变性沉淀　蛋白质从有规则的排列变成不规则结构的过程称变性，变性蛋白质在水中的溶解度较小而产生沉淀。使蛋白质变性的方法有：加热、大幅度改变 pH、加有机溶剂（丙酮、乙醇等）、加重金属离子（Ag^+、Cu^{2+}、Pb^{2+} 等）、加有机酸（三氯乙酸、水杨酸、苦味酸、鞣酸等）以及加表面活性剂。加有机溶剂使蛋白质变性的方法价格较贵，只适用于处理较小或浓缩的情况。

（3）吸附　利用吸附作用常能有效除去杂蛋白。在发酵液中加入一些反应剂，它们互相反应生成的沉淀物对蛋白质具吸附作用而使其凝固。

2. 去除不溶性多糖

当发酵液中含有较多不溶性多糖时，黏度增大，固液分离困难，可用酶将其转化为单糖以提高过滤速度。

3. 去除高价金属离子

对成品质量影响较大的无机杂质主要有 Ca^{2+}、Mg^{2+}、Fe^{3+} 等高价金属离子，预处理中应将它们除去。

除去钙离子，常用草酸钠或草酸，反应后生成的草酸钙在水中溶解度很小，因此能将钙离子较完全地去除，生成的草酸钙沉淀还能促使杂蛋白凝固，提高过滤速度和滤液质量。镁离子的去除也可用草酸，但草酸镁溶解度较大，故沉淀不完全。此外，还可采用磷酸盐，使 Ca^{2+}、Mg^{2+} 生成磷酸钙盐和磷酸镁盐沉淀而去除。除去铁离子，可采用黄血盐，形成普鲁士蓝沉淀。

$$4Fe^{3+} + 3K_4Fe(CN)_6 \longrightarrow Fe_4[Fe(CN)_6]_3 \downarrow + 12K^+$$

三、脱色

发酵液中的有色物质可能是由微生物生长代谢过程分泌的，也可能是培养基（如糖蜜、玉米浆等）带来的，色素物质化学性质的多样性增加了脱色的难度。去除色素，一般使用离子交换树脂、离子交换纤维、活性炭等材料的吸附法。

第三节　固液分离

一、过滤

过滤是借助于过滤介质（多孔介质）将固-液悬浮液中不同大小、不同形状的固体颗粒物质分离的技术过程。过滤介质多种多样，常用的有滤纸、滤布、纤维、多孔陶瓷、烧结金属和各种高分子膜等，可以根据需要选用。

根据过滤介质的不同，过滤可以分为膜过滤和非膜过滤两大类。其中粗滤和部分微滤采用高分子膜以外的物质作为过滤介质，称为非膜过滤（详细内容见固-液分离中相关内容）；而大部分微滤以及超滤、反渗透、透析和电渗析等采用各种高分子膜为过滤介质，称为膜过滤，又称为膜分离技术。

根据过滤介质截留的物质颗粒的大小不同，过滤可分为粗滤、微滤、超滤和反渗透等。它们的主要特性见表 5-1 所示。

表 5-1　过滤的分类及特性

类别	截留的颗粒大小	截留的主要物质	过滤介质
粗滤	$>2\mu m$	酵母、霉菌、动物细胞、植物细胞和固形物	滤纸、滤布、纤维、多孔陶瓷和烧结金属等
微滤	$0.2\sim2\mu m$	细菌、灰尘等	微滤膜、微孔陶瓷
超滤	$2nm\sim0.2\mu m$	病毒、生物大分子等	超滤膜
反渗透	$<2nm$	生物小分子、盐、离子	反渗透膜

生产中粗滤常采用加压过滤。膜分离所使用的薄膜主要是由丙烯腈、醋酸纤维素、尼龙等高分子聚合物制成的高分子膜，有时也可以采用动物膜。薄膜的作用是选择性地让小于其孔径的物质颗粒或分子通过，而截留大于其孔径的颗粒。膜的孔径有多种规格可供选择使用。

按料液流动方向不同，过滤可分为常规过滤和错流过滤。常规过滤时，料液流动方向与过滤介质垂直；错流过滤时，料液流向平行于过滤介质。

1. 常规过滤

（1）过滤的原理　常规过滤操作如图 5-2 所示，固体颗粒被过滤介质截留，在介质表面形成滤饼，滤液则透过过滤介质的微孔。

滤液的透过阻力来自两个方面，即过滤介质和介质表面不断堆积的滤饼。过滤操作中，滤饼的阻力占主导地位。滤饼阻力与滤饼干重之间有如下关系：

$$R_c = am/A$$

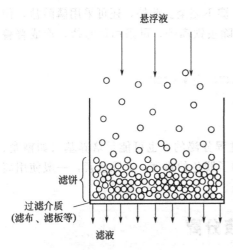

悬浮液

滤饼

过滤介质
(滤布、滤板等)

滤液

图 5-2　常规过滤操作示意图

式中，R_c 为滤饼的阻力，m^{-1}；a 为滤饼的质量比阻，m/kg；m 为滤饼干重，kg；A 为过滤面积，m^2。

比阻值 a 是衡量各种物质过滤特性的主要指标，它表示单位滤饼厚度的阻力系数，与滤饼的结构特性有关。对于不可压缩性滤饼，比阻值为常数；对于可压缩性滤饼（大多数的生物滤饼），比阻值 a 是操作压力差的函数，随着压力差的升高和增大。因此，在过滤操作中，压力差是非常敏感和重要的操作参数，特别是可压缩性强的滤饼。一般需要缓慢增大操作压力，最终操作压力差不能超过 $0.3～0.4MPa$。

提高过滤速度和过滤质量是过滤操作的目标。由于滤饼阻力是影响过滤速度的主要因素，因此在过滤操作前，一般要对过滤液进行絮凝或凝聚等预处理，改变料液的性质，降低滤饼的阻力。此外，可在料液中加入助滤剂提高过滤速度。但是，当以菌体细胞的收集为目的时，使用助滤剂会给后续分离纯化操作带来麻烦，故需慎重行事。

（2）过滤设备及结构　针对具体过滤处理的不同对象，应根据下列因素，选择合适的过滤设备。这些因素包括：①滤液的黏度、腐蚀性；②固态悬浮物的粒度、浓度以及变形性等；③目的产物是液体部分还是悬浮物等。

过滤设备多种多样，有传统的板框式过滤机、转鼓真空过滤机等。

① 板框式过滤机。是一种传统的过滤设备，主要用于培养基制备的过滤及霉菌、放线菌、酵母菌和细菌等多种发酵液的固液分离，比较适合固体含量 $1\%～10\%$ 的悬浮液的分离，在许多领域中有广泛的应用。其设备结构及外形分别见图 5-3 和图 5-4。

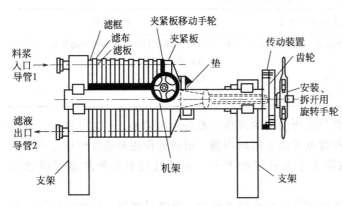

滤框
滤布
滤板
夹紧板移动手轮
夹紧板
传动装置
齿轮
料浆入口导管1
垫
安装、拆开用旋转手轮
滤液出口导管2
支架
机架
支架

图 5-3　板框式过滤机的结构

图 5-4　板框式过滤机的外形

板框式过滤机的过滤面积大，能耐受较高的压力差，对不同过滤特性的料液适应性强，同时还具有结构简单、造价较低、动力消耗少等优点，但不能连续操作，设备笨重，占地面积大，非生产的辅助时间长（包括解框、卸饼、洗滤布、重新压紧板框等）。自动板式过滤机是一种新型的压滤设备，其板框的拆卸、滤渣的卸落和滤布的清洗等操作都能自动进行，大大缩短了非生产的辅助时间，并减轻了劳动强度。

② 转鼓真空过滤机。转鼓真空过滤机特别适合于固体含量较大（$>10\%$）的悬浮液的

分离，由于受推动力（真空度）的限制，转鼓真空过滤机一般不适合菌体较小和黏度较大的细菌发酵液的过滤，而且采用转鼓真空过滤机过滤所得固相的干度不如加压过滤。

转鼓真空过滤机在减压条件下工作，其形式很多，最典型、最常用的是外滤面转鼓真空过滤机。转鼓真空过滤机的结构见图 5-5 所示。

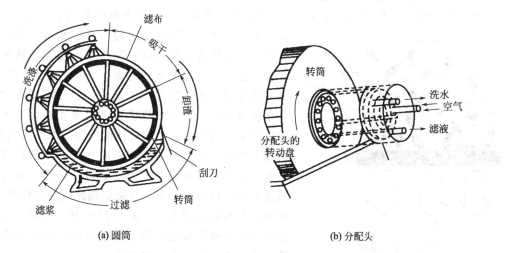

图 5-5　转鼓真空过滤机的结构

转鼓真空过滤机的过滤操作循环可分成三个主要阶段：过滤和滤饼的形成；洗涤；滤饼的清除。

转鼓真空过滤机的过滤面是一个以很低转速旋转的、开有许多小孔或用筛板组成的转鼓，过滤面外覆有金属网及滤布，转鼓的下部浸没在悬浮液中，转鼓的内部抽真空。鼓内的真空使液体通过滤布并进入转鼓，滤液经中间的管路和分配阀流出。固体黏附在滤布表面形成滤饼，当滤饼转出液面后，再经洗涤、脱水和卸料从转鼓上脱落下来。

转鼓真空过滤机的整个工作周期是在转鼓旋转一周内完成的，转鼓旋转一周可以分为四个区。为了使各个工作区不互相干扰，用径向隔板将其分隔成若干滤室（故称多室式），每个过滤室都有单独的通道与轴颈端面相连通，而分配阀则平装在此端面上。分配阀分成四个室，分别与真空和压缩空气管路相连。转鼓旋转时，每个过滤室相继与分配阀的各室相接通，这样就使过滤面形成四个工作区：a. 过滤区。浸没在料液槽中的区域，在真空下，料液槽中的悬浮液相部分透过过滤层进入过滤室，经过分配阀流出机外进入储槽中，而悬浮液中的固相部分则被阻挡在滤布表面形成滤饼。b. 洗涤区。在此区内用洗涤液将滤饼洗涤，以进一步降低滤饼中溶质的含量。c. 吸干区。在此区内将滤饼进行吸干。d. 卸渣区。通入压缩空气，促使滤饼与滤布分离，然后用刮刀将滤饼清除。见图 5-6。

转鼓真空过滤机能连续操作，并能实现自动控制，但是压力差小，主要适用于霉菌发酵液的过滤，对菌体较细或黏稠的发酵液则需要在转鼓面上预铺一层助滤剂，操作时，用一把缓慢向鼓

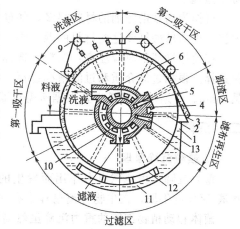

图 5-6　刮刀卸料式转鼓真空过滤机工作原理图
1—过滤转鼓；2—吸盘；3—刮刀；4—分配头；
5,13—压缩空气管入口；6,10—与真空源相
通的管口；7—无端压榨带；8—洗涤喷嘴装置；
9—导向辊；11—料液槽；12—搅拌装置

面移动的刮刀将滤饼连同极薄的一层助滤剂一起刮去，使过滤面积不断更新，以维持正常的过滤速度。

2. 错流过滤

传统的滤饼过滤也就是直流过滤，滤浆垂直于过滤介质的表面流动，固体被介质所截留，逐渐形成滤饼。随着过滤的持续进行和滤饼层的增厚，过滤速度明显减小，直至滤液停

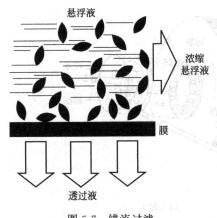

图 5-7　错流过滤

止流出。因此，滤饼的厚度是妨碍过滤速率提高的主要因素。而错流过滤可以限制滤饼的增厚。其原理是滤浆一边平行于过滤介质流动，一边垂直于介质过滤。滤液的流速远低于滤浆的流速，二者的流动方向是相互垂直交错的。滤浆的快速流动对堆积在介质上的颗粒起到了剪切扫流的作用，从而抑制了滤饼层的增厚，保持了较高的滤速。未滤液不断循环，固形物浓度愈来愈大；当浓度达到一定程度后自动排出，最终达到固液分离的目的。细菌悬浮液的错流过滤操作如图 5-7 所示，在泵的推动下悬浮液平行于膜面流动，同时垂直于膜面过滤形成透过液。未被过滤的悬浮液不断循环，浓度逐渐增大形成浓缩液。

错流过滤的过滤介质通常为微孔膜或超滤膜，主要适用于十分细小的悬浮固体颗粒、采用常规过滤速度很慢、滤液浑浊的发酵液。但此法并不能将固、液两相分离完全，约有 70%～80% 的液体留在固形物中，而用通常的过滤和离心分离方法，只有 30%～10% 的液体留在固形物中。

3. 惰性助滤剂的使用

改进发酵液过滤性能的第三种方法是添加助滤剂。一般使用惰性助滤剂。惰性助滤剂是一种颗粒均匀、质地坚硬、不可压缩的粒状物质，用于扩大过滤表面的适用范围，使非常稀薄或非常细小的悬浮液在过滤时发生的快速挤压和介质堵塞现象得到减轻，易于过滤。

可作为惰性助滤剂的材料很多，如硅藻土、膨胀珍珠岩、石棉、纤维素、未活化的炭、炉渣、重质碳酸钙或这些材料的混合物。

在使用助滤剂时应注意：①粒度选择。根据料液中的颗粒和滤出液的澄清度决定。②品种选择。根据过滤介质和过滤情况选择。③用量选择。间歇操作时助滤剂预涂层的最小厚度是 2mm。在连续过滤机中要根据所需过滤速度来决定。

二、沉降

1. 颗粒沉降原理

重力沉降是由地球引力作用而发生的颗粒沉降过程。重力沉降是常用的气-固、液-固、和液-液分离手段，在生物分离过程中有一定程度的应用。

菌体和动植物细胞的重力沉降虽然简单易行，但菌体细胞体积很小，沉降速度很慢。因此，需使菌体细胞聚合成较大凝聚体颗粒后进行沉降操作，提高沉降速度。在中性盐的作用下，可使菌体表面双电层排斥电位降低，有利于菌体之间产生凝聚。另外，向含菌体的料液中加入聚丙烯酰胺或聚乙烯亚胺等高分子絮凝剂，可使菌体之间产生架桥作用而形成较大的凝聚颗粒。凝聚或絮凝不仅有利于重力沉降，而且还可以在过滤分离中大大提高过滤速度和质量。当培养液中含有蛋白质时，可使部分蛋白质凝聚并过滤除去。

2. 重力沉降常用设备

沉降法分离液-固两相的设备，根据沉降力的不同分成重力沉降式和离心沉降式两大类。虽然重力沉降设备体积庞大、分离效率低，但具有设备简单、制造容易且运行成本低、能耗低等优点，因而得到广泛应用。传统的沉降设备主要有矩形水平流动池、圆形径向流动池、垂直上流式圆形池与方形池。新的池形为斜板与斜管式沉降池。

三、离心分离

离心分离对那些固体颗粒很小或液体黏度很大，过滤速度很慢，甚至难以过滤的悬浮液十分有效。离心分离不但用于悬浮液中液体或固体的直接回收，而且可用于两种不相溶液体的分离和不同密度固体或乳浊液的分离。离心分离可分为离心沉降、离心过滤、超离心三类。

1. 离心沉降

利用固-液两相的相对密度差，在离心机无孔转鼓或管子中进行悬浮液的分离操作。

（1）影响物质颗粒沉降的因素

① 固相颗粒与液相密度差。离心分离中，液相因分离纯化需要不断增减某些物质，使固相颗粒与液相密度差发生变化。例如，盐析时盐浓度变化或密度梯度离心时梯度液密度的变化。

② 固相颗粒形状和浓度。相对分子质量相同、形状不同的固相颗粒物质在离心力的作用下具有不同的沉降速度。

③ 液相黏度与离心分离工作温度。液体黏度是沉降过程中产生摩擦阻力的主要原因，其变化既受液体中溶质性质及含量影响，也受环境温度影响，温度对水的黏度会产生很大的影响。

④ 液相影响固相沉降的其他因素。固相物质离心分离受液相化学环境因素影响很大，其中包括 pH、盐种类及浓度、有机化合物种类及浓度等。

（2）离心沉降设备　离心沉降设备按操作方法可分为间歇操作和连续操作（见图 5-8）；按型式来分，可分为管式和碟片式等；按出渣方式来分可分为人工间歇出渣和自动除渣等方

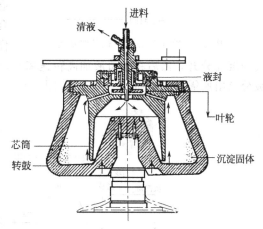

图 5-8　密封连续沉降式离心机的结构

式。离心分离设备根据其离心力的大小可分为低速离心机、高速离心机和超速离心机。

2. 离心过滤

所谓离心过滤，就是应用离心力代替压力差作为过滤推动力的分离方法。

常用的离心过滤设备主要有三足式离心机、螺旋卸料离心机和卧式刮刀离心机三种。三足式离心机是目前最常用的过滤式离心机，立式有孔转鼓悬挂在三根支足上，称为三足式。与三足式离心机相比，卧式刮刀离心机易实现自动化，各工序中不需要停车，使用效率高，功率消耗较小，使用范围大。卧式刮刀离心机的转鼓直径为 240～2500mm，分离因数 250～3000，转速 450～3500r/min，适用于 5～10mm 的固相颗粒，固相浓度为 5%～60%。螺旋卸料离心机有以下特点：①对料液浓度的适应范围大，低可用于 1% 以下的稀薄悬浮液，高可用于 50% 的浓悬浮液。在操作过程中浓度有变化时不需要特殊调整。②对颗粒直径的适

应范围大。③进料液浓度变化时几乎不影响分离效率，能确保产品的均一性。④占面积小，处理量大。

3. 超离心法

根据物质的沉降系数、质量和形状不同，应用强大的离心力，将混合物中各组分分离、浓缩、提纯的方法称为超离心法。

（1）超离心技术的原理　超离心技术属于离心沉降。一个球形颗粒的沉降速度不但取决于所提供的离心力，也取决于粒子的密度和直径以及介质的密度。当粒子直径和密度不同时，移动同样距离所需的时间不同，在同样的沉降时间，其沉降的位置也不同。

（2）超离心技术的分类　超离心技术按处理要求和规模分为制备性超离心和分析性超离心两类。

① 制备性超离心。目的是最大限度地从样品中分离高纯度目标组分，进行深入的生物化学研究。制备性超离心分离和纯化生物样品一般用三种方法。

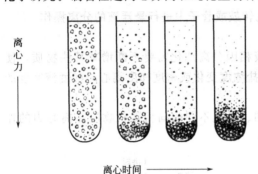

离心力 →

离心时间 →

图 5-9　差速离心使颗粒分级沉淀

a. 差速离心法。是采用逐渐增加离心速度或交替使用低速和高速进行离心，用不同强度的离心力使具有不同质量的物质分级分离的方法，是最常用的离心分离方法。

此法适用于混合样品中各沉降系数差别较大组分的分离。它利用不同粒子在离心力场中沉降的差别，在同一离心条件下沉降速度不同，通过不断地增加相对离心力，使一个非均匀混合液内的大小、形状不同的粒子分部沉淀。操作过程中一般是在离心后用倾倒的办法把上清液与沉淀分开，然后将上清液加高转速离心，分离出第二部分沉淀，如此往复加高转速，逐级分离出所需的物质，见图 5-9、图 5-10。

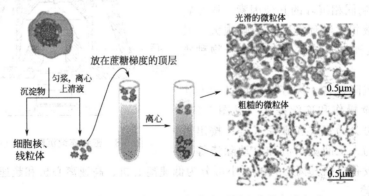

图 5-10　利用差速离心可逐级分离不同大小的细胞组分

差速离心的分辨率不高，沉降系数在同一个数量级内的各种粒子不容易分开，常用作其他分离手段之前的粗制品提取。

b. 速率区带离心。也称一般密度梯度离心法，它是离心前于离心管内先装入密度梯度介质，待分离的样品铺在梯度液的顶部、离心管底部或梯度层中间，同梯度液一起离心。

速率区带离心法是根据分离的粒子在梯度液中沉降速度的不同，使具有不同沉降速度的粒子处于不同的密度梯度层内分成一系列区带，达到彼此分离的目的（见图 5-11）。梯度液在离心过程中以及离心完毕后，取样时起着支持介质和稳定剂的作用，避免机械振动引起已分层的粒子再混合。

此法一般应用在物质大小相异而密度相同的情况。离心前在离心管中用某种低分子溶质如蔗糖、NaBr 等调好密度梯度，在密度梯度之上加待处理的料液后进行离心操作。料液中的各个组分在密度梯度中以不同的速度沉降，根据各个组分沉降系数的差别形成各自的区带。经过一定的时间后，从离心管中得到纯化的各个组分。

c. 等密度离心法。使用一种密度能形成梯度（在离心管中，其密度从上到下连续增高）但又不会使所分离的生物活性物质凝聚或失活的溶剂系统，离心后各物质颗粒能按其各自的相对密度平衡在相应的溶剂密度中形成区带。

该离心法是在离心前预先配制介质的密度梯度，此种密度梯度包含了被分离样品中所有粒子的密度，待分离的样品铺在梯度液顶上或与梯度液先混合，离心开始后，梯度液由于离心力的作用逐渐形成管底浓而管顶稀的密度梯度，与此同时原来分布均匀的粒子也发生重新分布（见图 5-12）。

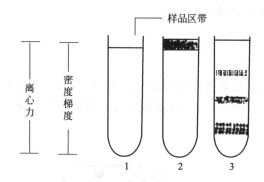

图 5-11　颗粒在水平转头中的速率区带分离
1—装满密度梯度的离心管；2—把样品装在
梯度的顶部；3—在离心力的作用下颗粒
根据各自的质量按不同的速度移动

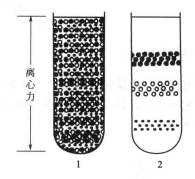

图 5-12　等密度离心时颗粒的分离
1—样品和梯度的均匀混合液；
2—在离心力的作用下，梯度重新分配，
样品区带呈现在各自的等密度区带中

等密度离心法一般应用于物质大小相近而密度差异较大时。常用的梯度液是 CsCl 或低糖溶液。

② 分析性超速离心。是为了研究生物大分子的沉降特性和结构，而不是专门收集某一特定组分。分析性超速离心机主要由一个椭圆形的转子、一套真空系统和一套光学系统所组成。见图 5-13。

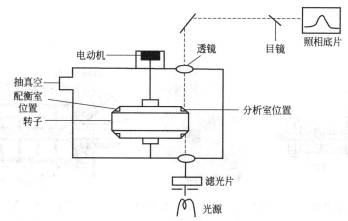

图 5-13　分析性超速离心系统示意图

第四节 细胞破碎

胞内酶需先收集菌体，再将细胞破碎后提取。不同生物组织的细胞有不同的特点，在考虑破碎方法时，要根据细胞性质和处理量，采用合适的方法。细胞破碎机理见图5-14。

(a) 挤压/撞击破碎 (b) 剪切破碎 (c) 溶胀破碎

图 5-14 细胞破碎机理

一、机械破碎法

利用机械力的搅拌，剪切、研碎细胞。常用的有高速组织捣碎机（见图 5-15）、高压匀浆泵（见图 5-16、图 5-17）、高压细胞破碎仪（见图 5-18）、高速球磨机（见图 5-19）或直接用研体研磨等。

图 5-15 高速组织捣碎机

图 5-16 高压匀浆泵

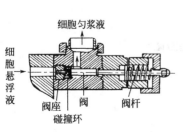

图 5-17 高压匀浆
泵结构

图 5-18 APV-2000 型高压
细胞破碎仪

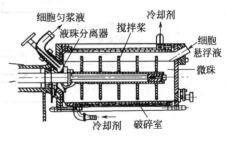

图 5-19 高速球磨
机结构

动物组织的细胞器不甚坚固、极易匀浆，一般可将组织剪切成小块，再用匀浆器或高速组织捣碎器将其匀质化。匀浆器一次处理容量约 50mL，高速组织捣碎器容量可达 500～1000mL 左右。高压匀浆泵非常适合细菌、真菌（如酵母）的破碎，且处理容量大，一次可处理几升悬浮液，一般循环 2～3 次，足以达到破碎要求。

二、物理破碎法

物理破碎法系通过温度、压力、声波等各种物理因素的作用使组织细胞破碎的方法。常见的物理破碎法有超声波破碎法、渗透压法和冻融法。

1. 超声波法

超声波是破碎细胞或细胞器的一种有效手段。经过足够时间的超声波处理，细菌和酵母细胞都能得到很好的破碎。若在细胞悬浮液中加入玻璃珠，时间可更短些，一般线粒体经过 125W 超声处理 5min 可全部崩解。超声波破碎一次处理的量较大，破碎效果以探头式超声器较水浴式超声器更佳（见图 5-20、图 5-21）。超声处理的主要问题是超声空间局部过热引起酶活性丧失，所以超声振荡处理的时间应尽可能短，容器周围以冰浴冷却处理，尽量减小热效应引起的酶的失活。

图 5-20　超声波细胞破碎器 　　　图 5-21　GL-400SD 多频超声波细胞破碎仪

2. 渗透压法

渗透压法破碎是破碎细胞最温和的方法之一。细胞在低渗溶液中由于渗透压的作用，溶胀破碎。如红细胞在纯水中会发生破壁溶血现象。但这种方法对具有坚韧的多糖细胞壁的细胞，如植物、细菌和霉菌不太适用，除非用其他方法先除去这些细胞外层坚韧的细胞壁。

3. 冻融法

将待破碎的细胞冷却至 -15～-20℃，然后放于室温或 40℃迅速融化，由于生物组织经冰冻后，细胞胞液结成冰晶，从而使细胞壁胀破，细胞结构被破坏。冻融法所需设备简单，家用冰箱的冷冻室即可。如果冻融操作时间过长，应注意胞内蛋白酶作用引起的后果。一般需在冻融液中加入蛋白酶抑制剂，如 PMST（苯甲基磺酰氟）、螯合剂 EDTA（乙二胺四乙酸）、还原剂 DTT（二硫苏糖醇）等以防破坏目的酶。

三、化学破碎法

化学破碎法是应用各种化学试剂与细胞膜作用，使细胞膜的结构改变或破坏的方法。常用的化学试剂可分为有机溶剂和表面活性剂两大类。

1. 有机溶剂处理

常用的有机溶剂有甲苯、丙酮、丁醇、氯仿等。

有机溶剂可使细胞膜的磷脂结构破坏，从而改变细胞膜的透过性，再经提取可使膜结合酶或胞内酶等释出胞外。

2. 表面活性剂处理

表面活性剂可以和细胞膜中的磷脂及脂蛋白相互作用，使细胞膜结构破坏，增加膜的透过性。

表面活性剂有离子型和非离子型之分，对细胞破碎效果而言，离子型表面活性剂较有效，但由于离子型表面活性剂会使酶的结构破坏，引起酶变性失活，所以，在酶的提取方面一般不采用离子型表面活性剂，而采用非离子型的特里顿（Triton）、吐温（Tween）等表面活性剂。处理完后，可采用凝胶色谱等方法，将表面活性剂除去，以免影响酶的进一步分离纯化。

表面活性剂处理法对膜结合酶的提取特别有效，在实验室和生产中均已成功使用。

四、生物破碎法

在一定条件下，通过外加的酶或细胞本身存在的酶的作用，使细胞破碎。

1. 外加酶处理

根据细胞外层结构的特点，选用适当的酶，破坏细胞壁，并在低渗透压的溶液中使细胞破裂。

革兰阳性菌主要依赖其细胞壁中的肽多糖维持其细胞结构和形状。溶菌酶能专一地作用于肽多糖的 β-1,4-糖苷键，所以溶菌酶常用于革兰阳性菌的细胞破碎。对于革兰阴性菌，则在加入溶菌酶的同时，还要加入 EDTA，才能达到破碎细胞的效果。酵母细胞壁的主要成分是 β-1,3-葡聚糖，酵母细胞的破碎需外加一定量的 β-葡聚糖酶。而霉菌细胞壁含有几丁质，因此几丁质酶可用于霉菌的细胞破碎。纤维素酶、半纤维素酶和果胶酶往往混合使用，作用于植物细胞的细胞壁，而使植物细胞破碎。但这些酶的价格较高，而且外加酶本身混入细胞破碎液中又成为杂质，故外加酶处理方法难以用于大规模工业生产。

2. 自溶法

将细胞在一定的 pH 值和适宜的温度条件下保温一段时间，通过细胞本身存在的酶系将细胞破坏，使胞内物质释出的方法称为自溶法。

自溶法效果的好坏取决于自溶条件，主要有温度、pH 值、离子强度等。自溶时间一般较长，不易控制，为防止其他微生物在自溶液中滋长，必要时可加入甲苯、氯仿、叠氮钠等杀菌剂。

此外，可以通过加入噬菌体感染细胞，或通过电离辐射等方法，使细胞自溶。

第五节　抽　提

酶的提取（也称酶的抽提）是指在一定条件下，用适当的溶剂处理含酶原料，使酶充分溶解到溶剂中的过程。

酶提取时首先应根据酶的结构和溶解性质，选择适当的溶剂。大多数酶能溶解于水，可用水或稀酸、稀碱、稀盐溶液提取；有些酶与脂质结合或含较多的非极性基团，则可用有机溶剂提取。为了提高酶的提取率并防止酶的变性失活，在提取过程中，要注意控制好温度、pH 值等各种条件。

根据酶提取时所采用的溶剂或溶液的不同，将酶的提取方法分为水溶液提取法（盐溶液提取、酸溶液提取、碱溶液提取）和有机溶剂提取法。

一、水溶液提取法

1. 盐溶液提取

大多数酶溶于水，而且在一定浓度的盐存在条件下，酶的溶解度增加，这称之为盐溶现象，然而盐浓度不能太高，否则溶解度反而降低，出现盐析现象。所以一般采用稀盐溶液进行酶的提取，盐浓度一般控制在 $0.02 \sim 0.5 \text{mol/L}$ 范围内。

2. 酸溶液提取

有些酶在酸性条件下溶解度较大，且稳定性较好，宜用酸溶液提取。例如从胰脏中提取胰蛋白酶和胰凝乳蛋白酶，采用 0.12mol/L 的硫酸溶液进行提取。

3. 碱溶液提取

有些在碱性条件下溶解度较大且稳定性较好的酶，应采用碱溶液提取。例如，细菌 L-天冬酰胺酶的提取是将含酶菌体悬浮在 pH11.0～12.5 的碱溶液中，振荡 20min，即达到显著的提取效果。

二、有机溶剂提取法

有些与脂质结合比较牢固或分子中含非极性基团较多的酶，不溶或难溶于水、稀酸、稀碱和稀盐溶液中，需用有机溶剂提取。常用的有机溶剂是与水能够混溶的乙醇、丙酮、丁醇等。其中丁醇对脂蛋白的解离能力较强，提取效果较好，已成功用于琥珀酸脱氢酶、细胞色素氧化酶、胆碱酯酶等的提取。

在酶提取的过程中，为提高提取率并防止酶变性失活，需注意以下几点。

1. pH 值

溶液的 pH 值对酶的溶解度和稳定性有显著的影响。为了增加酶的溶解度，提取时溶液的 pH 值应该远离酶的等电点。但是除了酸溶液提取或碱溶液提取以外，提取时溶液的 pH 值不宜过高或过低，以防止酶的变性失活。

2. 盐

大多数蛋白质在低浓度的盐溶液中有较大的溶解度，所以提取液一般采用等渗盐溶液，最普通的有 0.02～0.05mol/L 的磷酸盐缓冲溶液、0.15mol/L NaCl 溶液等。焦磷酸钠溶液和柠檬酸缓冲溶液，由于有助于切断酶和其他物质的联系，且有螯合某些金属的作用，在酶的提取过程中也经常用作提取剂。

3. 提取液的体积

提取液的用量增加，可提高提取率。但是过量的提取液，使酶浓度降低，对进一步的分离纯化不利。故提取液的用量一般为含酶原料体积的 3～5 倍。可一次提取，也可分几次提取，若辅以缓慢搅拌，则可提高提取率。

4. 添加保护剂

在酶提取过程中，为了提高酶的稳定性，防止酶变性失活，可以加入适量酶的作用底物，或其辅酶，或加入某些抗氧化剂等保护剂。

第六节　浓　　缩

浓缩是低浓度溶液通过除去溶剂（包括水）变为高浓度溶液的过程。常在提取后和结晶前进行。

一、基本原理

液体在任何温度下都在蒸发。蒸发是溶液表面的溶剂分子获得的动力能超过了溶液内溶剂分子间的吸引力而脱离液面逸向空间的过程。当溶液受热，溶剂分子动能增加，蒸发过程加快；液体表面越大，单位时间内气化的分子越多，蒸发越快。液面蒸汽分子密度很小，经常处于不饱和的低压状态，液相与气相的溶剂分子为了维持其分子密度的动态平衡状态，溶液中的溶剂分子必然不断地气化逸向空间，以维持其一定的饱和蒸汽压力。根据此原理，蒸汽浓缩装置常按照加热、扩大液体表面积、低压等因素设计。

二、常用的浓缩方法

1. 蒸发浓缩

蒸发浓缩的装置多种多样，主要有薄膜蒸发器和真空蒸发器等。

（1）薄膜蒸发浓缩　薄膜蒸发浓缩即液体形成膜后蒸发，变成浓缩液。成膜的液体有很大的气化面积，热传导快，均匀，可避免物质受热时间过长。可连续操作，酶的活力损失较少，是较为理想的蒸发浓缩装置。工业生产中较常用的薄膜蒸发器可分为管式、刮板式、旋风式和离心式等多种类型。其中管式薄膜蒸发器又有升膜式、降膜式和升降膜式之分，可根据实际情况选择使用，其装置见图 5-22。

直接用蒸汽加热的薄膜浓缩液体温度可达 60～80℃，适用于一些耐热的酶和小分子生化药物的制备。对温度敏感及容易受薄膜切力影响变性的大分子及其他大分子不宜使用。对某些黏度很大、容易结晶析出的生化药物也不宜使用。

（2）减压蒸发浓缩　减压浓缩是根据降低液面压力使液面沸点降低的原理进行的。由于要减压抽真空，有时也叫真空蒸发浓缩。为加快浓缩往往伴随加热使其蒸发更快。适用于一些不耐热的生化药物和制品。

减压浓缩就是在减压或真空条件下进行的蒸发过程，真空蒸发时冷凝器和蒸发器溶液侧的操作压强低于大气压，此时系统中的不凝性气体必须用真空泵抽出。真空使蒸发器（见图 5-23）内溶液的沸点降低，图中排气阀门可调节真空度，在减压下当溶液沸腾时，会出现冲料现象，此时可打开排气阀门，吸入部分空气，使蒸发器内真空度降低，溶液沸点升高，从

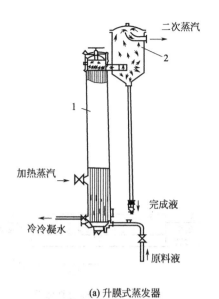
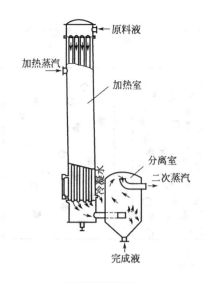

(a) 升膜式蒸发器　　　　　　　　(b) 降膜式蒸发器

图 5-22　薄膜蒸发器

而沸腾减慢。

采用减压或真空蒸发其优点如下：①由于减压，沸点低，加大了传热的温度差，使蒸发器的传热推动力增加，使过程强化；②适用于热敏性溶液和不耐高温的溶液，即减少或防止热敏性物质的分解；③可利用二次蒸气作为加热热源；④蒸发器的热损失减少。

真空蒸发的缺点是随着熔点沸点的降低液体黏度增大，对热传导过程不利。另外，需要增设真空装置，增加了能量的消耗。

真空蒸发器有夹套式、蛇管式、回流循环式、旋转式等多种形式，供使用时选择。

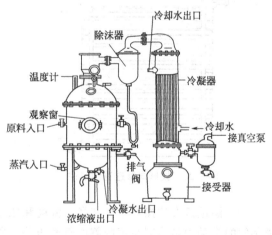

图 5-23　真空蒸发装置

2. 渗透蒸发

渗透蒸发是一种新的膜分离技术，工艺简单、选择性高、省能量，而且设备价格低廉，特别适用于普通精馏方法不能分离的共沸物和沸点差很小的混合物的分离和精制。

（1）基本概念　渗透蒸发技术是由渗透和蒸发两个过程组成。渗透蒸发膜分离法是以一种选择性膜（非多孔膜或复合膜）相隔，膜的前侧为原料混合液，经过选择性渗透，在膜的温度下以相应于组分的蒸气压气化，然后在膜的后侧通过减压不断把蒸气抽出，经过冷凝捕集而达到分离目的的方法。具体过程见图 5-24。

（2）基本原理　渗透蒸发所用的膜是一种致密、无孔的高分子膜。使用时膜的一侧同溶液相接触，另一侧用真空减压，或用干燥的惰性气体吹扫。分离膜具有很高的选择性，能让其中的杂质组分优先透过，源源不断地在减压下从混合物中脱除，从而使混合物得以分离。见图 5-25。

目前已在工业中应用的渗透池主要有板框式和卷筒式两种，见图 5-26、图 5-27。

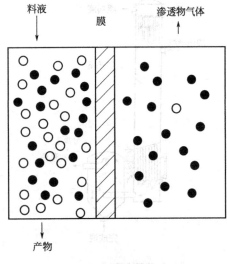

图 5-24 渗透蒸发过程示意图

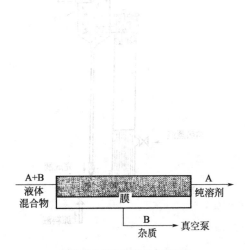

图 5-25 渗透蒸发原理图

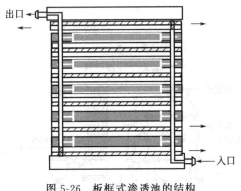

图 5-26 板框式渗透池的结构

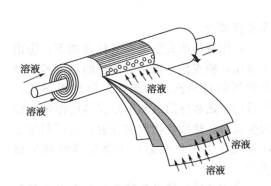

图 5-27 卷筒式渗透池的结构

（3）渗透蒸发的操作条件选择　温度和压力的改变对渗透蒸发的分离效果影响很大。渗透蒸发的推动力是溶剂在膜两侧的蒸气压差。研究发现，在膜的溶液侧加压对渗透蒸发的分离效果影响不大。当温度确定后，膜的分离系数和渗透液通量主要取决于整个系统真空度的变化。通常要求系统真空度不小于 500Pa，否则，不仅膜的选择性会变差，而且通量也会大大下降。当真空度低于某一数值时，膜的分离效果会完全丧失殆尽。

提高温度能明显地提高溶剂分子在聚合物膜中的溶解度以及它们在膜中的扩散速率，使渗透液通量随之增加。

（4）渗透蒸发的特点　渗透蒸发与传统的蒸发相比，主要有如下特点：①选择性好，适合分离近沸点的混合物，尤其是恒沸物的分离，对回收量少的溶剂是一种很有效的方法；②在操作过程中，进料侧不需加压，不会导致膜的压密，透过率不会随时间的增长而减少；③渗透蒸发技术操作简单、易于掌握。

渗透蒸发技术也有它的局限性，主要体现在：①能耗较高，因为渗透蒸发过程中有相变的发生；②渗透通量小，一般在 2000g/（m² · h）左右。

3. 超滤

（1）分离机理　超滤过程如下：在压力作用下，料液中含有的溶剂及各种小的溶质从高压料液侧透过超滤膜到达低压侧，从而得到的透过液称为超滤液；尺寸比膜孔径大的溶质分子被膜截留成浓缩液。溶质在被膜截留的过程中有以下几种作用方式：①在膜面的机械截留；②在膜表面及微孔内吸附；③膜孔的堵塞。不同的体系，各种作用方式的影响也不同。

（2）操作模式　超滤的操作模式可分为重过滤和错过滤两大类，常用的操作模式有以下几种。

① 重过滤操作。重过滤操作也称透滤操作，是在不断加水稀释原料的操作下，尽可能高地回收透过组分或除去不需要的盐类组分。重过滤操作包括间歇式和连续式两种。其特点是设备简单、小型、能耗低，可克服高浓度液渗透速率低的缺点，能更好地去除渗透组分。但浓差极化和膜污染严重，尤其是间歇操作中，要求膜对大分子的截留率高。通常用于蛋白质、酶之类大分子的提纯。

② 透析超滤。透析超滤是将透析与超滤结合起来使用的一种重过滤技术，即用泵将新鲜水通过产品侧将透过物带出，而不是透过物从组件自由流出，新鲜水的流量约为组件水通过量的3～10倍，并保持一定的跨膜压差。显然，该方法的工作效率比传统的重过滤要好，由于该方法的传质动力除了压力差外还有浓度梯度，所以即使没有压力存在，也有传质发生，这一特点能改善尺寸相近分子的分离。

③ 间歇错流操作。间歇错流操作是将料液从储罐连续地泵送至超滤膜装置，然后再回到储罐。随着溶剂被滤出，储罐中料液的液面下降，溶液浓度升高。该操作的特点为操作简单；浓缩速度快；所需膜面积小。但全循环时泵的能耗高，采用部分循环可适当降低能耗。通常被实验室和小型中试系统采用。

④ 连续错流操作。连续错流操作包括单级错流连续操作和多级连续错流操作。单级连续操作是从储罐将加料液泵送至一个大的循环系统管线中，料液在这个大循环系统中通过泵提供动力，进行循环超滤后成为浓缩产品。多级连续操作是采用两个或两个以上的单机级连续操作。大规模生产中连续错流操作被普遍使用，特别是在食品工业领域。

（3）超滤膜与膜材料　超滤的膜材料包括有机高分子材料和无机材料两大类，这些材料经过不同的制膜工艺可以获得不同结构和功能的膜，常用的超滤膜归纳如下。

① 醋酸纤维素。这是一种研究最早的超滤膜，是利用纤维素及其衍生生物分子线性不容易弯曲的特点，来制备反渗透和超滤膜。具有亲水性好、通量大、工艺简单、成本低、无毒、操作范围窄、适用pH范围窄（3.0～6.0）、容易被生物降解等特点。

② 聚砜类超滤膜。具有化学性质稳定优异、适用pH范围宽（1.0～13.0）、耐热性好（0～100℃）、耐酸碱性好、抗氧化性和抗氯性能好等特点。由于相对分子质量比较高，适于制作超滤膜、微滤膜和复合膜的多孔支撑膜。鉴于其良好的耐高温性，且无毒，因此适用于食品、医药和生物工程。

③ 聚丙烯腈膜。聚丙烯腈是常用来制备超滤膜的聚合物。虽然有强极性氰基基团，但聚丙烯腈并不十分亲水。通常通过引入另一种共聚体（如乙酸乙烯酯）的方法来增加它的柔韧性和亲水性。

④ 聚酰胺类超滤膜。具体包括聚砜酰胺超滤膜、芳香聚酰胺膜。其中聚砜酰胺超滤膜有耐高温（125℃）、耐酸性（pH为2.0～10.0）、耐有机溶剂（耐乙醇、丙酮、乙酸、乙酯、乙酸丁酯、苯、醚及烷烃等多种溶剂）等特性。芳香聚酰胺膜具有高吸水性（吸水率12%～15%）、良好的机械强度、好的热稳定性、不耐氯离子和容易被污染等特点。

⑤ 其他类聚合物膜。具体包括聚偏氟乙烯超滤膜和再生纤维素膜等。其中聚偏氟乙烯超滤膜被广泛地用于超滤膜和微滤过程，具有可高温消毒、耐一般溶剂、耐游离氯等特点。

⑥ 复合超滤膜。分别用不同材料制成致密层和多孔支撑膜，从而使两者达到最优化。应用复合的方法改善了膜的表面亲水性、可截留相对分子质量小的溶质、增加了水通量和提高了膜的耐污染性。例如，ETNA复合超滤膜，其支撑层为聚偏氟乙烯，超滤膜为纤维素。复合膜虽然有无可比拟的良好性能，但应用还未得到充分发挥，仍需进一步研究。

⑦ 无机膜。无机膜是指以金属、金属氧化物、陶瓷、沸石、碳素和多孔玻璃等无机材料制成的半透膜，常用的材料有 Al_2O_3、TiO_2、SiO_2、C、SiC 等。无机膜基本分类为：ⅰ. 从表层孔结构上可以分为致密膜和多孔膜两大类，其中多孔陶瓷膜应用较为成熟和广泛；ⅱ. 按照制膜材料，可以分为陶瓷膜、金属膜、合金膜、高分子金属络合物膜、分子筛复合膜、沸石膜和玻璃膜等；ⅲ. 按照结构中有无担体的特点，可以分为非担载膜和担载膜；ⅳ. 按膜孔径和应用场合可分为微滤膜和超滤膜等。无机膜具有强度高、孔径容易控制、化学性质稳定、热稳定性好、易再生和不易老化等优点，在食品工业、环境工程、生物化工等行业得到了广泛的应用。

（4）超滤系统工艺流程　超滤系统工艺流程设计多种多样，按运行方式可分为循环式、连续式和部分循环连续式。按组件组合排列形式分为一级一段、一级多段和多级等。原料溶液升压后一次通过超滤组件的叫做一级一段，如果浓缩液直接进入下游组件称为一级二段。同理，其余段数以此类推。

技能实训 5-1　酵母细胞的破碎及破碎率的测定

一、实训目标

1. 掌握超声波细胞破碎的原理和操作。

2. 学习细胞破碎率的评价方法。

二、实训原理

频率超过 15~20kHz 的超声波，在较高的输入功率下（100~250W）可破碎细胞。本实训采用 JY92-2D 超声波细胞粉碎机，对酵母细胞进行破碎。JY92-2D 超声波细胞粉碎机由超声波发生器和换能器两个部分组成。超声波发生器（电源）是将 220V、50Hz 的单相电通过变频器件变为 20~25Hz、约 600V 的交变电能，并以适当的阻抗与功率匹配来推动换能器工作，做纵向机械振动，振动波通过浸入在样品中的钛合金变速杆对各类细胞产生空化效应，从而达到破碎细胞的目的。

三、操作准备

1. 材料与仪器

超声波细胞破碎机，电子显微镜，酒精灯，载玻片，血细胞计数板，接种针。

2. 试剂及配制

（1）酵母细胞悬浮液　0.2g/mL 的啤酒酵母溶于 50mmol/L 乙酸钠-乙酸缓冲溶液（pH 为 4.7）。

（2）土豆培养基　土豆（去皮切块）200g，琼脂 20g，蔗糖 20g，蒸馏水 1000mL，pH 为 6.5。

选优质土豆去皮切块，加水煮沸 30min，然后用纱布过滤，再加蔗糖及琼脂，溶化后补充加水至 1000mL，分装，115℃灭菌 20min。

四、实施步骤

1. 啤酒酵母的培养

（1）菌种纯化　酵母菌种转接至斜面培养基上，28～30℃，培养 3～4 天。培养成熟后，用接种环取一环酵母菌至 8mL 液体培养基中，28～30℃，培养 24h。

（2）扩大培养　将培养成熟的 8mL 液体培养基中的酵母菌全部转接至含 80mL 液体培养基的三角瓶中，28～30℃，培养 15～20h。

2. 破碎前计数

取 1mL 酵母细胞悬浮液经适当稀释后，用血细胞计数板在显微镜下计数。

（1）镜检计数室　在加样前，先对计数板的计数室进行镜检。若有污物，则需清洗，吹干后才能进行计数。

（2）加样品　将清洁干燥的血细胞计数板的计数室上加盖专用的盖玻片，用吸管吸取稀释后的酵母菌悬液，滴于盖玻片边缘，让培养液自行缓缓渗入，一次性充满计数室，防止产生气泡，充入细胞悬液的量以不超过计数室台面与盖玻片之间的矩形边缘为宜。多余培养液可用滤纸吸去。

（3）计数　稍待片刻（约 5min），待细胞全部沉降到计数室底部后，将计数板放在载物台的中央，先在低倍镜下找到计数室所在位置后，再转换为高倍镜观察，计数并记录。

3. 细胞超声波破碎

① 将 80mL 酵母细胞悬浮液放入 100mL 容器中，液体浸没超声发射针 1cm。

② 打开开关，将频率设置至中档，超声破碎 1min，间歇 1min，破碎 20 次。

③ 取 1mL 破碎后的细胞悬浮液经适当稀释后，滴一滴在血细胞计数板上，盖上盖玻片，用电子显微镜进行观察，计数并记录。

温馨提示：为了减少发热对酶产生的不利影响，可以将样品置于冰浴中，并采用间歇操作，如破碎 30～60s，间歇 1min，如此反复进行。

4. 计算细胞破碎率

利用公式：$$Y(\%) = [(N_0 - N)/N] \times 100\%$$

其中 N_0 为原始酵母细胞数量，N 为经 t 时间操作后保留下来的未损害的完整的酵母细胞数量。

5. 检测上清液蛋白质含量

破碎后的细胞悬浮液，于 4℃、12000r/min 离心 30min，去除细胞碎片，用 Lowry 法检测上清液蛋白质含量。

五、实训报告

1. 用显微镜观察细胞破碎前后的形态变化。

2. 用两种方法对细胞破碎率进行评价：一种是直接计数法，对破碎后的样品进行适当稀释后，通过在血细胞计数板上用显微镜观察来实现细胞的计数，从而计算出破碎率。另一种是间接计数法，将破碎后的细胞悬浮液离心分离掉固体（完整细胞和碎片），然后用 Lowry 法测量上清液中的蛋白质含量，也可以评估细胞的破碎程度。

技能实训 5-2　枯草芽孢杆菌碱性磷酸酶的制备

一、实训目标

1. 掌握盐析法提取碱性磷酸酶的原理及操作步骤。

2. 掌握透析法脱盐的原理。

3. 掌握酶活测定的原理和方法。

二、实训原理

1. 渗透压冲击法破壁

碱性磷酸酶前体一般存在于外周胞质中,在跨膜分泌的过程中加工为成熟的碱性磷酸酶,故成熟的碱性磷酸酶为存在于质膜上的一种膜结合蛋白。因此本实验采用渗透压冲击法抽提碱性磷酸酶,在高渗的环境中(一定浓度的 Mg^{2+} 溶液)使目的物慢慢分泌出来。碱性磷酸酶是二聚体,单体分子质量约为 47kDa;在偏酸性环境中易失活,较耐热,镁离子可增加其热稳定性;因锌离子是保持酶活的重要离子,故提取过程中要防止金属螯合剂。

在 Tris 培养基中(缺磷营养胁迫下),枯草芽孢杆菌的碱性磷酸酶合成量增加,其活性也会有所增强;枯草芽孢杆菌发酵生产碱性磷酸酶的最佳条件是 pH7.4,40℃培养 10h。

2. 分级盐析法

高浓度的中性盐溶液中存在大量的盐离子,它们能够中和蛋白质表面的电荷,使其赖以稳定的双电层受损,从而破坏了其外围的水化层;此外,大量盐离子自身的水合作用降低了自由水的浓度,从另一方面摧毁了水化层,使蛋白质相互聚集而沉淀。

由于各种蛋白质分子的颗粒大小、亲水程度不同,故盐析所需的盐浓度也不一样,因此调节混合蛋白质溶液中的中性盐的浓度可使各种蛋白质分段产生沉淀。

3. 透析法

系在常压下,依靠小分子物质的扩散运动将两类分子量差别较大的物质分离开来。透析袋:再生纤维素,具有亲水性、化学上的惰性和良好的物理性能,可再生,膜上的孔径在一定的范围内。

4. 测定酶活

在碱性条件下,碱性磷酸酶能够水解磷酸单酯键,本实验以对硝基酚磷酸二钠(NPP)为底物,以水解磷酸单酯键生成的对硝基酚量测定酶活力,对硝基酚的最大吸收波长为420nm。Mg^{2+}、Zn^{2+} 是该酶的激活剂,而无机磷是该酶的抑制剂。

酶活力单位的定义为:一定条件下,在 420nm 处,吸光度每变化 0.001 定义为酶的一个活力单位。

三、操作准备

1. 材料与仪器

枯草芽孢杆菌,培养箱,离心机,水浴锅,透析袋(14000Da)。

2. 试剂及配制

(1) Tris 培养基　0.4%葡萄糖,0.1%酪蛋白水解物,0.5%NaCl,1%$(NH_4)_2SO_4$,0.1%KCl,0.1mmol/L $CaCl_2$,1mmol/L $MgCl_2$,20μmol/L Na_2HPO_4,溶解于 0.1mmol/L 的 0.1mol/L Tris-HCl 缓冲液(pH7.4)中。

(2) 1mol/L $MgCl_2$ 溶液。

(3) 硫酸铵固体粉末。

(4) 1mol/L Tris-HCl 缓冲液(pH9.5)　称取 121.1g Tris 碱溶于 800mL 水中,加入浓 HCl 调节 pH 值至 9.5,加水定容至 1L,分装后高压灭菌。

温馨提示:Tris 溶液可从空气中吸收二氧化碳,使用时注意将瓶盖严。

（5）0.1mol/L Tris-HCl 缓冲液（pH7.4） 称取 12.11g Tris 碱溶于 800mL 水中，加入浓 HCl 调节 pH 值至 7.4，加水定容至 1L，分装后高压灭菌。

（6）40mmol/L 对硝基酚磷酸溶液（NPP 溶液）。

四、实施步骤

1. 细胞培养与收集

将枯草芽孢杆菌在固体斜面培养基上活化，接入 Tris 培养基于 40℃振荡培养 10h 作为种子液。将 5％种量的种子液接入 100mL Tris 培养基中（用 2 个 250mL 三角瓶），于 40℃振荡培养 10h。将培养液以 8000r/min 离心分离 5min，收集菌体，并用 0.1mol/L Tris-HCl 缓冲液（pH7.4）洗涤菌体 2 次。

2. 碱性磷酸酶的提取

（1）渗透压冲击法破壁 倾尽培养基，加入 7mL 0.1mol/L Tris-HCl pH7.4 缓冲液、1mL 1mol/L $MgCl_2$ 溶液，轻轻吹打菌体使其悬浮于上述溶液中，37℃振荡 20min，5000 r/min 离心 15min，上清液即为粗酶液。留取 1mL 粗酶液做酶活测定。

（2）分级盐析 50％饱和度除杂蛋白：向其余粗酶液（约 7mL）中慢慢加入研细的硫酸铵粉末至 50％饱和度（边加边搅拌至硫酸铵溶解），室温下静置 10min，5000 r/min 离心 15min，弃沉淀。

不同饱和度（60％、70％、75％、80％、90％）沉淀目的物：向上清液中继续慢慢加入研细的硫酸铵粉末至相应的饱和度（边加边搅拌至硫酸铵溶解），室温下静置 10min，5000 r/min 离心 15min，保留沉淀。

（3）透析除盐 用 2mL 0.1mol/L Tris-HCl（pH7.4）缓冲液溶解沉淀物，装入透析袋，两端扎紧，置于蒸馏水中透析一周，除去沉淀物中的硫酸铵，即得纯酶液，留待测酶活。

温馨提示：①透析袋要留一定空间，以防膜外溶剂大量渗入袋内将袋胀裂，并因袋的膨胀引起膜孔径的变化。②在盐析过程中，pH 值一般选择在蛋白质的等电点附近，且添加硫酸铵后，要使其充分溶解，至少放置 30min 以上，待蛋白质沉淀完全，然后将沉淀分离。

3. 碱性磷酸酶活力测定

取碱性磷酸酶液 0.5mL 于小试管中，加入 1mol/L Tris-HCl 缓冲液（pH9.5）1mL，混合液于 30℃水浴中预热 5min，然后加入 40mmol/L 对硝基酚磷酸溶液 0.5mL，于 30℃恒温反应 10min，分别测定反应前后 420nm 波长处的吸光度。吸光度每变化 0.001，定义为酶的一个活力单位。即：酶活力（单位）$= \Delta A \times 1000 = (A_1 - A_2) \times 1000$。式中，$A_1$ 为反应后 420nm 波长处的吸光度；A_2 为反应前 420nm 波长处的吸光度。

五、实训报告

计算粗酶液和纯酶液的活力。

技能实训 5-3 胰凝乳蛋白酶的制备

一、实训目标

1. 掌握盐析法分离酶的基本原理和操作。

2. 掌握结晶的基本方法和操作。

3. 学习胰凝乳蛋白酶制备的方法。

二、实训原理

蛋白质分子表面带有一定的电荷，因同种电荷相互排斥，使蛋白质分子彼此分离；同时，蛋白质分子表面分布着各种亲水基团，这些基团与水分子相互作用形成水化膜，增加蛋白质水溶液的稳定性。如果在蛋白质溶液中加入大量中性盐，蛋白质分子表面的电荷被大量中和，水化膜被破坏，于是蛋白质分子相互聚集而沉淀析出，这种现象称为盐析。由于不同的蛋白质分子表面所带的电荷多少不同，分布情况也不一样，因此不同的蛋白质盐析所需的盐浓度也各异。盐析法就是通过控制盐的浓度，使蛋白质混合液中的各个成分分步析出，达到粗分离蛋白质的目的。

三、操作准备

1. 材料与仪器

高速组织捣碎机，解剖刀，镊子，剪刀，烧杯（50mL、100mL），离心机，离心管，漏斗，纱布，棉线，吸管（10mL、5mL、2mL、1mL、0.5mL），玻璃棒，滴管，透析袋，台秤，分析天平，离心机，新鲜猪胰脏。

2. 试剂及配制

（1）0.125mol/L H_2SO_4 溶液，固体 $(NH_4)_2SO_4$，0.1mol/L pH7.4 磷酸盐缓冲液，0.1mol/L NaOH 溶液，1%$BaCl_2$ 溶液。

（2）1%酪蛋白溶液　称取酪蛋白 1.0g，加 pH8.0 0.1mol/L 磷酸盐缓冲液 100mL，在沸水中煮 5min 使之溶解，冰箱中保存。

四、实施步骤

1. 提取

取新鲜猪胰脏，放在盛有冰冷 0.125mol/L H_2SO_4 的容器中，保存在冰箱中待用。去除胰脏表面的脂肪和结缔组织后称重。用组织捣碎机绞碎，然后混悬于 2 倍体积的冰冷 0.125mol/L H_2SO_4 中，放冰箱内过夜。将上述混悬液离心 10min，上层液经 2 层纱布过滤至烧杯中，将沉淀再混悬于等体积冰冷的 0.125mol/L H_2SO_4 中，再离心，将两次上层液合并，即为提取液。

2. 分离

取提取液 10mL，加固体 $(NH_4)_2SO_4$ 1.14g 达 0.2 饱和度，放置 10min，3000r/min 离心 10min。弃去沉淀，保留上清液。在上层液中加入固体 $(NH_4)_2SO_4$ 1.323g 达 0.5 饱和度，放置 10min，3000r/min 离心 10min。弃去上层液，保留沉淀。将沉淀溶解于 3 倍体积的水中，装入透析袋，用 pH7.4 0.1mol/L 磷酸盐缓冲液透析，直至 1%$BaCl_2$ 检查无白色 $BaSO_4$ 沉淀产生，然后 3000r/min 离心 5min。弃去沉淀（变性的酶蛋白），保留上清液。在上清液中加 $(NH_4)_2SO_4$（0.39g/mL）达 0.6 饱和度，放置 10min，3000r/min 离心 10min。弃去上层液，保留沉淀，即为胰凝乳蛋白酶。

3. 结晶

取分离所得胰凝乳蛋白酶溶于 3 倍体积的水中，加 $(NH_4)_2SO_4$（0.144g/mL）至胰凝乳蛋白酶溶液达 0.25 饱和度，用 0.1mol/L NaOH 调节 pH 至 6.0，在室温（25～30℃）下放置 12h，即可出现结晶。

五、实训报告

1. 在显微镜下观察胰凝乳蛋白酶的结晶形状。

2. 计算胰凝乳蛋白酶的得率。

3. 分析影响胰凝乳蛋白酶得率的因素。

技能实训 5-4 大蒜细胞 SOD 的制备及活力测定

一、实训目标

1. 学会 SOD 提取与分离和活力测定的原理。

2. 掌握 SOD 提取与分离和活力测定的方法。

二、实训原理

超氧化物歧化酶（SOD）是一种具有抗氧化、抗衰老、抗辐射和消炎作用的药用酶。它可催化超氧阴离子自由基进行歧化反应，生成氧和过氧化氢。大蒜蒜瓣和悬浮培养的大蒜细胞中含有较丰富的 SOD，通过组织或细胞破碎后，可用 pH7.8 的磷酸缓冲溶液提取出来。由于 SOD 不溶于丙酮，可用丙酮将其沉淀析出。

三、操作准备

1. 材料与仪器

新鲜蒜瓣，研钵，恒温水浴，分析天平，离心机，分光光度计。

2. 试剂及配制

0.05mol/L pH7.8 磷酸缓冲液，氯仿-乙醇混合液（氯仿∶无水乙醇＝3∶5），0.05mol/L pH10.2 碳酸盐缓冲溶液，丙酮（用前预冷至−10℃），0.1mol/L EDTA 溶液，2mmol/L 肾上腺素液。

四、实施步骤

1. SOD 的提取

称取 5g 大蒜蒜瓣，加入石英砂研磨破碎细胞后，加入 pH7.8 0.05mol/L 的磷酸缓冲液 15mL，继续研磨 20min，使 SOD 充分溶解到缓冲溶液中，然后 6000r/min 冷冻离心 15min，弃沉淀，取上清液。

2. 去除杂蛋白

上清液中加入 0.25 倍体积的氯仿-乙醇混合液搅拌 15min，6000r/min 离心 15min，弃去沉淀，得到的上清液即为粗酶液。

温馨提示：用有机溶剂除杂蛋白时，有机溶剂用前应冷却至 4～10℃，并边加边搅拌，以防 SOD 失活。

3. SOD 的沉淀分离

粗酶液中加入等体积的冷丙酮，搅拌 15min，6000r/min 离心 15min，得到 SOD 沉淀。将 SOD 沉淀溶于 pH7.8 0.05mol/L 的磷酸缓冲液中，于 55～60℃热处理 15min，离心弃沉淀，得到 SOD 酶液。

将上述提取液、粗酶液和酶液分别取样，测定各自的 SOD 活力。

4. SOD 活力测定

取 3 支试管，各自加入碳酸盐缓冲液 5mL、EDTA 溶液 0.5mL，再按表操作。

试剂/mL	空白管	对照管	样品管
蒸馏水	1.0	0.5	—
样品液	—	—	0.5
		混合均匀	
肾上腺素液		0.5	0.5

在加入肾上腺素前，充分摇匀并在 30℃水浴中预热 5min 至恒温。加入肾上腺素，继续保温反应 2min，然后立即测定各管在 480nm 处的吸光度。对照管与样品管的吸光度值分别为 A 和 B。

在上述条件下，SOD 抑制肾上腺素自氧化的 50% 所需的酶量定义为一个酶活力单位。酶活力（单位）$=2 \times (A-B) \times N/A$。式中，$A$ 为 480nm 对照管的吸光度值；B 为 480nm 样品管的吸光度值；N 为样品稀释倍数。

五、实训报告

计算出每 500g 大蒜蒜瓣所制备出的 SOD 酶的质量。

技能实训 5-5　鸡蛋溶菌酶的制备及活力测定

一、实训目标

1. 掌握从蛋清制备溶菌酶的原理和方法（等电点沉淀和盐析法）。
2. 掌握用菌悬液测定溶菌酶活力的原理和方法。

二、实训原理

溶菌酶能催化革兰阳性细菌细胞壁黏多糖水解，因此可以溶解以黏多糖为主要成分的细菌细胞壁。溶菌酶对革兰阳性菌作用后，细胞壁溶解，细菌解体，菌悬液透明度增加。透明度增加的程度与溶菌酶的活力成正比。因此，利用测定菌悬液在该酶作用后透光度的增加来测定溶菌酶的活力。

三、操作准备

1. 材料与仪器

新鲜鸡蛋清，试管及试管架，恒温水浴，显微镜，离心机，恒温箱，三角瓶，振荡器等。

2. 试剂及配制

（1）试剂　氯化钠，1mol/L 氢氧化钠溶液，1mol/L 盐酸溶液，五氧化二磷，丙酮，0.1mol/L pH6.2 磷酸缓冲液，乙二胺四乙酸二钠，菌体培养基。

（2）溶菌酶晶体　5% 无形溶菌酶溶液 10mL，加氯化钠 0.5g，用氢氧化钠调节 pH 至 9.5～10.0，溶液放置于 4℃冰箱，溶菌酶即结晶出来。

四、实施步骤

1. 溶菌酶的制备

① 取新鲜或冷冻蛋清（冷冻蛋让其自然融化），用试纸测 pH 应为 8.0 左右，过铜筛，

除去蛋清中的脐带、蛋壳碎片及其他杂质。测量其体积，记录。

② 按 100mL 蛋清加 5g 氯化钠的比例，向蛋清内慢慢加入氯化钠细粉。

温馨提示：边加边搅拌，使氯化钠及时溶解，避免氯化钠沉于容器底部，否则使局部盐浓度过高而产生大量白色沉淀。

③ 再加入少量溶菌酶结晶作为晶种，置于 4℃ 冰箱中，1 周后观察，待见到结晶后，取结晶一滴于载玻片上，用 100 倍显微镜观察，记录晶形。

④ 结晶于布氏漏斗上过滤收集，再用五氧化二磷真空干燥，或在布氏漏斗上用丙酮洗涤脱水，最后用五氧化二磷真空干燥，并放一盘石蜡吸收丙酮。

2. 溶菌酶活力测定

(1) 底物的制备　将溶壁微球菌种先接种于灭菌的固体培养基中活化扩培，再接种于蒸汽灭菌的液体培养基或营养肉汤培养基中，37℃ 摇床培养至菌体增殖到最大密度（培养 10h 左右），以培养液的透光度最小为标准，马上将培养液离心，收集沉淀的菌体。上述菌体用少量水悬浮，冷冻干燥，或将菌体涂于玻璃板上，成一薄层，冷风吹干。

(2) 底物的配制　称取干菌粉 5mg，加入少量 pH6.2 0.1mol/L 磷酸缓冲液，在匀浆器中研磨 2min，倾出，稀释至 20～25mL，此时菌悬液在 650nm 波长处的透光度读数应在 20%～30% 范围内。

(3) 酶液的配制　酶的储存液：准确称取 5mg 溶菌酶结晶样品，加入 pH6.2 0.1mol/L 磷酸缓冲液，使每毫升缓冲液含有溶菌酶样品 1mg。

酶的应用液：临用前再将酶的储存液稀释 20 倍，使达到 $50\mu g/mL$。

(4) 测定酶的溶解能力　先将底物及酶的应用液分别置于 25℃ 恒温水浴中约 10～15min，再将菌悬液摇匀，吸取 4mL 放于比色杯中，于 650nm 波长处读出透光度，此即为零时读数，然后吸取 0.2mL 酶的应用液加到比色杯中，迅速混合，同时用秒表计时，每隔 30s 读一次透光度，到 120s 时共记下 5 个透光度读数，以纵坐标为透光度、横坐标为时间作图。最初一段时间（30s 左右）因稀释会有假象，数据不很可靠，因此计算时应取直线部分。

(5) 测定酶样品的蛋白质含量　用 Folin-酚法测定酶样品的蛋白质含量，标准蛋白质可用凯氏定氮法测其含量。

五、实训报告

酶活力可用以下两种方法表示。

(1) 酶活力单位　活力单位的定义是：在 25℃，pH6.2，波长为 650nm 时，每分钟引起菌悬液透光度上升 0.02% 的酶量为 1 个活力单位。每毫克的酶活力单位数依下式计算：

酶活力(U/mg 酶)＝直线部分透光度增加值(%)/(酶样品的质量×测定时间×0.02%)

式中，酶样品的质量用 μg、测定时间用 min 表示。

另一种表示方法，酶活力单位数表示为 A，t_{40} 为透光度增加 40% 所需的时间（min），即 $A=10^6/t_{40}$

(2) 酶的比活力　溶菌酶的比活力＝A/P，其中 P 为蛋白质单位数，当样品与浓度为 0.167mg 氮/mL 的蛋白质溶液给出的颜色强度相同时，样品所含的蛋白质的量为 1 个蛋白质单位。

本 章 小 结

酶分离纯化整个工作包括三个基本环节：抽提、纯化和制剂。酶分离纯化时应遵循的一般原则为：防止酶变性失效；选择有效的纯化方法；酶活性测定贯穿于纯化过程的始终；选择好提取液的体积。发酵液的预处理常规的处理方法有降低液体黏度、凝聚和絮凝，降低液体黏度常用的方法有加水稀释法和加热法。固液分离的方法有过滤、沉降、离心分离。离心分离分为三类：离心沉降、离心过滤、超离心。提取细胞内酶需要对细胞进行破碎，细胞破碎的方法有机械法、物理法、化学法和生物法。酶提取的主要方法有水溶液和有机溶剂法。浓缩是低浓度溶液通过除去溶剂（包括水）变为高浓度溶液的过程，常在提取后和结晶前进行。主要有薄膜蒸发器和真空蒸发器的蒸发浓缩、超滤膜浓缩和渗透蒸发。

实践练习

1. 根据酶提取时所采用的溶剂或溶液的不同，酶的提取方法主要有（　　）等。

A. 盐溶液提取　　　B. 酸溶液提取　　　C. 碱溶液提取　　　D. 有机溶剂提取

2. 在酶提取过程中，为了提高酶的稳定性，防止酶变性失活，可以加入适量的（　　）等保护剂。

A. 酶作用底物　　　B. 辅酶　　　　　　C. 抗氧化剂

3. 发酵液的预处理的常用方法有（　　）。

A. 降低液体黏度　　B. 凝聚和絮凝　　　C. 调节悬浮液的pH

4. 常用的超滤膜有（　　）。

A. 醋酸纤维素　　　B. 聚砜类超滤膜　　C. 聚丙烯腈膜　　　D. 聚酰胺类超滤膜

5. 除去发酵液中杂蛋白质的常用方法有哪些？

（陈红霞）

第六章

酶的纯化和精制

学习目标

【学习目的】

学习酶纯化和精制的基本理论和方法，能对常见酶进行纯化和精制。

【知识要求】

1. 了解盐析、有机溶剂、离子交换色谱、凝胶过滤、亲和色谱以及凝胶电泳法进行酶纯化的基本原理、特点与用途。

2. 掌握酶的干燥方法及方法选择。

3. 了解酶的稳定性影响因素及保存注意事项。

【能力要求】

1. 能选择合适的方法进行酶的纯化和精制。

2. 能熟练掌握盐析、有机溶剂、离子交换色谱、凝胶过滤、亲和色谱以及凝胶电泳法的基本操作。

3. 能选择合适的方法进行酶的干燥操作。

4. 能进行酶的分离纯化，制备常见酶制剂 1～3 种。

酶的纯化和精制的目的是酶与杂质进行分离，使之达到较高纯度，方便保存或者使用。酶的种类繁多，性质各不相同，纯化和精制方法也不尽相同。即便是同一种酶，因来源和使用目的不同，其纯化、精制方法和步骤也不一样。例如，工业用酶一般用量大，无需高度纯化，只需简单提取分离即可；食品行业用酶，使用领域广、用量大，质量要求高，需适当纯化，确保食品安全卫生；生化研究用酶，要求纯度特别高，则需采取特殊精制手段，如色谱、电泳等技术来达到酶的高度纯化。

第一节 盐 析 法

酶的分离纯化过程常用到沉淀分离。沉淀分离是通过改变溶液的某些条件，使溶液中某种溶质的溶解度降低，形成沉淀，从而达到与其他溶质分离的操作。沉淀分离的方法有多种，如盐析、等电点、有机溶剂、复合沉淀、选择性变性沉淀等，其中盐析法是酶分离纯化中应用最早且至今仍广泛使用的方法。

一、基本原理

绝大部分酶是具有特殊功能的蛋白质，具有蛋白质的特点，因此酶在水溶液中的溶解度也像蛋白质一样受到溶液中盐浓度的影响，在低盐浓度时酶的溶解度随盐浓度升高而增加，这种现象称为盐溶；而当盐浓度升高到一定浓度后，酶的溶解度又随着盐浓度升高而降低，使酶沉淀析出，这种现象称为盐析。在某一浓度的盐溶液中，不同酶的溶解度也不相同，故可达到彼此分离的目的。

盐之所以会改变酶的溶解度，是由于盐在溶液中离解为正离子和负离子。由于反离子作用改变了酶分子表面的电荷，同时由于离子的存在改变了溶液中水的活度，使分子表面的水化膜改变，因而发生盐析。盐析原理见图 6-1。

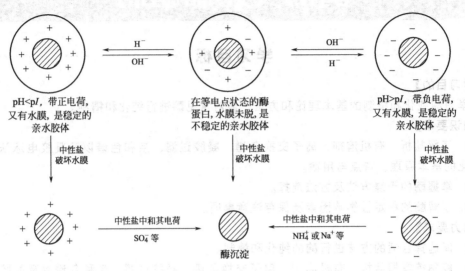

图 6-1　酶盐析原理

二、盐析剂的选择

盐析剂是指盐析常采用的中性盐，如 $MgSO_4$、$(NH_4)_2SO_4$、Na_2SO_4、NaH_2PO_4 等。盐析剂盐析酶的能力随酶的种类不同而异，酶分子不对称性越大，越易沉淀。不同种类的盐，盐析效果也不一样，一般阴离子影响盐析的效果比阳离子显著，而且高价阴离子盐比低价效果好。实际应用中以硫酸铵最为常用，因为硫酸铵在水中的溶解度大、溶解的温度系数小、价廉易得、性质温和、对酶稳定，经硫酸铵盐析一次可以除去 75% 的杂质。但是使用硫酸铵也存在一些缺点，硫酸铵溶解时存在相当大的非线性体积变化（例如在 1L 水溶解硫酸铵至饱和时，体积达到 1.425L），硫酸铵遇碱放出的氨气会腐蚀离心设备，NH_4^+ 会干扰酶蛋白的测定，硫酸铵残留影响食品口感等。

工业上也有选用硫酸钠作为盐析剂，但其溶解度曲线特殊（32.4℃以下温度系数大，而 32.4℃以上溶解度下降），因此权衡利弊，工业上多选用硫酸铵作盐析剂。表 6-1 为几种常用盐析剂在水中的溶解度。

表 6-1　几种常用盐析剂在水中的溶解度　　　　　　　　　　单位：g/100mL

盐析剂	温度/℃					
	0	20	40	60	80	100
$(NH_4)_2SO_4$	70.6	75.4	81.0	88.0	95.3	103
$MgSO_4$		34.5	44.4	54.6	63.6	70.8
Na_2SO_4	4.9	18.9	48.3	45.3	43.3	42.2
NaH_2PO_4	1.6	7.8	54.1	82.6	93.8	101

三、硫酸铵饱和度

　　盐析时，溶液中硫酸铵的浓度常用饱和度表示。饱和度是指溶液中饱和硫酸铵的体积与溶液总体积之比。例如 70mL 酶液加入 30mL 饱和硫酸铵溶液，则混合液中硫酸铵的浓度为 $30/(70+30)=0.3$ 饱和度。由此可知不含硫酸铵的溶液饱和度为零，饱和硫酸铵溶液的浓度为 1 饱和度，饱和溶液与水等体积混合后其饱和度为 0.5。饱和硫酸铵溶液的配制方法如下：在水中加入过量的固体硫酸铵，加热至 $50\sim60℃$，保温数分钟，趁热滤去过量未溶的硫酸铵沉淀，滤液在 0℃ 或 25℃ 平衡 1～2 天，当固体析出时，此溶液即达 100% 饱和度。

　　实际操作中，可以直接从硫酸铵溶液饱和度计算表查所需数据（见表 6-2 和表 6-3）。例如已知 0℃ 硫酸铵溶液初浓度为 20% 饱和度，体积为 500mL，欲调节到终浓度为 60% 饱和度，需要加固体硫酸铵的质量为 $24.1\times5=120.5$g。

表 6-2　0℃时硫酸铵溶液饱和度计算表

		在 0℃ 硫酸铵终浓度/%饱和度															
		20	25	30	35	40	45	50	55	60	65	70	75	80	85	90	95	100
		每 100mL 溶液加固体硫酸铵的克数															
	0	10.6	13.4	16.4	19.4	22.6	25.8	29.1	32.6	36.1	39.8	43.6	47.6	51.6	55.9	60.3	65.0	69.7
	5	7.9	10.8	13.7	16.6	19.7	22.9	26.2	29.6	33.1	36.8	40.5	44.4	48.4	52.6	57.0	61.5	66.2
	10	5.3	8.1	10.9	13.9	16.9	20.0	23.3	26.6	30.1	33.7	37.4	41.2	45.2	49.3	53.6	58.1	62.7
	15	2.6	5.4	8.2	11.1	14.1	17.2	20.4	23.7	27.1	30.6	34.3	38.1	42.0	46.0	50.3	54.7	59.2
	20	0	2.7	5.5	8.3	11.3	14.3	17.5	20.7	24.1	27.6	31.2	34.9	38.7	42.7	46.9	51.2	55.7
	25		0	2.7	5.6	8.4	11.5	14.6	17.9	21.1	24.5	28.0	31.7	35.5	39.5	43.6	47.8	52.2
	30			0	2.8	5.6	8.6	11.7	14.8	18.1	21.4	24.9	28.5	32.3	36.2	40.2	44.5	48.8
	35				0	2.8	5.7	8.7	11.8	15.1	18.4	21.8	25.4	29.1	32.9	36.9	41.0	45.3
	40					0	2.9	5.8	8.9	12.0	15.3	18.7	22.2	25.8	29.6	33.5	37.6	41.8
硫酸铵初浓度/%饱和度	45						0	2.9	5.9	9.0	12.3	15.6	19.0	22.6	26.3	30.2	34.2	38.3
	50							0	3.0	6.0	9.2	12.5	15.9	19.4	23.0	26.8	30.8	34.8
	55								0	3.0	6.1	9.3	12.7	16.1	19.7	23.5	27.3	31.3
	60									0	3.1	6.2	9.5	12.9	16.4	20.1	23.1	27.9
	65										0	3.1	6.3	9.7	13.2	16.8	20.5	24.4
	70											0	3.2	6.5	9.9	13.4	17.1	20.9
	75												0	3/2	6.6	10.1	13.7	17.4
	80													0	3.3	6.7	10.3	13.9
	85														0	3.4	6.8	10.5
	90															0	3.4	7.0
	95																0	3.5
	100																	0

表 6-3　25℃时硫酸铵溶液饱和度计算表

硫酸铵初浓度/%饱和度	在25℃硫酸铵终浓度/%饱和度																
	10	20	25	30	33	35	40	45	50	55	60	65	70	75	80	90	100
	每1000mL溶液加固体硫酸铵的克数																
0	56	114	144	176	196	209	243	277	313	351	390	430	472	516	561	662	767
10		57	86	118	137	150	183	216	251	288	326	365	406	449	494	592	694
20			29	59	78	91	123	155	189	225	262	300	340	382	424	520	619
25				30	49	61	93	125	158	193	230	267	307	348	390	485	583
30					19	30	62	94	127	162	198	235	273	314	356	449	546
33						12	43	74	107	142	177	214	252	292	333	426	522
35							31	63	94	129	164	200	238	278	319	411	506
40								31	63	97	132	168	205	245	285	375	469
45									32	65	99	134	171	210	250	339	431
50										33	66	101	137	176	214	302	392
55											33	67	103	141	179	264	353
60												34	69	105	143	227	314
65													34	70	107	190	275
70														35	72	153	237
75															36	115	198
80																77	157
90																	79

四、盐析的影响因素

1. 温度

一般盐析操作可在室温下进行，但对温度敏感的酶需要在低温（4℃）下操作。

2. 酶浓度

在相同盐析条件下，酶浓度越大越易沉淀，当浓度过高时，也会使其他杂质共沉淀而影响分离效果，因此必须根据实验条件确定适当的酶溶液浓度。

3. pH

pH 在目的酶的等电点时，酶的溶解度最小，因此盐析时粗酶溶液的 pH 值应尽可能调节到目的酶的等电点附近。

五、脱盐

盐析得到的酶含有大量盐分，一般需脱盐处理。脱盐是指酶与小分子的盐分离的操作。常用的脱盐方法有透析和凝胶过滤两种，下面主要介绍透析。

透析的原理是透析膜在溶剂中溶胀形成极细的筛孔，只有低分子量的溶质和溶剂能自由通过这些筛孔，相对分子质量在 15000 以上的大分子物质则不能通过，从而达到脱盐的目的，透析原理见图 6-2。

1. 透析材料

透析材料必须是化学惰性物质，而且没有固定的电荷基团，只有这样才不会使溶质

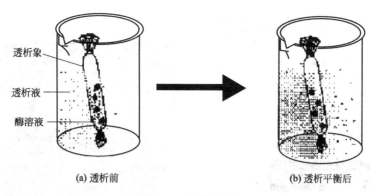

图 6-2 透析原理图

吸附在膜上。透析材料一般是天然或合成的高聚物的薄膜，如动物膜、火棉胶膜、玻璃纸和聚乙烯等。目前使用最普遍的是玻璃纸透析袋，这种透析袋在市场上有不同规格的产品出售。

2. 透析操作

新买的玻璃纸透析袋应放于密闭容器中在低温下储存备用。由于这种透析袋含有的甘油、微量硫化合物和金属离子等对酶有较大的影响，所以在使用前必须将透析袋进行处理。透析袋的处理方法一般有 4 种：①将透析袋在蒸馏水中煮 3 次，每次煮沸 10min 即可除去部分有害物质；②将透析袋放到 50％乙醇中煮沸 1h 后，置 50％乙醇中室温浸 1h，然后在 10mmol/L NaHCO$_3$ 中浸 2 次，1mmol/L EDTA 中浸 1 次，再浸入蒸馏水 2 次；③将透析袋浸在蒸馏水中，在 0.01mol/L 醋酸或稀的 EDTA 溶液中处理即可；④将透析袋在 75％以上的乙醇中浸泡数小时或过夜，然后用蒸馏水充分冲洗即可。处理好的透析袋放置于蒸馏水中 4℃储藏。如要存放时间长，则应加入防腐剂（如叠氮化钠）或者在 50％的甘油中保存。

透析袋处理好后就可以进行样品的透析，在样品装入透析袋前，应将透析袋一端用纯棉线或橡皮圈扎住，或者采用透析袋夹夹住密封，然后装上水试漏，如不漏则倒去水装入透析样品，密封开口端。将其挂在支持物上，支持物横放于装有大量水的容器上，进行透析脱盐。装置见图 6-3 所示。

3. 透析效果检验

透析效果可以用化学方法或电导率仪法进行检测。可用 AgNO$_3$ 检查溶剂中是否含有 NaCl，如果 NaCl 的浓度较低或者有些盐类没有可以用来检验的试剂，可采用电导率仪（见图 6-4）测定，即用透析过的水和蒸馏水同时在电导率仪上测定比较，如电导率相同，则说明透析结束。

4. 透析操作应注意的问题

① 透析过程中透析袋内液体体积增加，会造成透析袋孔径变大或引起袋子破裂。因此，在透析袋内样品表面应留有足够的空间，并排除空气，保证样品在袋内能适当流动。

② 透析应在低温下进行，这样既可防止酶变性，又可防止微生物生长。

③ 透析过程中如发现透析袋不是因为胀袋而破裂，则说明样品中可能混有能分解透析袋的酶，此时应更换其他种类的透析袋。

④ 透析过程中应经常更换溶剂，并不断搅拌溶剂。

⑤ 透析时间不能过长，以免样品漏掉，一般 24h 以后即可检查透析效果。

图 6-3　透析装置图

图 6-4　电导率测定仪

第二节　有机溶剂法

利用酶在有机溶剂中的溶解度不同而使之分离的方法，称为有机溶剂沉淀法。

一、基本原理

酶类物质最终能够沉淀析出，主要是由于有机溶剂的存在会使溶液的介电常数降低。例如：20℃时水的介电常数为 80，而 82％乙醇水溶液的介电常数为 40。溶液的介电常数降低，就使溶质分子间的引力增大，互相吸引凝集，从而使其溶解度降低。对于具有水膜的分子来说，有机溶剂与溶液中的水相互作用，使分子周围的水膜破坏，也会使溶质溶解度降低而沉淀析出。此外，有机溶剂可能破坏酶蛋白的氢键等副键，使其空间结构发生某些改变，使原来在分子内部的疏水基团暴露于分子表面，形成疏水层，而使酶或酶蛋白等沉淀析出，并可能引起酶或蛋白质的变性，原理见图 6-5 所示。

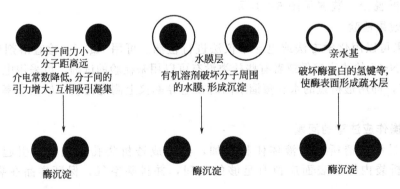

图 6-5　有机溶剂法的沉淀原理

二、有机溶剂的选择

常用于酶沉淀的有机溶剂有乙醇、丙酮、异丙醇、甲醇等。有机溶剂沉淀酶的能力随酶的种类及有机溶剂的种类不同而异，例如对曲霉淀粉酶而言，有机溶剂的沉淀能力顺序为丙酮＞异丙醇＞乙醇＞甲醇，使用时还受温度、pH、离子强度的影响，因此，此顺序不是一成不变的。

三、有机溶剂的添加量

有机溶剂的加入量往往是通过试验做一沉淀曲线来确定。最好不要超过沉淀目的酶所需要的量，过量的有机溶剂会使更多的色素、糊精及其他杂质沉淀。有机溶剂的添加量受很多因素的影响。一个大概的参考范围如下：对过滤澄清的枯草杆菌淀粉酶或蛋白酶发酵液，每体积添加 0.2～0.8 体积的有机溶剂，分部沉淀物中含大量酸性淀粉酶；添加 0.8～1.1 体积的有机溶剂，分部沉淀物中含大量中性蛋白酶；添加 1.1～1.4 体积的有机溶剂，分部沉淀物中含大量碱性蛋白酶。

四、影响有机溶剂沉淀的因素

1. 离子的影响

在众多的影响因素之中，溶解盐的影响最大。少量中性盐的存在（0.1～0.2mol/L 以上）能产生盐溶作用，增加酶在有机溶剂-水溶液中的溶解度，这就使沉淀酶所需的有机溶剂量增大。因而用盐析法制得的粗酶，再用有机溶剂法进一步精制时，复溶后必须经过脱盐处理，否则就会增高酶沉淀所需有机溶剂的浓度。另外多价阳离子如 Ca^{2+}、Zn^{2+} 等会与酶结合形成复合物，使酶在水或有机溶剂中溶解度降低，因而可以使酶沉淀的有机溶剂浓度降低，这对于分离那些在有机溶剂-水溶液中有明显溶解度的酶来说，是一种较好的方法。

2. 温度的影响

一般来说，温度越低越有利于酶的沉淀。在分离酶沉淀的过程中，温度升高，则已沉淀的酶混合物中溶解度较高的部分会复溶解。相反降低温度，其中原来没有沉淀而溶解度较低的酶就会形成沉淀。因此，在沉淀过滤或离心分离过程中，保持温度相对恒定非常重要。

能 力 拓 展

有机溶剂不仅是酶的沉淀剂，也是酶的变性剂，应防止在沉淀过程中局部区域的有机溶剂浓度过大、温度过高，破坏了酶的空间结构，造成酶的变性失活。在添加有机溶剂时，整个系统要冷却，保持0℃左右，同时要搅拌，防止有机溶剂局部区域浓度过大和有机溶剂与水混合时放出大量的热造成混合液的局部过热，引起酶的失活。但常用的大多数酶如淀粉酶、蛋白酶可在 10～15℃ 操作，而多种脱氢酶类则应把有机溶剂冷却到更低的温度。

---

3. pH 的影响

酶作为具有特殊功能的蛋白质，也存在等电点。pH 在等电点时最容易沉淀析出，但很多酶的等电点在 pH4.0～5.0，比酶稳定的 pH 范围要低，因此必须在保证目的酶稳定的前提下，使 pH 尽可能地靠近其等电点，以减少有机溶剂的用量。

总之，沉淀时酶液的温度和 pH 不但对目的酶的收率具有决定性的影响，而且对酶的组成（各共存酶的比率）及单位质量沉淀物中目标酶的活力都有重要关系。

五、盐析和有机溶剂沉淀的比较

有机溶剂沉淀法有可能使酶变性失活，而盐析法则比较安全；有机溶剂沉淀法还会使发酵液中的多糖类杂质沉淀，沉淀物中的有机杂质多；有机溶剂沉淀法所析出的酶容易沉淀，比盐析法析出的沉淀易于离心分离或过滤；有机溶剂沉淀法不含无机盐，适用于食品工业制剂的制备；虽然有机溶剂容易除去或回收，但是有机溶剂易燃、易爆，安全方面比盐析要求高得多。

第三节 离子交换色谱法

利用离子交换树脂与溶液中的离子发生交换反应，再把交换在树脂上的离子用适当的洗脱剂依次洗脱，使之相互分开的分离方法称为离子交换色谱分离法，简称离子交换法。离子交换法是应用最广和最重要的分离方法之一，它可用于所有无机离子的分离，同时也能用于许多结构复杂、性质相近的有机化合物的分析分离。20 世纪 50 年代，离子交换色谱进入生物化学领域，应用于氨基酸的分析。目前离子交换色谱仍然是生物分离领域中常用的一种色谱方法，广泛用于酶等生化物质的分离纯化，工业上离子交换色谱法装置见图 6-6。

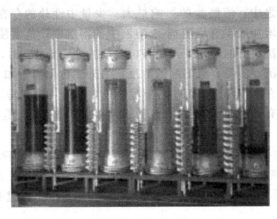

图 6-6　工业离子交换色谱法装置

知识链接

离子交换树脂奠基人——何炳林

我国著名的化学家、教育家、中国科学院院士何炳林，被誉为"中国离子交换树脂之父"，是"两弹一星"重要功臣。1950 年，朝鲜战争爆发，美国方面不准何炳林夫妇回国。1954 年，周总理率团参加日内瓦会议时借机向国际呼吁，抗议美国阻挠他们回国。1955 年春，美国政府终于同意何炳林回国。1958 年，他主持建立了南开大学高分子化学教研室，合成了当时世界上已有的全部离子交换树脂品种。他主持建立了我国第一家专门生产离子交换树脂的南开大学化工厂，为我国原子能事业的发展和第一颗原子弹成功爆炸做出了重要贡献。

一、基本原理

离子交换色谱是以离子交换剂为固定相，以含特定离子的溶液为流动相，利用离子交换剂对需要分离的各种离子结合力的差异，将混合物中不同离子进行分离的色谱技术。离子交换剂是一种不溶性的固体物质，基本由两部分组成：一部分是由高分子聚合物形成的不溶性骨架，上面带有一定数量的带电基团；另一部分是靠静电力吸引在骨架上的活性基团。按照活性基团的性质不同，离子交换剂可以分为阳离子交换剂和阴离子交换剂，阳离子交换剂可以和阳离子进行交换，阴离子交换剂则可以和阴离子进行交换。

由于酶具有两性，故既可以用阳离子交换剂也可以用阴离子交换剂来进行酶的分离纯化。当溶液的 pH 大于酶的等电点时，酶分子带负电荷，可用阴离子交换剂进行色谱分离；当 pH 小于等电点时，酶分子带正电荷，可采用阳离子交换剂来进行色谱分离。

二、离子交换剂的组成

离子交换剂的基质由大分子聚合物制成，以聚苯乙烯为基质构成的聚苯乙烯离子交换剂，具有机械强度大、流速快、与水的亲和力小、较强的疏水性、容易引起酶蛋白的变性等特点，故一般常用于分离小分子物质，如无机离子、氨基酸、核苷酸等；以纤维素、球状纤维素、葡聚糖、琼脂糖为基质的离子交换剂都与水有较强的亲和力，适合于分离酶或蛋白质等生物大分子物质。

根据与基质共价结合的电荷基团的性质，可以将离子交换剂分为阳离子交换剂和阴离子交换剂。阳离子交换剂的电荷基团带负电，可以交换阳离子物质；阴离子交换剂的电荷基团带正电，可以交换阴离子物质。

三、离子交换剂的选择

首先确定离子交换剂的种类。这要取决于被分离的物质在其稳定的 pH 下所带的电荷，如果带正电，则选择阳离子交换剂；如带负电，则选择阴离子交换剂。例如待分离的酶等电点为 4，稳定的 pH 范围为 6~9，此时酶带负电，应选择阴离子交换剂进行分离。弱酸型或弱碱型离子交换剂不易使酶失活，因此分离酶等大分子物质时建议选用弱酸型或弱碱型离子交换剂。

其次确定离子交换剂的颗粒大小。离子交换色谱柱的分辨率和流速都与离子交换剂的颗粒大小有关，颗粒小，分辨率高，但平衡离子的平衡时间长，流速慢；颗粒大则相反。因此大颗粒的离子交换剂适合分辨率不高的大规模制备性分离，而小颗粒的离子交换剂适合分辨率高的分析或分离。

四、离子交换色谱的基本操作

1. 离子交换剂的处理

确定离子交换剂的类型后，要对其进行适当处理后方可使用。处理包括：①除去交换剂中的杂质；②交换剂的溶胀，使交换剂的带电基团更多地暴露在溶液中；③除去交换剂中很小的细粒，以免影响流速；④离子交换剂的平衡离子转变成所需要的形式，即改型。

在处理离子交换剂时，首先要在水中充分浸泡（1~2 天），以除去杂质同时使交换剂充分溶胀，对于在溶液中保存的交换剂不需再溶胀。然后，用 4 倍体积的酸、碱反复处理，所用酸和碱的浓度为 0.2~0.5mol/L。通常阳离子交换剂的处理顺序为碱洗→去离子水洗→酸洗→去离子水洗，而阴离子交换剂的处理顺序为：酸洗→去离子水洗→碱洗→去离子水洗。最后进行浮选，用倾去上清液的方法去除过细的颗粒。

2. 离子交换剂的装柱

离子交换剂的装柱质量对酶的分离纯化效果有很大的影响，因此在操作时要小心仔细。常用的装柱方法有重力装柱和加压装柱两种。无论采用哪种装柱方法，都应保持液面在离子交换剂平面以上，防止空气进入，要求填装均匀、无气泡、无裂纹，以免影响分离效果。

能力拓展

1. 重力装柱

处理好的离子交换剂和起始缓冲液,慢慢连续不断地倒入关闭出水口的已装入 1/3 柱高的缓冲溶液的柱中,让其沉降至距柱高约 2~3cm,然后打开柱的出水口,让缓冲液慢慢流出,控制适当的流速和一定的操作压,随着下面水的流出,上面陆续不断地添加糊状离子交换剂,使其形成的胶粒床面上有胶粒连续均匀地沉降,直至装柱物完全沉降至适当的柱床体积为止。

2. 加压装柱

在离子交换柱的顶部连接一个耐压的厚壁梨形瓶,在其中储放交换剂悬浮液。梨形瓶的上口连接加压装置(氮气或压缩空气及调压装置),将柱按 10 等份画线,起始为 3.04×10^4 Pa,沉积床每升高一个刻度,增加 7.09×10^3 Pa,最后达到 1.013×10^5 Pa,立即减压。装柱时,要不时地摇动梨形瓶使悬浮液均匀。

3. 离子交换剂平衡

离子交换柱正式使用前,必须平衡至所需的 pH 和离子强度,一般用起始缓冲溶液在恒定压力下走柱,其洗脱体积相当于 3~5 倍床体积,使交换剂充分平衡,柱床稳定。装好的柱必须均匀,无纹路,不含气泡,柱顶交换剂沉积表面十分平坦。

4. 加样

打开色谱柱的流出口,排出床表面的缓冲液,关闭出口,加样。然后,打开出口,继续加样,待样品全部进入床体后,以起始缓冲液冲洗柱的内壁数次,最后加满缓冲液,连接上缓冲液瓶。

5. 离子交换剂的洗脱和洗脱液的收集

酶液加入后要用足够量的缓冲液流过色谱柱,洗出未被吸附的物质,并使床体得到充分平衡。然后,用适当的洗脱液将吸附在离子交换剂上的离子按亲和力从小到大的顺序逐次洗脱下来,分别收集,以达到分离的目的。

洗脱液必须分成小部分收集。每管收集的体积越小,越容易得到纯的组分。收集时,现多使用自动部分收集器进行。图 6-7 为包括自动部分收集器(计量装置)在内的色谱柱整套装置。

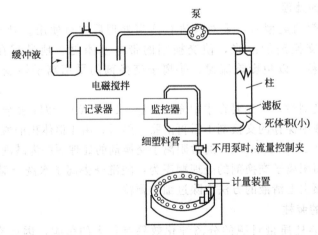

图 6-7 色谱柱整套装置示意图

根据酶分离纯化的目的不同,洗脱时可以采用阶段洗脱或连续梯度洗脱。①阶段洗脱法。阶段洗脱法是指分段逐次改变洗脱液中的 pH 或盐浓度,使吸附在柱上的各组分洗脱下来。常用于分离纯化的混合酶液组成简单，或分子量及性质差别较大，或需要快速分离的情况。②连续梯度洗脱法。连续梯度洗脱法是通过连续改变洗脱液中的 pH 或盐浓度，使吸附柱上的各组分被洗脱下来。该法分辨率高，克服了直接洗脱中的拖尾现象。连续梯度洗脱液，可按预先设计的梯度范围，在自动梯度混合器中配置。常用的梯度混合器由 2 个容器构成（见图 6-8）。

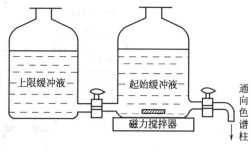

图 6-8 连续梯度洗脱装置

6. 交换剂的再生和储存

为了使用过的离子交换剂能再次使用，就需要对其进行再生处理。再生的方法通常是先用 0.5～2mol/L 高盐溶液洗涤，盐溶液应包含有离子交换剂的相反离子，然后用 0.2mol/L 酸、碱反复洗涤以除去脂类、蛋白质等杂质，最后用水洗至中性，就可再次上柱使用。

若离子交换剂需长时间存放，再生以后，可加入适当的防腐剂。阴离子交换剂常用防腐剂为 0.001% 的醋酸苯汞，阳离子交换剂常用的防腐剂为 0.02% 的叠氮化钠（NaN₃），另外也可以分别在弱酸弱碱溶液中保存。

第四节　凝胶过滤法

凝胶过滤法从 20 世纪 60 年代初期开始应用，至今已成为生化实验室分离的常规方法，并且在酶的分离纯化中得以广泛应用。凝胶过滤在酶的分离纯化中主要用于脱盐与分级分离。由于凝胶色谱上样量小，且上样量的体积越小，分辨率越高，因此，凝胶色谱通常用于产品的最终分离精制。

一、基本原理

凝胶过滤又称凝胶色谱、分子筛色谱或分子排阻色谱，是指混合物随流动相流经装有凝胶作为固定相的色谱柱时，混合物中各物质因分子大小不同而被分离的技术。

当含有分子大小不同的粗酶液加到凝胶柱中时，这些物质随洗脱液的流动而移动，相对分子质量不同的分子流速也不同。相对分子质量大的溶质，不能进入到凝胶颗粒的细孔中，只能沿凝胶颗粒间的孔隙随洗脱液移动，故阻滞作用小，流程短，移动速度快，先流出色谱柱；而相对分子质量小的溶质，能够进入到凝胶颗粒的内部细孔中，故阻滞作用大，流程长，移动速度慢。因此，相对分子质量小的物质比相对分子质量大的物质较晚流出色谱柱，从而使酶液中各组分可以按相对分子质量从大到小的顺序先后流出色谱柱，达到酶的分离纯化的目的，原理见图 6-9。

二、凝胶的种类

凝胶的种类很多，常用的有葡聚糖凝胶、琼脂糖凝胶和聚丙烯酰胺凝胶等。

1. 葡聚糖凝胶

葡聚糖凝胶具有大量的羟基，故有很大的亲水性；在水中就会吸水膨胀，吸水后机械强度大大降低；对碱和酸具有较好的稳定性；在中性条件下，可在 120℃加压保存。因此广泛用于酶和其他物质的分离纯化。

葡聚糖凝胶是以葡聚糖为单体，以 1,2-环氧氯丙烷为交联剂聚合而成的高分子聚合物。

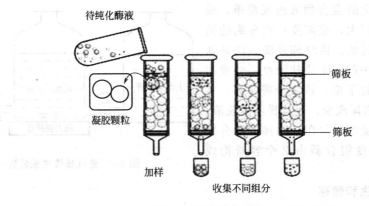

图 6-9　凝胶色谱原理

葡聚糖凝胶的商品名为 Sephadex。

2. 琼脂糖凝胶

琼脂糖凝胶由纯化过的琼脂糖制备而成，其中仅含有较少的带电基因。采用不同浓度的琼脂糖溶液成球后可得到不同孔径的球状凝胶。琼脂糖凝胶的商品名 Sepharose。

3. 聚丙烯酰胺凝胶

该凝胶非特异吸附性很小，结构稳定，120℃消毒 30min 后色谱性能保持不变。但在浓酸或浓碱的作用下，酰胺键会水解成为羧基，使凝胶带上电荷，成为离子交换基团，从而影响凝胶的色谱效果。所以，聚丙烯酰胺凝胶应在 pH 为 2.0～11.0 时使用。聚丙烯酰胺凝胶的商品名为 Biogel。

> ---- **知 识 链 接** --------------------------------
>
> **神奇的凝胶材料**
>
> 加利福尼亚大学圣地亚哥的生物工程师们发明了一种可自我修复的水凝胶，这种水凝胶就像魔术贴，可在数秒内结合，并且能够承受反复的拉伸。其内部的悬侧链就像手指一样从水凝胶的主要结构延伸出来，并且可以抓住另一个延伸出来的链。研究人员表示这种材料有大量的潜在应用价值，如医用缝合线、目标药物传送、工业密封剂和自我愈合的塑料等。

三、凝胶特性的参数

用于表示凝胶特性的参数主要有以下几项。

1. 排阻极限

凝胶过滤介质的排阻极限是指不能扩散到凝胶网格内部去的最小分子量。例如 Sephadex G-50 的排阻极限是 30000，也就是说，相对分子质量大于这一数值的分子不能进入凝胶网格内，并为凝胶所阻滞。

2. 分级范围

分级范围是指当溶液通过凝胶柱时，能够被凝胶粒子阻滞并且分离的溶质分子质量范围。例如 Sephadex G-50，它的分级范围为 1500～300000。

3. 水滞流量

1g 干凝胶所能吸收的水分量就是水滞流量。例如 Sephadex G-50 的水滞流量为 (5.0±0.3) g。市售凝胶型号中的数字就是根据这个水滞流量乘以 10 得来的。

4. 凝胶颗粒的大小

凝胶颗粒一般为球形，其大小可用筛目来表示，也可用粒径（μm）来表示。粒径大的凝胶，操作中流速快，分离效果差；相反颗粒越小分辨率越高，流速就会越慢。因此，通常选用 100～200 目（50～150μm）的颗粒进行色谱分离。

四、凝胶过滤的操作

凝胶过滤的基本操作与离子交换色谱大致相同，主要分为以下几个步骤。

1. 凝胶的选择

一般应根据样品中组分和所要分离物质的要求，选取分离范围与欲分离物质的分子质量相近的凝胶介质。若用于除去酶分子中的盐分和其他小分子物质，经常选用 Sephadex G-25；若用于酶的精细分离，多选用 Sephadex G-100。在柱色谱中，选用直径在 70μm 的干颗粒比较合适。

2. 凝胶的溶胀

将干燥的凝胶加入水或缓冲液中，搅拌、静置，然后倾去上层浑浊液，以除去过细的粒子。如此反复数次，直至上层液澄清为止。最后，放在 5～10 倍干凝胶体积的水或缓冲液中充分溶胀，G-100 以上型号，至少浸泡 3 天，也可以通过加热来缩短浸泡时间充分溶胀凝胶，同时加热还可起到除去颗粒内部气泡和杀菌作用。

3. 凝胶的装柱

装柱是凝胶色谱的重要环节。充分溶胀后的凝胶，应在减压排气后，进行装柱操作。装柱时，最好将搅拌均匀的凝胶，一次性倒入柱中，不能产生分层（断层）现象，不能有气泡或裂纹。将柱管对着光照方向观察，若色谱柱床不均匀，必须重新装柱。也可用蓝色葡聚糖2000 配成 2mg/mL 的溶液过柱检验其均匀性。

柱的长度是决定分离效果的重要因素。一般选用细长的柱进行凝胶过滤。进行脱盐时，柱高 50cm 比较合适；分级分离时，柱高 90～100cm 比较合适。

4. 凝胶柱的加样

加入样品时，样品浓度可大些，但黏度要低，并且在酶的制备性分离纯化中，加入样品的体积为床体积的 10％左右，最多不能超过 30％。若用于酶的分子量等方面的分析测定，加样量一般为 3～5mL。

5. 样品的洗脱

采用的洗脱液应与干凝胶溶胀时以及装柱平衡时所用的液体完全一致，否则，会影响分离效果。不相同时可通过平衡操作来完成，所使用的洗脱液体积一般为凝胶床体积的 120％左右，洗脱流出液应分步收集。

6. 凝胶的再生与保存

凝胶过滤介质不会与被分离物质发生任何作用，因而在过滤分离后，只要稍加平衡就能重复使用，这是凝胶过滤的优点，因此凝胶柱可以反复使用，不必特殊处理，而且连续使用并不影响分离效果。在实际操作时有些杂质会污染凝胶柱的表面，重复使用之前必须做适当的处理，去除这些"污染物"。根据污染情况决定处理时间，污染轻微可以忽略，继续使用。当凝胶介质颜色发生明显变化，甚至凝胶柱表面出现沉淀物，使表面有明显的板结时，就必须进行处理。此时只需将凝胶自柱内倒出，重新填装或使用反冲法，使凝胶松散冲起，然后自然沉降，形成新的柱床，这样流速会有所改善。

经常使用的色谱柱以湿态保存为好，只要在其中加入适合的防腐剂就可以放置几个月甚至一年，并且不需要将介质干燥。特别是琼脂糖介质，不但干燥操作繁杂，而且干燥后不易溶胀，因此一般都以湿态保存。为了防止凝胶过滤色谱的介质染菌，可在20%的乙醇溶液或碱性溶液中保存，尤其用乙醇溶液浸泡已成为目前通用的保存方法。

五、凝胶过滤的特点

凝胶过滤具有分离条件温和，不易引起酶的变性失活；分离操作之后，色谱剂无需再生就可重复利用；工作范围广，分离的分子质量范围可从几百到数百万；设备简单，易于操作；样品回收率高，几乎可达100%等优点，因此凝胶过滤在酶的分离和纯化方面得到越来越广泛的使用。

第五节　亲和色谱法

亲和色谱也称亲和吸附色谱，是利用生物活性物质之间的专一亲和吸附作用而进行的色谱方法，是近年来发展的分离纯化酶的一种特殊色谱技术。

一、基本原理

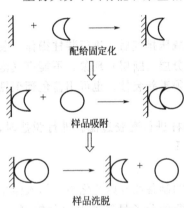

配给固定化

样品吸附

样品洗脱

图 6-10　亲和色谱的原理

生物大分子具有能和某些相对应的专一分子可逆结合的特性，例如，酶蛋白与辅酶、酶活性中心与专一性底物或抑制剂等的结合往往是专一的，而且是可逆的。生物分子间形成专一的可逆性结合的能力称为亲和力。酶的底物、底物类似物及酶的竞争性抑制剂与酶有较高的亲和力，可作为配基固定在不溶性载体构成亲和色谱的吸收剂，可选择性将酶吸附而同杂质分离。

载体与配基之间以共价键或离子键相连，但载体不与溶质反应。亲和色谱的原理见图 6-10 所示，大致可分为三步：①配基固定化。选择合适的配基与不溶性的支撑载体偶联，或共价结合成具有特异亲和性的分离介质。②吸附样品。亲和吸附介质选择性吸附酶或其他活性物质，杂质与色谱介质间没有亲和作用，故不能被吸附而被洗涤去除。③样品洗脱。选择适宜的条件，使被吸附的亲和介质上的酶或其他生物活性物质洗脱。

二、亲和吸附介质

将配基共价偶联在载体的表面，即可制得亲和吸附介质。用于亲和色谱的理想载体常选用大小均一的珠状颗粒，材质为琼脂糖或交联葡聚糖，也使用合成的聚丙烯酰胺凝胶、纤维素衍生物、聚苯乙烯和多孔玻璃珠等。选作配基的分子必须具有适当的化学基团，该基团不参与配基与生物分子的特异结合，但是却可以用来连接配基与载体。

一般凝胶过滤介质均可作为亲和配基的载体来制备亲和吸附介质。由于商品化的吸附介质种类有限，在实际应用中，往往需要利用凝胶过滤介质合成所需的亲和吸附介质。亲和色谱中常用辅酶、竞争性抑制剂等小分子物质作为配基。如果这种小分子配基直接与载体连接，那么载体的空间位阻就会影响配基与其亲和物的结合，产生所谓的无效吸附。因此，常在配基与载体之间加入一个"手臂"，即间隔臂，见图 6-11 所示（带有间隔臂的一系列载体已有商品供应）。

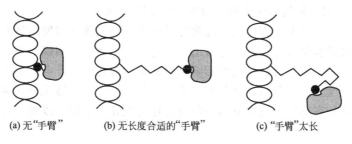

(a) 无"手臂"   (b) 无长度合适的"手臂"   (c) "手臂"太长

图 6-11 间隔臂作用示意图

三、亲和色谱的操作

亲和色谱的操作见图 6-12 所示,一般分进料吸附、杂质清洗、目标产物洗脱和色谱柱再生 4 个步骤。

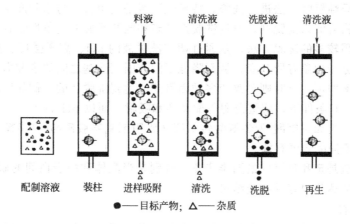

配制溶液   装柱   进样吸附   清洗   洗脱   再生

●——目标产物; △——杂质

图 6-12 亲和色谱操作示意图

1. 样品制备

有些样品在分离纯化时只需一步亲和色谱过程,无需进行样品处理。但如果样品量很大或含有杂蛋白时,最好在亲和色谱之前对样品进行预处理,以除去一些主要污染物,减少上样体积,提高亲和色谱的分辨率和浓缩程度,常用的样品预处理方法有盐析法和离子交换色谱法。对于复杂样品,如发酵粗产物等,应首先进行分级分离粗提,如超声破碎、溶解、均质、抽提、过滤、离心等,才能用于亲和色谱。

2. 装柱和平衡

亲和色谱的柱大小和形状通常没有严格要求。由于亲和凝胶的吸附容量都比较高,因此多使用短粗的柱子,以达到快速分离,一般床体积为 1～10mL。如果目标底物量很大,可根据亲和吸附剂的吸附容量扩大柱尺寸。

亲和色谱的装柱方法与凝胶过滤色谱、离子交换色谱一样。装柱后应使用几倍于床体积不含样品的起始缓冲液进行平衡,起始缓冲液应确保目标分子最适于结合到柱上。

3. 样品吸附

吸附的目的是使亲和吸附剂上的配体与待纯化酶形成紧密结合物。由于生物分子与配体之间是通过次级键相互作用发生结合的,因此预先了解配体-目标生物分子间的相互作用类型将有助于选择合适的起始吸附缓冲液。如果不了解生物分子与配体之间的相互作用类型,可预先用小样进行比较实验,以确定最佳吸附条件。对于标准的低压亲和色谱,流速多为

50cm/h；而高效液相亲和色谱的流速一般为 50～125cm/h。

亲和色谱的上样量并不重要，只要能确保目标分子与配体之间发生特异有效的结合，且不超过亲和柱的吸附容量即可。亲和色谱的分离过程可用紫外检测仪跟踪。

由于生物分子间的亲和力多受温度影响，通常亲和力随温度升高而下降，所以在上样时可以选择较低的温度，使待分离物质与配体有较大的亲和力，能够充分地结合；而在后面的洗脱过程可以选择较高温度，使待分离物质与配体的亲和力下降，以便于将待分离物质从配体上洗脱下来。

4. 洗去杂蛋白

上样后，应使用几倍于床体积的起始缓冲液洗去未吸附的物质，直至紫外记录曲线回到基线。如果配体-酶蛋白间亲和力很高，则可以方便、稳定地将非特异吸附的酶蛋白解吸下来。

5. 洗脱

洗去杂蛋白后，即可将解吸缓冲液转变成洗脱缓冲液，将目标分子洗脱下来，一般可采用特异性和非特异性解吸方法进行洗脱。特异性洗脱是利用含有与亲和配基或酶具有结合作用的小分子化合物溶液为洗脱剂，通过洗脱剂与亲和配基或酶的竞争性结合，使酶脱附。非特异性洗脱是采用较多的洗脱方法，是通过调节洗脱液的 pH、离子强度、离子种类或温度来使被吸附的大分子构象有所改变，从而降低了酶与固相配基之间的亲和力。非特异性洗脱有时改变一种因素即可，有时则要改变多种因素才能达到洗脱目的。例如以卵类黏蛋白为配基，在 pH7.0～8.0 条件下，胰蛋白酶与配基亲和吸附，而以 pH2.0～3.0 的缓冲液可将胰蛋白酶洗脱出来。再如谷氨酸-天冬氨酸转氨酶从吸附剂吡哆胺磷酸-琼脂糖上洗脱时，须同时改变 pH 及离子强度才更有效。

洗脱过程一般是亲和色谱的最困难步骤，特别是当配体和酶蛋白间的解离常数很低时。梯度洗脱通常也能达到很好的洗脱结果。

6. 再生和保存

亲和柱再生的目的是除去所有仍然结合在柱上的物质，以使亲和柱能重复有效地使用。在很多情况下，使用几倍于床体积的起始缓冲液再平衡就能再生亲和柱，或进一步采用高浓度盐溶液，如 2mol/L KCl 进行再生。但有时特别是当样品组分比较复杂、在亲和柱上产生较严重的不可逆吸附时，亲和吸附剂的吸附效率就会下降，这时应使用一些比较强烈的手段，如加入洗涤剂、使用尿素等变性剂或加入适当的非专一性蛋白酶进行再生。一般不使用极端 pH 条件或加热灭菌法来清洗、再生亲和柱，特别是对于以酶蛋白作配体的亲和吸附剂。亲和吸附剂在储存时应加抑菌剂，如 0.2g/L 的叠氮化钠。

四、亲和色谱的特点

亲和色谱提纯的效率远大于其他色谱的效率，甚至从粗抽提液中经亲和色谱一步就能提纯几百至几千倍，回收率可达到 75％～95％，而且条件温和、操作简便、分离快速，尤其对分离含量极少而又不稳定的活性物质最有效。但是亲和色谱的一个严重缺陷就是配体的渗漏问题。配体渗漏后会降低亲和吸附剂的吸附容量，对于高亲和系统来说，痕迹量酶蛋白的分离尤其会受制于配体的脱落情况。

第六节　　凝胶电泳法

带电粒子在电场中向着与其本身所带电荷相反的电极移动的过程称为电泳。酶分子是带有电荷的两性生物高分子，其所带电荷的性质和数量完全随溶液环境（pH 和离子强度等）

的变化而变化。在电场存在下的一定 pH 缓冲液中，带有正电荷的酶分子在电场作用下向负极方向移动，而带有负电荷的酶分子向正极方向移动，这个过程称为酶的电泳。在酶工程领域中，电泳技术主要用于小批量酶的分离纯化、酶的纯度鉴定、酶的分子质量测定及酶的等电点测定等。

电泳的方法多种多样，根据所用支持物的不同，可以分为纸电泳、薄层电泳、薄膜电泳、凝胶电泳、等电聚焦电泳和聚丙烯酰胺凝胶电泳等。现主要针对酶工程领域中采用较多的聚丙烯酰胺凝胶电泳（PAGE）为例进行介绍。

> **知识链接**
>
> 　　1809 年俄国物理学家 Peiice 首次发现电泳现象。他在湿黏土中插上带玻璃管的正负两个电极，加电压后发现正极玻璃管中原有的水层变浑浊，即带负电荷的黏土颗粒向正极移动，这就是电泳现象。1909 年 Michaelis 首次将胶体离子在电场中的移动称为电泳。他用不同 pH 的溶液在 U 形管中测定了转化酶和过氧化氢酶的电泳移动和等电点。1948 年瑞典 Uppsala 大学 Tiselius 由于在电泳技术方面作出的开拓性贡献而获得了的诺贝尔化学奖。1950 年 Durrum 用纸电泳进行了各种蛋白质的分离以后，开创了利用各种固体物质（如各种滤纸、醋酸纤维素薄膜、琼脂凝胶、淀粉凝胶等）作为支持介质的区带电泳方法。

一、基本原理

聚丙烯酰胺凝胶电泳简称为 PAGE，是以聚丙烯酰胺凝胶作为支持介质的一种常用电泳技术。聚丙烯酰胺凝胶是由丙烯酰胺（简称 Acr）单体和少量交联剂亚甲基双丙烯酰胺（简称 Bis）通过化学催化剂（过硫酸铵）、加速剂（四甲基乙二胺）的作用聚合形成的三维空间的高聚物。聚合后的聚丙烯酰胺凝胶形成网状结构，具有浓缩效应、电荷效应、分子筛效应。蛋白质在聚丙烯酰胺凝胶电泳中一般可分成 12～25 个组分，因此适用于不同相对分子质量酶的分离，且分离效果好。

聚丙烯酰胺凝胶电泳分为连续性电泳和不连续性电泳两个系统。连续性电泳系统的凝胶浓度一致，凝胶中的 pH 及离子强度与电泳槽液相同。不连续电泳系统存在 4 个不连续性：凝胶层的不连续性、缓冲液离子成分的不连续性、pH 的不连续性、电位梯度的不连续性。凝胶层的不连续性具体体现在含有 3 种性质不同的凝胶（见表 6-4 和图 6-13）。

表 6-4　不连续电泳三层凝胶的性质

类型	Tris-HCl	凝胶浓度	凝胶孔径
样品胶	pH6.7	3.0%	大（大孔凝胶）
浓缩胶	pH6.7	3.0%	大（大孔凝胶）
分离胶	pH8.9	7.5%	小（小孔凝胶）

在凝胶电泳过程中，相对分子质量大的酶蛋白受凝胶阻滞作用大，电泳速度慢，而相对分子质量小的酶蛋白电泳速度快。经过一定时间电泳后，根据酶蛋白相对分子质量的不同，凝胶中会形成含有不同酶蛋白的区带，实现酶蛋白组分之间的相互分离，效果见图 6-14。

二、影响凝胶聚合的因素

聚丙烯酰胺凝胶是电泳支持介质，其质量直接影响分离效果。影响聚丙烯酰胺凝胶聚合的因素有以下方面。

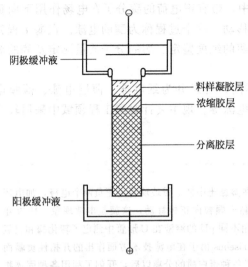

图 6-13　不连续凝胶电泳示意图　　　图 6-14　聚丙烯酰胺凝胶电泳图谱

1. 试剂质量

丙烯酰胺是形成凝胶溶液的最主要成分，其纯度好坏直接影响凝胶质量。丙烯酰胺和亚甲基双丙烯酰胺中可能混杂有能影响凝胶形成的杂质，如丙烯酸、线性高聚丙烯酰胺、金属离子等，这些物质会影响凝胶的聚合质量，影响电泳结果，应予以充分注意。对丙烯酰胺，宜选择质量好、达到电泳纯级的产品。过硫酸铵容易吸潮，而潮解后的过硫酸铵会渐渐失去催化活性，故过硫酸铵溶液需新鲜配制。

2. 凝胶浓度

凝胶浓度是指每100mL凝胶溶液中含有单体和交联剂的总质量（g），常用T％表示。凝胶孔径的大小与总浓度相关，总浓度越大，孔径相对变小，故在用聚丙烯酰胺凝胶电泳分离酶时，应根据需要选择凝胶浓度。凝胶浓度过大，凝胶透明度差，而且因其硬度及脆度较大，容易破碎；而凝胶浓度太低时，形成的凝胶稀软，不易操作，可供选择的凝胶浓度范围为3％～30％。见表6-5。

表 6-5　选择聚丙烯酰胺凝胶浓度参考值

样品	相对分子质量范围	适宜的凝胶浓度(T％)/(g/100mL)
蛋白质(酶)	$<10^4$	20～30
	$(1\sim4)\times10^4$	15～20
	$4\times10^4\sim1\times10^5$	10～15
	$(1\sim5)\times10^5$	5～10
	$>5\times10^5$	2～5

3. 温度和氧气的影响

聚丙烯酰胺凝胶聚合的过程也受温度影响，温度高聚合快，温度低聚合慢，一般以23～25℃为宜。大气中的氧能淬灭自由基，使聚合反应终止，所以在聚合过程中要使反应液与空气隔绝，最好能在加激活剂前对凝胶溶液脱气。

三、凝胶电泳操作要点

1. 凝胶的制备

首先将凝胶制备时所需的各种缓冲液、丙烯酰胺和 N,N'-亚甲基双丙烯酰胺、催化剂等配制成浓度较高的储存液。除过硫酸铵在用前配制外，其他一律置于 4℃ 冰箱中避光保存，使用时按所需浓度进行稀释配制。制备凝胶使用的玻璃板或玻璃管均需洗涤洁净并经干燥处理后方能使用。

不连续凝胶的制备是先制分离胶，将各种储存液混合后，注入玻璃管或两块玻璃板之间，至预定高度后，在胶面轻轻加入一层蒸馏水，聚合 30～60min。聚合后，吸去水，再注入浓缩胶所需的混合液，表面加一层蒸馏水聚合一段时间后再加样品胶。

制备凝胶时，要避免气泡存在。各种储存液混合后，应进行抽气处理。梯度凝胶电泳的凝胶通过梯度混合器进行制备。将低浓度的胶液置于储液瓶，将高浓度胶液置于混合瓶，用输液管由底部逐渐向上注入凝胶模，控制好流速，即可制成由上到下浓度连续升高的梯度凝胶。

2. 电极缓冲液的选择

电极缓冲液应根据被分离成分而定，一种为阴离子电泳系统（pH8.0～9.0），上槽接负极，下槽接正极，可采用溴酚蓝作指示染料，在此 pH 值下酶蛋白带负电荷，在电泳时向正极移动。另一种为阳离子电泳系统（pH4.0 左右），上槽接正极，下槽接负极，可用亚甲基绿作指示染料，适用于碱性酶蛋白的电泳，在此 pH 值下，碱性酶蛋白带正电，向负极移动。

3. 电泳

将制备好的凝胶装进电泳槽（如图 6-15），加入样品后，在电泳槽中注入缓冲液，接通电源。梯度凝胶电泳在电泳时应使电压稳定，在指示染料未进入凝胶前维持较低的电压，染料进入凝胶后将电压升高，然后在稳定的电压下电泳至指示剂到达凝胶下端为止。

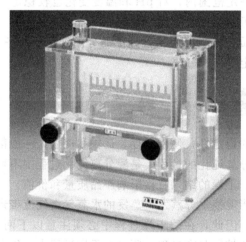 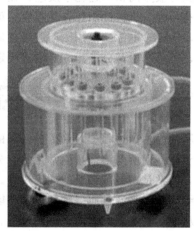

(a) 平板电泳槽　　　　　　　　　　　　　(b) 圆盘电泳槽

图 6-15　常见电泳槽

4. 染色与固定

电泳完毕后，从玻璃管或玻璃板中取出凝胶。从玻璃板中取出凝胶较易，但要防止胶片破损。从玻璃管中取出凝胶要小心操作。可用微量注射器吸满水或 10% 的甘油，将针头插入凝胶与管壁之间，一边慢慢旋转，一边不断地将液体压入，或用气压将凝胶取出。

取出凝胶后，浸泡在含 0.5% 氨基黑 10B 的 7% 乙酸染色液中，或浸泡在含 0.1% 考马斯亮蓝的 12.5%～50% 的三氯醋酸染色液中，同时进行染色和酶蛋白固定。

5. 脱色

将经固定和染色的凝胶，浸于脱色液（7%的乙酸溶液）中脱色，隔一段时间换一次脱色液，直至酶蛋白处无色透明为止。为加快脱色时间，可用水浴加热的方法或采用电解脱色的方法，即在 7% 的乙酸溶液中，将染色的凝胶置于槽中间，两边通以直流电压 30～40V，1h 左右即可脱色完毕。

四、聚丙烯酰胺凝胶电泳的特点

与其他凝胶相比，聚丙烯酰胺凝胶具有以下优点。

1. 电渗作用比较小

样品分离重复性好。聚丙烯酰胺凝胶是由丙烯酰胺和 N, N'-亚甲基双丙烯酰胺聚合而成的大分子。凝胶是带有酰胺侧链的碳-碳聚合物，没有或很少带有离子的侧基，因而电泳时几乎无电渗作用，不易和样品相互作用，只要单体（Acr）纯度高，制作条件一致，则样品分离重复性好。

2. 凝胶孔径可调

根据被分离物的分子量选择合适的浓度，通过改变单体（Acr）及交联剂（Bis）的浓度调节凝胶的孔径大小。

3. 电泳分辨率高

尤其在不连续凝胶电泳中，集浓缩、分子筛和电荷效应为一体，因而较醋酸纤维素薄膜电泳、琼脂糖凝胶电泳等有更高的分辨率。

4. 稳定性好

该凝胶与被分离物不起化学反应，在一定范围内，对 pH 和温度变化也较稳定。凝胶无色透明，有弹性，机械性能好，易观察，可用检测仪直接测定。

因此，PAGE 电泳广泛用于酶、蛋白质、核酸等生物大分子的分离纯化、制备及定性、定量检测，还可用于其分子量、等电点测定等。

第七节　干　燥

在酶制剂的生产过程中，为了提高酶的稳定性，便于保存、运输和使用，一般都必须进行干燥。干燥是使酶与溶剂（通常是水）分离纯化的过程，是酶分离纯化过程中不可缺少的环节之一，通常是酶制剂最后的加工过程。干燥的结果直接影响产品质量和价值。

由于干燥操作是通过向湿物料提供热能促使水分蒸发，蒸发的水蒸气由气流带走或真空泵抽出，从而达到物料减湿而干燥的目的。因此，在酶干燥过程中必须注意以下两个问题：①酶为热敏性物质而干燥是涉及热量传递的扩散分离过程，所以在干燥过程中必须严格控制操作温度和操作时间，要根据特定酶的热敏性，采用不使目的酶失活变性的操作温度，并在短时间内完成干燥处理；②干燥操作必须在洁净的环境中进行，防止干燥过程前后的微生物污染，因此，选用的干燥设备必须满足无菌操作的要求。

干燥方法很多，常用真空干燥、冷冻干燥、喷雾干燥、气流干燥和吸附干燥等。

一、真空干燥

真空干燥是在与真空装置连接的可密闭的干燥器中进行。操作时，一边抽真空一边加热，使酶在较低的温度下蒸发干燥。气化产生的水蒸气在进入真空泵之前，通过冷凝装置凝结收集。

实验室中干燥少量固体物质或结晶时可用真空干燥器或真空恒温干燥器。真空干燥器进行减压干燥时，干燥器外用布包裹，一般以盖子推不动为宜，以防炸碎。真空恒温干燥器如图 6-16 所示，使用时将待干燥物品置于放样品的玻璃或陶瓷小瓶中，在干燥剂瓶中放置干燥剂五氧化二磷，烧瓶中存放沸点与欲干燥温度接近的溶剂。操作时，先抽真空后关闭活塞，加热回流烧瓶中的溶剂，利用溶剂蒸发加热夹层，从而使样品在恒定温度下干燥。在整个干燥过程中，每隔一段时间应再抽气一次。

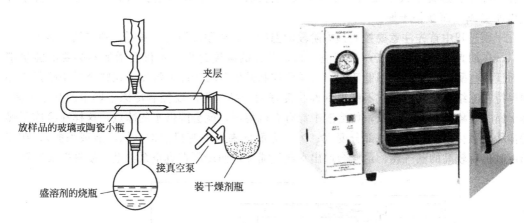

图 6-16　真空恒温干燥器　　　　　　　　　图 6-17　真空恒温干燥箱

如需干燥的物品量较多，可在真空厢式干燥器中干燥。真空厢式干燥器是连接有真空设备的烘箱。其原理和操作与柜式减压干燥器相同，如图 6-17 所示。

工业上可以采用双锥回旋转真空干燥器（如图 6-18 所示）。器身两端为圆锥形，中间呈圆柱形，内部中空，外带夹套。被处理物料由圆锥顶端借真空吸入，加热蒸汽和热水由右侧进入，经空心轴承与夹套接通，加热蒸汽的冷凝液或热水的回水仍自右侧排出。干燥器每分钟转 3～5 转，其回转运动由左侧转动箱传入。抽真空管道经左侧空心轴的内管与干燥器内部接通。为了防止物料被抽出，位于干燥器内部的抽真空端轴包有金属丝网及织物。双锥回旋转真空干燥器内的物料是处于不断被翻动的状态下进行干燥的，所以物料与加热内壁接触均匀，干燥速度快，约为箱式真空干燥器的 2～3 倍，而且质量均匀、稳定。这种干燥器能

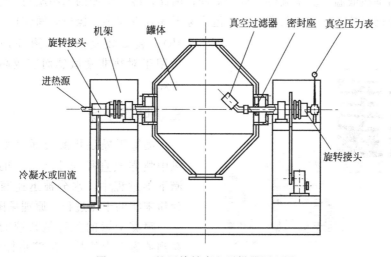

图 6-18　双锥回旋转真空干燥器原理图

用于各种颗粒状、粉状固体物料的干燥，适应性较广。缺点是操作时噪声较大，出料时若控制不当，会有粉尘飞扬。

二、冷冻干燥

冷冻干燥是将湿物料（或溶液）在较低温度下冻结成固态，然后在高度真空下，将其固态水分直接升华为气态而除去的过程，也称升华干燥。

在冷冻干燥过程中被干燥的产品首先要进行预冻，然后在真空状态下进行升华，使水分直接由冰变成气而获得干燥。

在干燥过程中首先注意要控制预冻阶段的温度。如果预冻温度不够低，则产品可能不会完全冷冻，在抽真空时，会膨胀产生气泡；如果预冻的温度过低，不仅会增加不必要的能量消耗，而且某些酶冻干后还会降低活性。其次要控制升华阶段产品的温度。在整个升华阶段产品必须保持在冻结状态，不然就不能得到性状良好的产品。再次要控制冷冻干燥中的其他因素。冷冻干燥的对象最好是水溶液，如溶液中混有有机溶剂，就会降低水的冰点，这样在冷冻干燥时酶样品会融化起泡而导致酶部分变性；另一方面低沸点的有机溶剂（如乙醇或丙酮），在较低温度时仍有较高的蒸气压，这样会逸出水蒸气捕捉器而冷凝在真空泵油里，使真空泵失效。

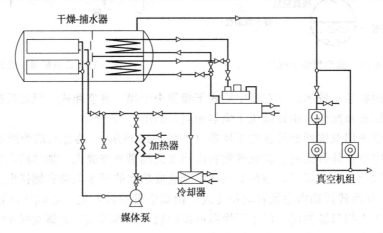

图 6-19　真空冷冻干燥原理图

由于产品是在低温、真空条件下进行干燥，因此，冷冻干燥的酶品质高、结构完整，可使许多种酶制剂保持活性且能长期保存。但冷冻干燥处理量小、操作时间较长（一般不低于8h）、装置较复杂（见图 6-19、图 6-20），适用于对热非常敏感而有较高价值的酶的干燥。

图 6-20　实验室用真空冷冻干燥设备

三、喷雾干燥

喷雾干燥是将酶液通过喷雾装置在热风中喷雾成直径为几十微米的雾滴，在雾滴下落过程中，水分被迅速蒸发而使酶成为粉末状的干燥过程，原理见图 6-21。

喷雾干燥的关键是料液的雾化，它关系到喷雾干燥的技术经济指标和产品质量。喷雾干燥要求喷雾器喷出的雾粒均匀、结构简单、产量高、能耗小。生产上的喷雾干燥塔根据喷雾器的不同分为压力喷雾干燥塔、气流喷雾干燥塔和离心喷雾干燥塔 3 种。

在对酶液进行喷雾干燥时，首先在干燥塔顶部导入热风，将酶液用泵送到塔顶，经过雾化器喷成雾状的液滴，由于雾滴直径小，表面积大，与高温热风接触后水分迅速蒸发，几秒钟的时间就可干燥，干燥产品从塔底部排出。热风与液滴接触后温度显著变低，湿度增大，作为废气由抽风机抽出。废气中夹带的酶粉用分离装置进行回收。

喷雾干燥的优点是干燥速度快，一般只需几秒钟，溶液在干燥器中停留的时间小于 1min；干燥过程中液滴温度不高，产品质量较好；在干燥过程中由于水分蒸发吸收热量，使雾滴及其周围的空气温度比气流进口处的温度低，因此，只要控制好气流进口温度，就可减少酶在干燥过程中引起的变性失活；生产过程简单，操作控制方便，可一次干燥成粉状产品；能适应工业上大规模生产的要求，适宜于连续化大规模生产。喷雾干燥的缺点是蒸发强度小，干燥塔的体积比较大；废气中夹带的微粒较多（约 20%），回收微粒的装置要求较高。

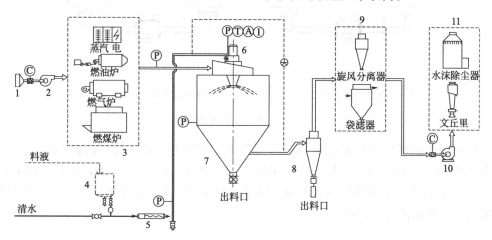

图 6-21　喷雾干燥原理图

1—过滤器；2—送风机；3—加热器（电、蒸汽、燃油、煤）；4—料槽；5—料泵；6—雾化器；7—干燥塔；8——级吸尘器（旋风分离器）；9—二级吸尘器（旋风分离器、袋滤器）；10—引风机；11—混式除尘器（水沫除尘器、文丘里）

四、气流干燥

气流干燥是指在常压下利用热空气流直接与固体或半固体状态的制品接触，水分蒸发而得到干燥制品的过程，原理见图 6-22。

气流干燥设备简单，操作方便，但用于酶制品干燥时，酶活力损失较大。为了减少酶的变性失活，提高干燥质量，要控制好气流温度。温度不能太高，并要使气流的流通性保持良好，以便把蒸发的水汽及时带走，同时要经常翻动制品，使其干燥均匀。

五、吸附干燥

吸附干燥是指在密闭的容器中用各种干燥剂吸收水分或其他溶剂，使制品干燥的过程，原理见图 6-23。干燥剂对水或其他溶剂应有较大的吸附能力和较快的吸附

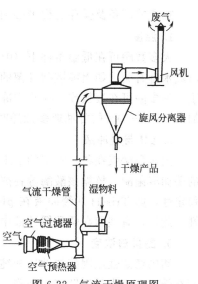

图 6-22　气流干燥原理图

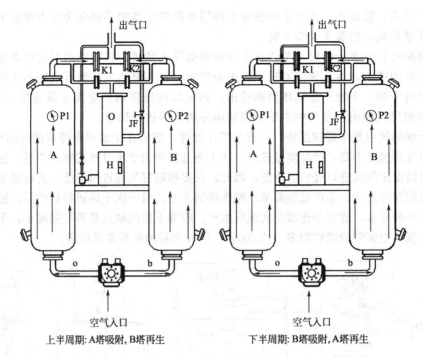

上半周期：A塔吸附，B塔再生   下半周期：B塔吸附，A塔再生

图 6-23 吸附干燥原理图

速度。常用的干燥剂有无水氯化钙、硅胶、氧化钙、五氧化二磷、无水硫酸钙等。也可采用各种铝硅酸盐的结晶，例如 $K_9Na_3[(AlO_3)_{12}\cdot(SiO_2)_{12}]\cdot27H_2O$、$Na_{12}[(AlO_3)_{12}\cdot(SiO_2)_{12}]\cdot27H_2O$，这些铝硅酸盐的结晶对微量的水分、某些溶剂和某些气体有选择性的吸附能力，可根据需要选择使用。

第八节 稳定性和保存

一、影响酶的稳定性因素

在酶的制备及保存过程中必须始终保持酶的稳定性，影响酶的稳定性的主要因素如下。

1. 温度

大多数酶可在低温条件下（0~4℃）使用、处理和保存。但是有些酶高级结构的稳定性与疏水键有关，如粗糙链孢杆菌的谷氨酸脱氢酶、鸡肝线粒体内的丙酮酸羧化酶等，则应慎重。许多酶可在液氮或 $-80℃$ 中冻结保存，如微球菌核酸酶、血清碱性磷酸酯酶等，特别是加入 25%~50% 的甘油或多元醇时对酶保护作用更明显，甚至也可用于具冷敏性的酶。

2. pH 与缓冲液

大多数酶仅在各自特定的 pH 范围内稳定，超越此范围则迅速失效。但是少数低分子量的酶如溶菌酶、核糖核酸酶等在酸性 pH 条件下相当稳定。缓冲液的种类有时也会影响酶的稳定性，如 Tris-HCl 缓冲液在 pH7.5 以下除了缓冲能力较弱外，还可能抑制某些酶的活性。此外，有些酶在磷酸缓冲液中冻结也会引起失活。

3. 酶蛋白浓度

酶的稳定性虽因酶的性质和纯度而异，但是一般情况下，酶蛋白在高浓度时较为稳定，而在低浓度时则易于解离、吸附，甚至易发生表面变性而失效。

4. 氧

某些酶为巯基酶，在空气中可能由于巯基氧化而逐渐失活，加入 1mmol/L 的 EDTA 或 DTT 等有助于增加其稳定性。

为了保证酶有较高的稳定性，除了应避免上述不适宜的条件外，最常用的办法是加入某些稳定试剂。

二、稳定酶的办法

1. 添加底物、抑制剂和辅酶

这是广泛采用的办法，例如，添加 L-谷氨酸常可稳定 N-甲基谷氨酸合成酶，添加柠檬酸可稳定顺乌头酸酶，添加竞争性抑制剂安息香酸钠或辅基 FAD 可稳定 D-氨基酸酶等，它们的作用可能是通过降低局部的能级，使处于不稳定状态的扭曲部分转入稳定状态。

2. 添加巯基（—SH）保护剂

如谷胱甘肽、二巯基乙醇（但易自动氧化）和 DDT 等。

3. 添加某些低分子无机离子

例如 Ca^{2+} 能保护 α-淀粉酶，Mn^{2+} 能稳定溶菌酶，Cl^- 能稳定透明质酸酶等，它们的作用机理可能是防止酶的肽链伸展。

固体酶制剂稳定性一般较高，它们含水量非常低，有的可在暗冷处保存数月甚至一年以上而不损失活力。热敏性酶多用冷冻干燥法，例如注射用酶等；耐热性酶则往往用喷雾干燥法；至于盐析沉淀和结晶产品或者直接加入固体盐做成"糊"，如"硫酸铵糊"，或在沉淀析出后置于大量冷丙酮中，使之松散，然后抽滤干燥。

技能实训 6-1　琼脂糖凝胶电泳法分离乳酸脱氢酶同工酶

一、实训目标

1. 了解同工酶的提取方法。
2. 掌握乳酸脱氢酶同工酶显色原理和方法。
3. 掌握琼脂糖凝胶电泳法分离乳酸脱氢酶同工酶的操作技术。

二、实训原理

同工酶的结构有差别，其理化性质也就有所差异，因此可用电泳或其他方法将它们分离开来，例如乳酸脱氢酶同工酶（LDHH），它们都能催化乳酸脱氢产生丙酮酸，但经电泳法分离后，就有 5 个同工酶区带。

本实训用琼脂糖凝胶电泳法分离血清乳酸脱氢酶 5 个同工酶（LD_1、LD_2、LD_3、LD_4、LD_5），然后利用酶的催化反应进行显色：以乳酸钠作为底物，LDHH 催化乳酸脱氢生成丙酮酸，同时使 NAD^+ 还原为 NADH。吩嗪二甲酯硫酸盐（PMS）将 NADH 的氢传递给硝基蓝四氮唑（NBT），使其还原为紫红色的甲䐶化合物。有 LD 活性的区带就会显紫红色，且颜色的深浅与酶活性呈正比，利用光密度仪或扫描仪可求出各同工酶的相对含量。

三、操作准备

1. 材料与仪器

兔内脏组织，载玻片，电泳槽，电泳仪，镊子，量筒，滴管，容量瓶。

2. 试剂及配制

（1）巴比妥缓冲液（pH8.6、离子强度0.075）　称取巴比妥钠15.458g，巴比妥2.768g，溶解于蒸馏水中，加热助溶，冷却后定容至1L（用于电泳）。

（2）巴比妥-盐酸缓冲液（pH8.2、0.082mol/L）　称取巴比妥钠17.0g，溶解于蒸馏水中，加1mol/L盐酸24.6mL，蒸馏水定容至1L（用于凝胶配制）。

（3）乙二胺四乙酸二钠（10mmol/L）　称取EDTA-2Na 372mg，溶解于蒸馏水中，并定容至100mL。

（4）琼脂糖凝胶（5g/L）　称取琼脂糖2g，加入200mL pH8.2的巴比妥-盐酸缓冲液中，再加入EDTA-2Na溶液4.8mL、蒸馏水195.2mL，隔水煮沸溶解，不时摇匀，趁热分装到大试管中（10mL/管），冷却后用塑料膜密封管口置冰箱备用。

（5）琼脂糖凝胶（8g/L）　称取琼脂糖0.8g，加入50mL pH8.2巴比妥-盐酸缓冲液中，再加入EDTA-2Na溶液2mL、蒸馏水48mL，配制方法同试剂（4）。

（6）显色试剂

① 乳酸钠溶液。1mol/L乳酸钠50mL，60%乳酸钠溶液：PBS=1：4。

② 1g/L吩嗪二甲酯硫酸盐（PMS）。称取50mg PMS，加蒸馏水50mL溶解。

③ 10g/L NAD^+。称取100mg NAD^+溶解于10mL新鲜蒸馏水中。

④ 1g/L硝基蓝四氮唑（NBT）。称取100mg NBT，溶解于蒸馏水中，定容至100mL避光低温。

⑤ 底物-显色液（临用前配制）。上述试剂按①：②：③：④=1：0.3：1：3比例混合而成。

（7）固定漂洗液

按乙醇：水：冰醋酸=700mL：250mL：50mL的比例混合。

温馨提示：红细胞中LD_1与LD_2活性很高，因此标本严禁溶血；LD_4与LD_5（尤其是LD_5）对热很敏感，因此底物-显色液的温度不能超过50℃，否则易变性失活；LD_4和LD_5对冷不稳定，容易失活，应采用新鲜标本测定。如果需要，血清应放置于25℃条件下保存，一般可保存2~3天。

四、实施步骤

1. 取兔内脏组织（心、肝、肾、肌肉）0.5~1.0 g，PBS冲洗，剪碎、匀浆。3000 r/min离心10min收集上清液。

2. 凝胶电泳操作

（1）制备琼脂糖凝胶玻片　取冰箱保存的5g/L缓冲琼脂糖凝胶一管，置沸水浴中加热融化。用吸管吸取已融化的凝胶液约1.5~3.0mL，均匀铺在干净的7.5cm×2.5cm玻片上，冷却凝固后，于凝胶板阴极端约1~1.5cm处挖槽，滤纸吸干槽内水分。

（2）加样　用微量加样器加约10~15μL上清于槽内。

（3）电泳　电压75~100V，电流8~10mA/片，电泳60min。

（4）显色　在电泳结束前5~10min，将底物显色液与沸水浴融化的8g/L琼脂糖凝胶按4：5的比例混合，制成显色凝胶液，置37℃热水中备用，注意避光。终止电泳后，取下凝胶玻片，置于铝盒内，立即用滴管吸取显色凝胶约1.2mL，迅速滴加在凝胶玻片上，使其自然展开覆盖全片，待显色凝胶凝固后，加盖避光，铝盒在37℃水浴中浮于水面保温15min。

（5）固定和漂洗　取出显色的凝胶玻片，浸入固定漂洗液中15~20min，直至背景无黄色为止，再用蒸馏水漂洗2次，每次10~15min。

3. 结果观察（目视观察）

根据在碱性介质中 LD 同工酶由负极向正极泳动速率递减的顺序，电泳条带由正极到负极依次为：LD_1、LD_2、LD_3、LD_4 和 LD_5。按各区带呈色的深浅，比较 LDH 各同工酶区带呈色强度的关系。正常人 LDH 同工酶电泳图像上呈色深浅关系为 $LD_2 > LD_1 > LD_3 > LD_4 > LD_5$，其中 LD_5 显色很浅。

五、实训报告

观察乳酸脱氢酶同工酶用琼脂糖凝胶电泳后分成多少个区带，比较每个区带成色后的颜色深浅。

技能实训 6-2　离子交换柱色谱分离香蕉多酚氧化酶

一、实训目标

1. 了解香蕉多酚氧化酶的提取。

2. 掌握离子交换柱色谱分离香蕉多酚氧化酶的整套操作技术。

3. 掌握线性梯度洗脱的操作方法。

二、实训原理

多酚氧化酶（PPO）广泛存在于各种植物和微生物中，它是一种含铜的酶，能够催化新鲜的水果和蔬菜（如香蕉、苹果、梨、茄子、马铃薯等）发生褐变反应。

为了研究多酚氧化酶的理化特性，必须用高纯酶进行分析，这就需要对从生物组织中抽提的粗酶进行分离和纯化。多酚氧化酶大多数属于球蛋白类，一般可用稀盐、稀酸或稀碱的溶液进行抽提，但选择什么抽提液和抽提条件则取决于对酶的溶解性和稳定性，通常抽提液的 pH 以 $4.0 \sim 7.0$ 为宜，所选择的 pH 应在该酶的稳定范围之内，并且能远离其等电点。对于盐的选择，因为大多数酶蛋白在低浓度的盐溶液中溶解度大，故抽提时一般采用等渗盐溶液，常用的有 $0.02 \sim 0.05 mol/L$ 磷酸盐缓冲液和 $0.15 mol/L$ 的 NaCl 溶液，抽提温度通常在 $0 \sim 4℃$ 范围内，用量通常是原料的 $1 \sim 5$ 倍。

本实训以香蕉为实验材料，以纤维素离子交换剂作为离子交换剂，用 pH7.0 的磷酸盐缓冲液提取多酚氧化酶，在此 pH 条件下，香蕉多酚氧化酶带有负电荷，因此选择 DEAE-纤维素离子交换剂进行柱色谱纯化。由于酶是生物活性物质，在提纯时必须考虑尽量减少酶活力的损失，整个操作要在低温下进行，一般在 $0 \sim 4℃$ 之间。

三、操作准备

1. 材料与仪器

成熟香蕉，打浆机，离心机，色谱柱（2.5cm×40cm），铁架台，自动部分收集器，恒流泵，紫外分光光度计或紫外检测仪，磁力搅拌器，梯度混合器，恒温水浴锅，透析袋，纱绳，大烧杯，量筒，滴管，移液管，电子天平，玻棒，试管，试管架，水果刀，剪刀，滤纸等。

2. 试剂及配制

$0.1mol/L$ pH7.0 的磷酸盐缓冲液（3L），硫酸铵，氯化钠，$0.5mol/L$ 盐酸溶液，$0.5mol/L$ 氢氧化钠溶液，$0.02mol/L$ 多巴胺或邻苯二酚溶液，果胶酶，DEAE-纤维素。

四、实施步骤

1. PPO 的提取

取 250g 黄色熟透的香蕉，去皮后将果肉切成细块状，与含有 0.02% 果胶酶的 200mL 0.1mol/L pH7.0 的冷磷酸盐缓冲液一起打浆 0.5min，把浆液置于烧杯中，在 37℃ 的水浴中保温 2h。然后，用双层纱布榨汁、过滤，将滤液于 10000r/min、4℃ 下离心分离 10min，去除沉淀物，收集上清液作为粗 PPO 酶液。

2. 离子交换柱色谱纯化

（1）DEAE-纤维素的预处理　将 30g DEAE-纤维素粉末撒放在 0.5mol/L HCl 溶液中（每克交换剂约需 15mL 溶液），自然沉下，浸泡 30min 以上。

（2）装柱　向色谱柱中先加入 1/3 高度的 0.01mol/L pH7.0 的磷酸盐缓冲液，在搅拌条件下将烧杯中 DETE-纤维素悬浮液倾入柱中，待底面沉积起 1～2cm 柱床后，打开柱的出口，随着缓冲液的流出，不断向柱中加悬浮液，这样凝胶颗粒便连续缓慢沉降。

（3）平衡　装柱完毕后，用 3～4 倍量 pH7.0 0.1mol/L 磷酸钠缓冲液平衡 DETE-纤维素。

（4）加样　将透析得到的粗酶液进一步用平衡好的 DETE-纤维素色谱柱纯化。用滴管慢慢将样品加入柱内，再打开出口，使样品渗入柱内，当样品完全渗入色谱介质之前，像加样一样用滴管仔细加入 4cm 柱高的缓冲液。

温馨提示： 加样时为防止破坏柱床表面的平整，可用大小合适的滤纸片覆于其上，然后将柱床表面存留较多的缓冲液吸去，留下少量缓冲液使其从柱下端自然流出，当液面与柱床表面相切时关闭流出口。

（5）洗脱与 PPO 检测　加样完成后，接上恒流泵和自动部分收集器用起始缓冲液（0.01mol/L，pH7.0）淋洗。洗脱速度为 3mL/min，6mL/管。用紫外分光光度计检测收集液的吸光度（A_{280}），并用 0.02mol/L 邻苯二酚或多巴胺溶液作基质，用 420nm 测定洗脱峰的酶活性变化。经过一段时间后，再连接梯度混合器，改用洗脱液淋洗。洗脱液为含 0～1mol/L 线性梯度的平衡缓冲液（pH7.0、0.01mol/L 磷酸盐缓冲液）。同样用紫外分光光度计检测收集液的吸光度（A_{280}）和洗脱峰的酶活性变化。

五、实训报告

绘制洗脱曲线，以管号为横坐标，酶蛋白浓度（A_{280}）和酶活性（E_{420}）为纵坐标，画出香蕉酶液中酶蛋白浓度（A_{280}）和酶活性（E_{420}）对洗脱体积（管数）的曲线，根据结果判断香蕉 PPO 的分离效果。

技能实训 6-3　疏水色谱法分离纯化 α-淀粉酶

一、实训目的

1. 了解疏水色谱的基本原理，并学会用疏水色谱分离纯化蛋白质。
2. 掌握疏水色谱法分离纯化 α-淀粉酶的整套操作技术。
3. 掌握解吸后树脂的再生方法。

二、实训原理

疏水色谱（hydrophobic interaction chromatography，HIC），也称疏水相互作用色谱。

水溶液中蛋白质分子表面有 Leu、Ile、Val 和 Phe 等非极性侧链形成的疏水区，因而很容易与其他高分子化合物上的疏水基团作用而被吸附，由于不同蛋白质分子的疏水区强弱有较大差异造成与疏水吸附剂间相互作用的强弱不同，改变色谱条件，可使不同的蛋白质洗脱下来，本实训用 40％乙醇将 α-淀粉酶洗脱下来。

实训中分离的 α-淀粉酶是经枯草芽孢杆菌 BF7658 发酵产生，发酵液经硫酸铵沉淀后的样品可直接吸附到疏水树脂 D101 上，进行色谱分离，得到纯度较高的 α-淀粉酶，如要得到纯度更高的 α-淀粉酶，可用 DEAE-纤维素色谱进一步纯化。

三、操作准备

1. 材料与仪器

枯草芽孢杆菌 BF7658 发酵液（含 α-淀粉酶），色谱柱（1cm×30cm），恒流泵，紫外检测仪，自动部分收集器，记录仪，试管等普通玻璃器皿，电子分析天平，pH 计等。

2. 试剂及配制

固体 $(NH_4)_2SO_4$，大孔型吸附树脂 D101，40％乙醇溶液，2mol/L HCl，2mol/L NaOH，丙酮等。

四、实施步骤

1. 大孔型吸附树脂 D101 的处理

将 20g 大孔型吸附树脂 D101 置于 150mL 烧杯中，加 60mL 95％乙醇浸泡 3h，在布氏漏斗上抽干，再用蒸馏水抽洗数次，将树脂重新放回烧杯中，加 2mol/L HCl 60mL 浸泡 2h，在布氏漏斗上用蒸馏水抽洗至中性，再放回烧杯中，加 2mol/LNaOH 浸泡 1.5h，在布氏漏斗上用蒸馏水抽洗至中性备用。

2. 枯草芽孢杆菌 BF7658 发酵液的盐析

取 120mL 发酵液，调 pH6.7～7.8，加固体 $(NH_4)_2SO_4$ 使其浓度达到 40％～42％，静置数小时，抽滤或离心，收集滤饼，将滤饼溶于蒸馏水中，最终体积为 100mL，制成 α-淀粉酶的粗酶溶液，待用。

3. 吸附、装柱、洗脱和收集

将 15g 上述处理好的大孔型吸附树脂 D101 放置于 250mL 烧杯内，加入 100mL α-淀粉酶的粗酶溶液，置于电磁搅拌器搅拌 1h 后，静置数分钟，倾倒去部分清液，将树脂慢慢转移到一根直径为 1cm、高为 30cm 的色谱柱中，打开色谱柱出口，让吸附后的废液流出，当液面与柱床表面相平时关闭出口，用滴管加入 40％乙醇溶液，柱上端接恒流泵，以 0.5mL/min 的流速用 40％乙醇洗脱，用紫外检测仪检测 280nm 的光吸收，自动部分收集器收集，每管 5mL，用自动记录仪绘制洗脱曲线，根据峰形合并洗脱液，取 0.5mL 洗脱液加入 1 倍体积预冷的 95％乙醇进行沉淀，在冰箱中静置 1h 后离心，然后用丙酮脱水 3 次，置于干燥器中过夜，取出酶粉称重。

4. 解吸后树脂的再处理

取出柱中的树脂，用 2mol/LNaOH 浸泡 4h，在布氏漏斗上抽滤，用水洗至中性，留待以后使用。

五、实训报告

叙述提取、纯化的步骤；叙述树脂再处理的方法。

技能实训 6-4 木聚糖酶的精制及活力测定

一、实训目标

1. 了解测定木聚糖酶活力的原理。
2. 掌握 $(NH_4)_2SO_4$ 盐析沉淀、透析去盐及浓缩的方法和操作。
3. 掌握 Sephadex G-100 凝胶色谱的原理及操作。

二、实训原理

木聚糖酶是半纤维素酶的一种，它能分解半纤维素的主要成分木聚糖，是一种胞外诱导酶。木聚糖酶活力单位的定义为在 37℃、pH5.5 的条件下，每分钟从 4mg/mL 的木聚糖溶液中降解释放 $1\mu mol$ 还原糖所需要的酶量为 1 个酶活力单位（U）。测定原理是木聚糖酶能将木聚糖降解成寡糖和单糖，具有还原性末端的寡糖和具有还原基团的单糖在沸水浴条件下可以与 DNS 试剂发生显色反应。反应液颜色的强度与酶解产生的还原糖量成正比，而还原糖的生成量又与反应液中木聚糖酶的活力成正比。因此，通过分光光度法测定反应液颜色的深浅，可计算反应液中木聚糖酶的活力。

三、操作准备

1. 材料与仪器

B_1 菌株，透析袋（Φ27mm），烧杯 250mL，Sephadex G-100，色谱柱（2.5cm×100cm），部分收集仪，分析天平，酸度计，磁力搅拌器，电磁振荡器，烧结玻璃过滤器，离心机，恒温水浴锅，秒表，分光光度计，移液器等。

2. 试剂及配制

（1）试剂 $(NH_4)_2SO_4$，0.1mol/L 乙酸溶液，0.1mol/L 乙酸钠溶液，200g/L 氢氧化钠溶液，乙酸-乙酸钠缓冲溶液（pH5.5），$BaCl_2$ 溶液，木糖，木聚糖，DNS 试剂等。

（2）DNS 试剂的配制 称取 3,5-二硝基水杨酸（化学纯）3.15g，加水 500mL，搅拌 5s，水浴升温至 45℃。然后慢慢加入 100mL 氢氧化钠溶液，同时不断搅拌，直到溶液清澈透明。再慢慢加入四水酒石酸钾钠 91.0g、苯酚 2.5g 和无水亚硫酸钠 2.5g。继续 45℃ 水浴加热，同时补加水 300mL，不断搅拌，直到加入的物质完全溶解。停止加热，冷却至室温后，用水定容至 1L。用烧结玻璃过滤器过滤。取滤液，储存于棕色瓶中，避光保存。

温馨提示：在配制 DNS 加氢氧化钠时，溶液温度不要超过 48℃，要加强搅拌。配制好的 DNS 溶液，室温下存放 7 天后可以使用，有效期为 6 个月。

四、实施步骤

（一）木聚糖酶的精制

1. 粗酶液的制备

木聚糖酶是一种胞外酶，分泌于培养液中，因而只需将 B_1 菌株的培养液（或固体培养物的抽取液）过滤或离心去除菌体和杂质，所得滤液或上清液即为粗酶液。

2. B_1 木聚糖酶盐析沉淀

先向一定体积的粗酶溶液中加入硫酸铵至 30% 的饱和度，4℃ 放置 12h，充分沉淀后，离心去除沉淀，然后准确测定上清液的体积，加硫酸铵至饱和度 65%，4℃放置 12h 后，离心收集沉淀，用少量蒸馏水溶解沉淀，即为木聚糖酶的 $(NH_4)_2SO_4$ 初步纯化物。

温馨提示：$(NH_4)_2SO_4$ 在加入酶液前应以研钵研碎，边加入边缓慢搅拌，不能产生气泡，以免酶失活。

3. B_1 木聚糖酶的透析去盐及浓缩

将 $(NH_4)_2SO_4$ 盐析后的木聚糖酶的溶液装入透析袋中，4℃下以双蒸水透析去盐，每 12h 换蒸馏水一次，透析至无 $(NH_4)_2SO_4$（用 $BaCl_2$ 溶液检测）后，低温（4℃）以蔗糖浓缩去水。

4. Sephadex G-100 凝胶色谱纯化

将沉淀、透析和浓缩后的木聚糖酶溶液，上样于蒸馏水平衡后的 Sephadex G-100 色谱柱，用蒸馏水洗脱，待洗脱液流出 100mL 后，用部分收集仪开始部分收集，每 15min 收集一管，每管 5mL，测定各管在 280nm 处的吸光值，绘制洗脱曲线，类似于图 6-24。由图中可以看出，经凝胶色谱后，B_1 木聚糖酶分成两个组分，分别称之为 F_1 和 F_2，将这两部分分别收集后，低温浓缩进一步纯化。

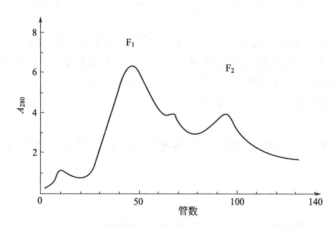

图 6-24　B_1 木聚糖酶 Sephadex G-100 凝胶色谱洗脱曲线

（二）木聚糖酶的活力测定

1. 糖标准曲线的绘制

吸取缓冲液 4.0mL，加入 DNS 试剂 5.0mL，沸水浴加热 5min。用自来水冷却至室温，并用水定容至 25mL，制成标准空白样。

吸取木糖溶液 1.0mL、2.0mL、3.0mL、4.0mL、5.0mL、6.0mL 和 7.0mL，分别用缓冲液定容至 100mL，配制成质量浓度为 0.1～0.7mg/mL 的木糖标准溶液。分别吸取上述质量浓度系列的木糖标准溶液各 2.0mL（做 2 个平行），分别加入到刻度试管中，再分别加入 2mL 水和 5mL DNS 试剂。电磁振荡 3s，沸水浴加热 5min。然后用自来水冷却到室温，并用水定容至 25mL。以标准空白样为对照调零，在波长 540nm 处测定吸光度值。以木糖的质量浓度为 Y 轴、吸光度值为 X 轴，绘制标准曲线。每次新配制 DNS 试剂均需要重新绘制标准曲线。

2. 试样溶液的制备

液体试样可以直接用乙酸-乙酸钠缓冲溶液进行稀释、定容（稀释后的酶液中木聚糖酶活力最好控制在 0.04～0.08U/mL）。如果稀释后酶液的 pH 值偏离 5.5，需要用乙酸溶液或乙酸钠溶液调节 pH 至 5.5，然后再用缓冲溶液做适当定容。

3. 测定步骤

分别吸取木聚糖溶液和经过适当稀释的酶液 10.0mL，37℃下平衡 10min。

吸取 2.0mL 经过适当稀释的酶液（已经过 37℃平衡），加入到刻度试管中，再加入 DNS 试剂 5mL，涡旋混合 3s。然后加入 2.0mL 木聚糖溶液，37℃保温 30min，沸水浴加热 5min。用自来水冷却至室温，并用水定容至 25mL，电磁振荡 3s。以标准空白样为空白对照，在波长 540nm 处测定吸光度 A_0。

吸取 2.0mL 经过 37℃平衡并适当稀释的酶液，加入到刻度试管中，再加入 2.0mL 经过 37℃平衡的木聚糖，涡旋混合 3s，37℃精确保温 30min。加入 DNS 试剂 5.0mL，涡旋混合 3s，以终止酶解反应。沸水浴加热 5min，用自来水冷却至室温，用水定容至 25mL。以标准空白样为空白对照，在波长 540nm 处测定吸光度 A。

4. 酶活测定

试样中木聚糖酶活力按照下式计算：

$$X = \frac{[(A-A_0) \times K + b]/(150.2 \times t)}{m} \times D \times 1000$$

式中，A 为酶反应液的吸光度；A_0 为酶空白样的吸光度；K 为标准曲线的斜率；b 为标准曲线的截距；150.2 为木糖的摩尔质量，g/mol；t 为酶解反应时间，min；m 为试样质量，g；D 为稀释倍数；1000 为转化因子，$1\text{mmol} = 1000\mu\text{mol}$。

酶活结果的计算值保留 3 位有效数字。

5. 重复性

同一样品 2 个平行测定值的相对偏差不超过 8%，二者的平均值为最终的酶活力测定值。

五、实训报告

叙述实验步骤，绘制木糖标准曲线，计算木聚糖酶酶活力。

技能实训 6-5　植酸酶的分离、纯化及活力测定

一、实训目标

1. 掌握盐析、离子交换色谱、凝胶过滤、电泳的原理及操作。

2. 学会植酸酶的分离、纯化及活力测定的整套操作。

二、实训原理

植酸酶是一组酶系，包括 3-植酸酶、6-植酸酶等，它能将植酸分解成磷酸和肌醇，广泛存在于各种微生物、植物的储藏器官（如种子、块茎）中。自然界中植酸以钙、镁和钾盐等形式存在于豆类和谷物中，易与膳食中的铁、锌和其他金属离子形成不溶性的化合物，从而使得人体难于吸收这些元素。而植酸酶由于能分解植酸，已被成功地用在家禽和猪饲料中作为添加剂，以改善饲料中无机磷的消化性。

植酸酶分解植酸释放无机磷，在酸性条件下无机磷与钼酸铵生成黄色的磷钼酸铵，用比色法定量测定并计算植酸酶活力。

三、操作准备

1. 材料与仪器

新鲜番茄新根，DEAE-纤维素柱（3.5cm×40cm），Bio-Gel P-220 色谱柱（20cm×60cm），自动部分收集仪，垂直板电泳槽，超滤膜。

2. 试剂及配制

① 乙酸钠缓冲液，硫酸铵，Tris-HCl 缓冲液，NaCl 溶液，丙酮，乙酸缓冲液（pH5.0、0.2mol/L），底物溶液，柠檬酸溶液（1mol/L），显色液，磷标准溶液（10μg/mL）。

② 底物溶液的配制

将 8.4g 的植酸钠溶于 pH5.0 的乙酸缓冲液中，并用乙酸缓冲液稀释至 1L。

③ 显色液的配制

1 体积的 10mmol 钼酸铵溶液加 1 体积的 2.5mol/L 硫酸溶液和 2 体积的丙酮，混匀，使用时当天配制。

四、实施步骤

（一）酶的分离纯化

1. 粗提液制备

称取新鲜番茄根 0.9kg 置于含 500mL 乙酸缓冲液（100mmol/L，pH5.0）的容器中匀浆化，然后用尼龙网过滤，滤液以 10000r/min 离心 30min 以除去粗杂物。收集上清液并加硫酸铵至 30% 饱和度，以 10000r/min 离心 30min，弃掉沉淀，收集上清液并加硫酸铵至 60% 饱和，以 10000r/min 离心 30min。收集 30%～60% 硫酸铵沉淀，溶解于 10mL 乙酸缓冲液（100mmol/L，pH5.0），并用 50mmol/L Tris-HCl 缓冲液（pH7.0）充分透析。透析中出现沉淀，可用离心除去，上清液供下一步提纯使用。

2. DEAE-Sepharose CL-6B 阴离子交换柱色谱

色谱柱事先用 50mmol/L Tris-HCl 缓冲液（pH7.0）平衡化，上样后用 50mmol/L Tris-HCl 缓冲液（pH7.0）充分洗脱。蛋白质用 50mmol/L Tris-HCl 缓冲液（pH7.0）中加入 0～1mol/L NaCl 盐梯度以 30mL/h 流速洗脱（400mL），以每管 6mL 用自动分部收集器收集。选取有活性的部分合并，用超滤膜法（Sartorius M_W 13200）浓缩至 2mL，用 20mmol/L Tris-HCl 缓冲液（pH7.0）透析过夜。

3. Bio-Gel P-200 柱色谱

上述透析后的酶液上 Bio-Gel P-200 柱色谱，色谱柱事先用 50mmol/L Tris-HCl 缓冲液（pH7.0）平衡化，然后上样。蛋白质用上样缓冲液以 10mL/h 流速洗脱，以每管 4mL 用自动分部收集器收集。取活性最高的部分合并，用超滤膜法浓缩至 2mL，用 20mmol/L Tris-HCl 缓冲液（pH7.0）透析过夜。

4. 电泳

上步透析后的酶液，进一步用垂直板活性聚丙烯酰胺（Native-PAGE 58mm×80mm×1mm）电泳分离纯化。电泳后的凝胶横向切成 2mm 胶条，置于含 0.5mL 50mmol/L Tris-HCl 缓冲液（pH7.0）中，用玻璃棒小心捣碎胶条，在 4℃ 放置提取过夜，离心后取上清液测酶活，取活性最高的部分合并，用超滤膜法浓缩至 400μL，用 10mmol/L Tris-HCl 缓冲液（pH7.0）充分透析，用滤膜除菌后保存于 4℃ 待测。

（二）酶活力测定方法

1. 标准曲线的绘制

取 6 支试管，分别加入 $10\mu g/mL$ 标准磷溶液 0、0.2mL、0.4mL、0.6mL、0.8mL、1.0mL，再分别补水至 1mL。各管加入 8mL 显色液，混匀。加入 0.8mL 柠檬酸溶液，混匀，反应液显黄色，在 415nm 波长处，以 0 管为空白测定吸光度。以磷含量（μg）为横坐标、吸光度为纵坐标绘制标准曲线。

2. 待测酶液的制备

称取酶粉 1～2g，精确至 0.0002g，先以少量缓冲液溶解，并用玻璃棒捣研，将上清液小心倾入容量瓶中，沉渣部分再加入少量缓冲液，如此反复捣研 3～4 次，最后全部移入容量瓶中，用缓冲液定容至刻度（酶液浓度稀释至被测试液吸光度在 0.25～0.40 范围内），摇匀。通过四层纱布过滤，滤液供测定用。

3. 酶活力测定

吸取 0.9mL 底物溶液，在 37℃ 水浴中保温 5min，准确加入 0.1mL 稀释酶液，混匀。置于 37℃ 水浴中准确保温 10min，立即加入 8mL 显色液，混匀。加入 0.8mL 柠檬酸溶液，混匀，此时反应液显黄色。另取煮沸灭活酶液 0.1mL，同上操作作为空白，在 415nm 波长下测定吸光度。从标准曲线上查出相应磷的质量（μg）。

4. 计算酶活

植酸酶酶活单位定义：在上述测定体系中，以每分钟能释放 $1\mu mol$ 无机磷的酶量为一个酶活力单位。

$$植酸酶酶活力（\mu g）= m' \times \frac{1}{31} \times \frac{1}{0.1} \times \frac{1}{10} \times n \times \frac{1}{m}$$

式中，m' 为由标准曲线查得的磷的质量，μg；31 为磷的相对原子质量；10 为反应时间，min；n 为酶液稀释倍数；0.1 为稀释酶液加入体积，mL；m 为称取酶的质量，g。

五、实训报告

叙述实验步骤；以磷含量（μg）为横坐标、吸光度为纵坐标绘制磷溶液的标准曲线；计算植酸酶的酶活力。

本 章 小 结

盐析常用的盐是硫酸铵，盐析效果受温度、酶浓度、pH 等因素影响。透析是常见的脱盐方式，常使用玻璃纸透析袋。有机溶剂沉淀法常用于酶沉淀的有机溶剂有乙醇、丙酮、异丙醇、甲醇等，沉淀效果受离子、温度、pH 等因素影响。离子交换色谱法的基本操作要点包括离子交换剂的处理、装柱、离子交换剂的平衡、加样、洗脱及离子交换剂的再生和储存。凝胶过滤在酶的分离纯化中主要用于脱盐与分级分离，常用的有葡聚糖凝胶、琼脂糖凝胶和聚丙烯酰胺凝胶等，操作要点包括凝胶预处理、装柱、加样、洗脱和再生。亲和色谱是近年来发展的分离纯化酶的一种特殊的高效色谱技术，主要操作包括进料吸附、杂质清洗、目标产物洗脱和色谱柱再生。凝胶电泳的操作要点包括凝胶的制备、电极缓冲液的选择、电泳、染色与固定、脱色。酶的干燥常用方法有真空干燥、冷冻干燥、喷雾干燥、气流干燥和吸附干燥。

实 践 练 习

1. 可以用于酶分离的沉淀方法有（　　）。
A. 盐析　　　　B. 等电点　　　C. 有机溶剂　　　D. 复合沉淀　　　E. 电渗析
2. 酶进行离子交换前，需要对离子交换剂进行处理，处理的方法有（　　）。

A. 除去交换剂中的杂质　　　B. 交换剂的溶胀

C. 离子交换剂的复活　　　　D. 离子交换剂的改型

3. 酶可以用凝胶过滤进行分离纯化，以下哪些是其优点？（　　　）

A. 分离条件温和，不易引起酶的变性失活　　B. 设备简单但是样品回收率不高

C. 工作范围广，分离的分子质量范围广　　　D. 分离后无需再生就可重复利用

4. 下列有关酶蛋白的分离与提纯的叙述不正确的是（　　　）。

A. 酶蛋白分子的等电点不会影响到泳动速度

B. 透析法能够分离酶蛋白

C. 酶有两性，故既可以用阳离子交换剂也可以用阴离子交换剂来分离纯化

D. 透析脱盐时应经常更换溶剂，并不断搅拌溶剂

5. 酶的分离提纯中正确的方法是（　　　）。

A. 全部操作需在低温下进行，一般在 $0 \sim -4$℃之间

B. 酶制剂制成干粉后可保存于一般的 4℃冰箱

C. 经常使用巯基乙醇以防止酶蛋白二硫键发生还原

D. 提纯时间尽量短

（赵扬）

第七章

酶的固定化

学习目标

■【学习目的】

　　学习酶的固定化方法，对常见酶能够固定化并会利用其进行产品的生产操作。

■【知识要求】

　　1. 掌握固定化酶的概念、特点及酶的固定化方法。

　　2. 理解固定化酶的制备原则、固定化酶性质及评价指标。

　　3. 了解固定化酶反应器类型、固定化酶的应用。

■【能力要求】

　　1. 能应用酶的固定化方法制备固定化酶。

　　2. 能利用一些简单的固定化酶反应器进行酶的催化反应。

第一节　固定化酶的概念和优缺点

一、固定化酶的概念

　　固定化酶最早被称为"水不溶酶"或"固相酶"。这是因为此技术是将水溶性的自然酶与不溶性载体结合起来，成为不溶于水的酶的衍生物。后来又研究和开发出了许多新的载体和固定化方法。例如，可以让酶和高分子底物在一种不能透过高分子物质的半透膜中进行酶反应，随着反应的进行，生成的低分子产物又会不断地透过半透膜，而酶因其本身不能透过半透膜而被回收。用这种方法，酶就被固定在一个有限的空间内而不能自由流动，其本身仍处于溶解状态，因此就不宜再将其称之为"水不溶酶"或"固相酶"。在1971年的第一届国际酶工程会议上，正式建议采用"固定化酶"的名称。

　　所谓固定化酶就是指在一定空间内呈闭锁状态存在的酶，能连续地进行反应，反应后的酶能回收重复使用。酶的固定化是将酶与水不溶性载体结合制备固定化酶的过程。固定化酶根据用途的不同，有颗粒、线条、薄膜和酶管等形状，其中颗粒状占绝大多数。颗粒和线条主要用于工业发酵生产；薄膜主要用于酶电极；酶管主要用于化学工业生产。因此不管用何种方法制备的固定化酶，都应满足上述固定化酶的应用条件。

二、固定化酶的优缺点

　　酶的固定化技术可以克服自然酶的一些不足，又使固定化酶可以像一般化学催化剂一样具有能回收、可反复使用等优点，并在一定程度上保持了酶特有的催化活性，其生产工艺可以连续化、自动化，从而成为近年来酶工程技术中最为活跃的研究领域之一。所以与游离酶相比，固定化酶具有下列优缺点。

1. 优点

① 极易将固定化酶与底物、产物分开，可以在较长时间内进行反复分批反应和装柱连续反应。酶的使用效率提高，成本降低。

② 在大多数情况下，固定化酶能够提高酶的稳定性。

③ 产物溶液中没有酶的残留，简化了提纯工艺，可以增加产物的收率，提高产物的质量。

④ 酶反应过程能够加以严格控制。

⑤ 较游离酶更适合于多酶反应。

2. 缺点

① 酶固定时会使酶的活性中心受损，可能导致酶活性降低。

② 只适用于催化可溶性和较小分子的底物，对大分子底物不适宜。

③ 与完整菌体相比，其不适宜于多酶反应，特别是需要辅助因子的反应。

④ 胞内酶必须经过酶的分离步骤。

目前，固定化酶已在医药工业和食品工业得到广泛应用，而且也应用于临床化验、生物医学、生化理论研究之中。

知 识 链 接

Nelson 和 Griffin 在 1916 年最先发现了酶的固定化现象。随后，科学家就开始了固定化酶的研究。酶固定化技术的应用始于 20 世纪 50 年代，但是直到 60 年代后期，随着固定化技术的进一步开发才得以迅速发展。日本一家制药公司 1969 年首次利用固定化氨基酰化酶，由乙酰化-DL-氨基酸连续生产 L-氨基酸。1971 年在美国召开的首届酶工程会议正式建议采用"固定化酶"的名称。我国固定化酶的研究始于 1970年。此后，许多单位相继进行了固定化酶和固定化细胞的应用研究。固定化酶的研究迅速发展，先后开发了多种固定化方法和性能多样的载体材料。目前研究出的固定化方法已超过 200 种以上。

第二节　固定化酶的制备方法

一、固定化酶的制备原则

酶的种类十分繁多，目前可供选择的固定化的方法也是多种多样，一般要根据不同酶的性质、不同的应用目的以及不同的应用环境来选择相应的固定化方法。但是无论选择哪一种方法，都要符合以下几点要求：①酶的固定化应尽可能地保持自然酶的催化活性，这要求酶的固定化不应破坏酶活性中心的结构，因此在酶的固定化过程中，要注意酶与载体的结合部位不应当是酶的活性部位，以防止活性部位的氨基酸残基发生变化。另外，酶的高级结构是借氢键、疏水键和离子键等弱键来维持的，因此固定化时也要采取温和的条件，尽可能避免酶蛋白高级结构被破坏。②固定化的载体应该与酶结合较为牢固，使固定化酶可回收及多次反复使用。其次，载体不能与反应液、产物或废物发生化学反应。另外，载体必须有一定的机械强度，否则固定化酶在连续的自动化生产中会因机械搅拌而破碎。③酶固定化后产生的空间位阻应该较小，尽可能不妨碍酶与底物的接近，以提高产品的产量。④酶固定化的成本要尽可能的低，以利于工业化生产使用。

二、酶的固定化方法

酶的固定化方法很多，但对任何酶都适用的方法是没有的。固定化酶的方法按传统可分为 4 类：吸附法、包埋法、共价键结合法和交联法，概括起来通常分为物理法和化学法两大类。

（一）吸附法

利用各种吸附剂（载体）将酶或含酶菌体吸附在其表面上而使酶固定的方法（图 7-1）。通常有物理吸附法和离子交换吸附法。

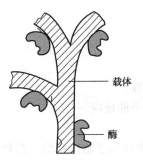

图 7-1　吸附法固定化酶模式图

1. 物理吸附法

通过氢键、疏水作用和电子亲和力等物理作用，将酶固定于水不溶载体上，从而支撑固定化酶。常用的载体有无机载体和有机载体。

（1）无机载体　常见的有高岭土、皂土、氧化铝、磷酸钙胶、微孔玻璃、多孔玻璃、酸性白土、漂白土、二氧化钛等。比如用多孔硅为载体吸附米曲酶、枯草杆菌的 α-淀粉酶和黑曲霉的糖化酶，在 45℃进行固定化，用高浓度的底物进行连续反应，半衰期分别为 14 天、35 天、60 天。

无机载体的吸附容量较低，而且酶容易脱落。

（2）有机载体　常见的有纤维素、骨胶原、赛璐玢、火棉胶、面筋、淀粉、大孔型合成树脂、陶瓷等载体。比如用纤维素作为吸附剂，用膨润的玻璃纸或胶棉膜吸附木瓜蛋白酶、碱性磷酸酯酶、6-磷酸葡萄糖脱氢酶。吸附后在载体表面形成单分子层，吸附蛋白能力约 70mg/cm^2。

物理吸附法具有酶活性中心不易被破坏和酶高级结构变化少的优点，因而酶活力损失很少。虽然有些物质对酶或蛋白质分子有高度的吸附能力，但当吸附于这些吸附剂时常引起变性，且结合力较弱，当反应液的 pH 值、温度、底物浓度等发生变化时，会导致酶从载体上部分或全部脱落，所以应用不多。

2. 离子交换吸附法

这是将酶与含有离子交换基的水不溶载体相结合而达到固定化的一种方法。此法酶吸附较牢，在工业上颇具广泛的用途。常用的载体有阴离子交换剂，如二乙基氨基乙基（DEAE）-纤维素、混合胺类（ECTEDLA）-纤维素、四乙氨基乙基（TEAE）-纤维素、DEAE-葡聚糖凝胶、Amberlite IRA-93 等；阳离子交换剂，如羧甲基（CM）纤维素、纤维素柠檬酸盐、Amberlite CG50、IRC-50、IR-200、Dowex-50 等。

采用吸附法制备固定化酶或固定化细胞，其操作简便、条件温和，不会引起酶变性或失活，载体廉价易得，而且可反复使用。但是由于依靠吸附法固定的酶与载体相互作用力弱、酶容易从载体上脱落下来，进而影响产物的纯度和酶的稳定。

用吸附法进行酶的固定化的关键是要能找到适当的载体，使其与酶之间的结合较为牢固。例如，最近开发的 N-烃基琼脂糖衍生物，它能牢固地吸附如黄嘌呤氧化酶、脲酶等多种酶，这种吸附可借助静电力和疏水键等多种因素协同发挥作用，因此结合十分牢固，甚至可经受 1mol/L NaCl 的洗脱。又如，现在广泛使用的一些亲和吸附剂 ConA-葡聚糖等，它们能专一而强有力地吸附糖蛋白，包括蛇毒外切核酸酶和 5′-核苷酸酶等。另外，某些过渡态金属衍生物、氧化物等能活化载体的表面，通过整合作用，可将酶偶联起来形成固定化酶。过渡态金属最常用的是三价和四价的铁等，它们的吸附容量比对应的载体要强。例如，用氧化铁包被的不锈钢粒（直径 $100 \sim 200 \mu m$）吸附 β-半乳糖苷酶，每克吸附剂可吸附 17mg 蛋白。

（二）包埋法

将酶或含酶菌体包埋在各种多孔载体中，使酶固定化的方法称为包埋法。包埋法操作简单，由于酶分子只被包埋，未受到化学反应，可以制得较高活力的固定化酶，对大多数酶、粗酶制剂甚至完整的微生物细胞都适用。但是，只有小分子底物和产物可以通过凝胶网络，而对大分子底物不适宜。同时，凝胶网络对物质扩散的阻力导致固定化酶动力学行为的变化、活力降低。包埋法使用的多孔载体主要有琼脂、琼脂糖、海藻酸钠、角叉菜胶、明胶、聚丙烯酰胺、光交联树脂、聚酰胺、火棉胶等。

使用包埋法制备固定化酶或固定化细胞时，根据载体材料和方法的不同，可分为凝胶包埋法和微囊化法两大类（图 7-2）。

1. 凝胶包埋法

凝胶包埋法也叫网格型包埋法，是指将酶或含酶菌体包埋在各种高分子凝胶内部的细微网格微孔中，制成一定形状的固定化酶或固定化含酶菌体。大多数为球状或片状，也可按需要制成其他形状。

常用的凝胶载体材料有淀粉、蒟蒻粉、明

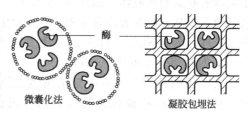

图 7-2 包埋法固定化酶模式图

胶、胶原、海藻酸和角叉菜胶等天然凝胶以及聚丙烯酰胺凝胶、聚乙烯醇、光敏树脂等合成凝胶。天然胶在包埋时条件温和、操作简便、对酶活性影响较小，但强度较差。而合成胶强度高，对温度、pH 变化的耐受性强，但需要在一定条件下进行聚合反应才能把酶包埋起来。在聚合反应过程中往往会引起部分酶的变性失活，应严格控制好包埋条件。

酶分子的直径一般只有几十埃[●]，为防止包埋固定化后酶从凝胶中泄露出来，凝胶的孔径应控制在小于酶分子直径的范围内，这样对于大分子底物的进入和大分子产物的扩散都是不利的。所以凝胶包埋法不适用于那些底物或产物分子很大的酶类的固定化。

2. 微囊化法

微囊化法又叫半透膜包埋法，是指将一定量的酶包埋在具有半透性聚合物膜的微囊内。它使酶存在于类似细胞内的环境中，可以防止酶的脱落，防止与微囊外环境直接接触，从而增加了酶的稳定性，同时，分子底物能通过膜与酶作用，产物经扩散而输出。一般有以下几种制备方法。

（1）界面分离法 又称为界面凝聚法。是利用某些高聚物在水相和有机相的界面上溶解度极低而形成皮膜将酶包埋的方法。作为膜材料的高聚物有硝酸纤维素、聚苯乙烯和聚甲基丙烯酸甲酯等。例如，先将酶的水溶液和含醋酸纤维素（或其他合成高聚物如聚氯乙烯）的有机溶剂（如二氯甲烷）混合做成乳浊液，然后喷入适宜的沉淀剂内，就可得到包埋酶的纤维。

此法条件温和，酶的稳定性好，有很大的工业应用潜力，但有些情况下，沉淀剂可能引起酶的失活，并且要完全除去膜上残留的有机溶剂很麻烦。

---

❶ 1埃（Å）＝0.1nm，全书余同。

（2）界面聚合法 是指利用亲水性单体和疏水性单体在界面发生聚合的原理包埋酶的方法。例如，将酶和己二胺的水溶液与含癸二酰氯的氯仿或甲苯有机溶剂，加以混合并乳化，这样两种单体——己二胺和癸二酰氯——就将在水相和有机相的界面上聚合，形成包埋酶的尼龙膜珠粒，用 Tween-20 破乳化后，即可得到所需的微囊包埋酶。除尼龙膜外还有聚酰胺、聚脲等形成的微囊。

此法制备的微囊大小能随乳化剂浓度和乳化时的搅拌速度而自由控制，制备过程所需时间非常短，但在包埋过程中由于发生化学反应会引起酶的失活。

（3）表面活性剂乳化液膜包埋法 是指在酶的水溶液中添加表面活性剂，使之乳化形成液膜达到包埋目的的一种方法。这种方法不包含化学反应，较为简便，而且此固定化反应是可逆的，但是此法形成的固定化膜有渗漏的可能。

（4）脂质体包埋法 是指具有脂双层结构和一定包裹空间的微球体，具有多层囊胞结构（MLV）、单层小囊泡（SUV）和单层大囊泡（LUV）等三种类型。MLV 是通过机械振动脂类溶液制成的脂质体。SUV 通常由 MLV 经超声波处理制成。LUV 是较常用的脂质体，包裹效率很高，制备方法有多种，如反相蒸发法，这是将有机溶剂和被包裹物质混合，用超声波处理，形成 SUV，再在减压蒸发的同时加入待包埋物的水溶液，搅拌后即可形成 LUV，其包裹效率可达 50％以上。

脂质体的特点是具有一定的机械性能，能定向将酶等被包裹物质携带到体内特定部位，然后在那里将被包裹物质释放。现在已经发展了"酸敏脂质体"、"免疫脂质体"和"酸敏免疫脂质体"，它们的运转具有更大的定向性，因此在药物应用方面受到了人们的重视。

包埋法一般不会与酶蛋白的氨基酸残基进行结合反应，很少改变酶的高级结构，故而一般比较安全，酶活回收率较高。但是聚合过程中由于自由基的产生、放热以及酶和试剂间可能发生化学反应等，也往往会导致酶的失活，所以在选择包埋方法和控制反应条件时要特别小心。另外，由于只有小分子可以通过高分子凝胶的网格扩散，并且这种扩散阻力还会导致固定化酶动力学行为的改变，降低酶活力。因此，包埋法只适合作用于小分子底物和产物的酶，对于那些作用于大分子底物和产物的酶是不适合的。

（三）共价键结合法

共价键结合法也叫载体偶联法，是指借助共价键将酶的活性非必需侧链基团和载体的功能基团进行偶联的固定化方法（图 7-3）。由于酶与载体间连接牢固，不易发生酶脱落，有良好的稳定性及重复使用性，因而成为目前研究最为活跃的一类酶固定化方法。

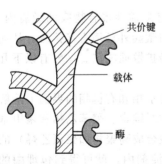

图 7-3 共价键结合法
固定化酶模式图

这种方法常用的载体有：天然高分子，如纤维素、葡聚糖凝胶、琼脂糖、淀粉、壳聚糖、胶原及其衍生物等；人工合成的高聚物，如聚丙烯酰胺、多聚氨基酸、乙烯与顺丁烯二酸酐的共聚物、聚苯乙烯、尼龙等，以及无机载体，如多孔玻璃、金属氧化物等。酶分子中可形成共价键的基团主要有氨基、羧基、巯基、羟基、酚基和咪唑基等。

要使载体与酶形成共价键，必须首先使载体活化，即借助于某种方法在载体上引进活泼基团，然后使此活泼基团再与酶分子上的某基团反应形成共价键。

使载体活化的方法很多，主要有重氮法、叠氮法、溴化氰法和烷基化法等。

1. 重氮反应

这是带芳香氨基侧链的载体的主要反应，载体在稀盐酸和亚硝酸中进行反应，成为重氮盐衍生物，然后再在温和的条件下和酶蛋白分子上相应的基团如酚羟基、咪唑基或氨基直接进行偶联，得到固定化酶。

例如，对氨基苯甲基纤维素可与亚硝酸反应：

$$R-O-CH_2-C_6H_4-NH_2+HNO_2 \longrightarrow R-O-CH_2-C_6H_4-N^+\!\!=\!\!N+H_2O$$

载体活化后，活泼的重氮基团可与酶分子中的酚基或咪唑基发生偶联反应而制得固定化酶：

$$R-O-CH_2-C_6H_4-N^+\!\!=\!\!N+E \longrightarrow R-O-CH_2-C_6H_4-N\!\!=\!\!N-E$$

2. 叠氮法

含酰肼基团的载体可用亚硝酸活化，生成叠氮化合物。例如，羧甲基纤维素的酰肼衍生物可与亚硝酸反应生成羧甲基纤维素的叠氮衍生物。其反应式如下：

$$R-O-CH_2-CO-NH-NH_2+HNO_2 \longrightarrow R-O-CH_2-CO-N_5+2H_2O$$

羧甲基纤维素叠氮衍生物中活泼的叠氮基团可与酶分子中的氨基形成肽键，使酶固定化：

$$R-O-CH_2-CO-N_5+H_2N-E \longrightarrow R-O-CH_2-CO-NH-E$$

此外叠氮基团还可以与酶分子中的羟基、巯基等反应而制成固定化酶：

$$R-O-CH_2-CO-N_5+HO-E \longrightarrow R-O-CH_2-CO-O-E$$
$$R-O-CH_2-CO-N_5+HS-E \longrightarrow R-O-CH_2-CO-S-E$$

3. 溴化氰法

对于带羟基的载体如纤维素、葡聚糖和琼脂糖等来说，这是最常用的反应。在碱性条件下载体的羟基和溴化氰反应生成极活泼的亚氨基碳酸衍生物：

活化载体上的亚氨基碳酸基团在弱碱中可直接和酶分子上的氨基进行共价偶联反应，生成固定化酶。

利用此法可在非常温和的条件下与酶蛋白的氨基发生反应，得到的固定化酶相对活力一般比较高，而且相当稳定，同时操作简便，故已成为近年来普遍使用的固定化方法。其中，溴化氰活化的琼脂糖已在实验室中广泛用于制备固定化酶以及亲和色谱的固定化吸附剂。

4. 烷基化法

含羟基的载体在碱性条件下可用多卤代物进行活化，形成含有卤素基团的活化载体，活化载体上的卤素基团可与酶分子上的氨基、酚羟基或巯基等发生烷基化反应，制备成固定化酶。

$$R-O-R'-Cl+H_2N-E \longrightarrow R-O-R-NH-E+HCl$$
$$R-O-R'-Cl+HS-E \longrightarrow R-O-R-S-E+HCl$$
$$R-O-R'-Cl+HO-E \longrightarrow R-O-R-O-E+HCl$$

共价结合法是目前应用和报道得最多的一类方法。它有着物理吸附法和离子结合法所不可比拟的优点：酶与载体结合牢固，稳定性好，一般不会因底物浓度高或存在盐类等原因而轻易脱落，这有利于连续使用。但是共价结合法也有其自身的缺点：该方法反应条件苛刻，操作复杂，而且由于采用了比较激烈的反应条件，可能会引起酶蛋白高级结构的变化，破坏部分活性中心，因此往往不能得到比活力高的固定化酶，其酶活回收率一般为30%左右，有时甚至底物的专一性等酶的性质也会因固定化而发生变化。

为了尽量克服共价结合法反应激烈的缺点，减少酶在偶联过程中的失活，可以采取以下一些保护措施：①应选择适宜的固定化方法与相应的载体，例如，采用重氮法时要注意载体的亲水性与疏水性；②严格控制反应条件，提高反应的专一性，例如使反应局限于 α-氨基，保护 ε-氨基；③应用可逆抑制剂或底物，封闭或牵制酶的活性中心与必需基团，避免试剂影响酶的活性构型和相应基团。例如，在进行腺苷三磷酸酶固定化时，可先用对羟汞苯甲酸将酶的活性巯基保护起来，然后通过叠氮反应将酶偶联于羧甲基纤维素上，在完成固定化以后，再用还原剂使—SH 活化，这样可得到高活性的固定化酶。

（四）交联法

交联法就是利用双功能或多功能交联试剂使酶与酶或微生物与微生物细胞之间发生交联，以共价键制备固定化酶的方法（图 7-4）。它与共价结合法的不同之处是它不使用载体。常用的交联试剂有戊二醛、己二胺、顺丁烯二酸酐、双偶氮苯等。其中应用最广泛的交联剂是戊二醛。

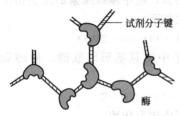

图 7-4　交联法固定化酶模式图

戊二醛有 2 个醛基，这 2 个醛基都可与酶或蛋白质的游离氨基反应，形成席夫（Schiff）碱，而使酶或菌体蛋白交联，制成固定化酶或固定化菌体。

$$n\text{OHC(CH}_2)_3\text{CHO}+n\text{E} \longrightarrow \cdots -\text{CH}=\text{N}-\text{E}-\text{N}=\text{CH}-(\text{CH}_2)_3-\text{CH}=\text{N}-\text{E}-\text{N}=\text{CH}-\cdots$$

用戊二醛交联时采用的 pH 一般与被交联的酶或蛋白质的等电点相同。

采用交联法制备的固定化酶或固定化菌体结合牢固，可长时间使用，同时操作简便。其缺陷是交联反应的过程往往比较激烈，许多酶易在固定化过程中失效，酶回收率不高。这一缺点可以通过如下措施来尽量避免：①采用某些保护措施，在交联反应前可先用"可逆"抑制剂或底物进行专一性掩护，或者向交联反应系统中添加惰性蛋白，如血清蛋白、明胶等；②尽可能降低交联剂浓度和缩短反应时间，有利于固定化酶比活力的提高。但如果双功能或多功能试剂的链长等选择适当，反应条件有利于建立某些分子内交联或有利于亚基的固定及四级结构的维持时，上述缺点就不存在，交联反应反而能增进酶的稳定性，甚至提高它们对小分子底物的催化活性；在这种情况下可能产生的问题是随着双功能或多功能试剂链的增长，其疏水性也随之上升，这就有可能带来一些有害的影响。

三、各种固定化酶方法的优缺点比较

根据大量试验数据，可把常规的固定化酶方法进行比较，见表 7-1。

表 7-1　酶的各种固定化方法的比较

特性 ＼ 固定方法	物理吸附法	离子吸附法	包埋法	共价法	交联法
制备难易	易	易	易	难	难
结合程度	中	弱	强	强	强
酶活力	高	高	高	中	中
对底物专一性	不变	不变	不变	可变	不变
再生	可能	可能	不可能	不可能	不可能
固定化费用	低	低	中	中	高

由表 7-1 可见，没有一个方法是十全十美的，几种方法各有利弊。包埋、共价结合、交联三种虽结合力强，但不能再生、回收；物理吸附法制备简单，成本低，能回收再生，但结合差，在受到离子强度、pH 变化影响后，酶会从载体上游离下来；包埋法各方面较好，但不适于大分子底物和产物。要选择最适的固定化方法要依据于特定的技术需要和资金考虑。

酶的固定化可以节省花费并且有许多技术优点。而不同的酶种类却具有不同的特性，而且对于不同的用途也需要有不同的酶的固定化技术，因此有必要开发出更有效的酶固定化方法和技术。

> **能 力 拓 展**
>
> 酶传感器或酶电极在临床诊断和环境监测方面具有很大的应用空间和前景。酶电极是将酶固定在薄膜（如醋酸纤维素薄膜）上，制成酶膜，然后将酶膜与离子选择性电极相结合，便制成了酶电极。现已制成了各种酶电极，用于测定样品中各种物质的含量。例如葡萄糖氧化酶电极测定血液、尿液中葡萄糖含量；脲酶电极测定血液、尿液中尿素含量；乳酸脱氢酶电极测定血液中乳酸含量；硝酸还原酶电极检测水中的硝酸盐含量；辣根过氧化物酶电极检测水中多种酚类化合物含量。

第三节　固定化酶的特性

固定化是一种化学修饰，它对酶本身以及酶所处的环境都可能产生一定的影响，所以固定化酶表现出来的性质与自然酶相比就有所改变。

一、固定化酶活力的变化

多数情况下比天然酶小，其专一性也能发生改变。如用羟甲基纤维素作载体固定胰蛋白酶，对高分子底物酪蛋白只显示原酶活力的 30%，而对低分子底物苯肽精氨酸-对硝基酰替苯胺的活力保持 80%。所以，一般认为高分子底物受到空间位阻的影响比低分子底物大。

在同等条件下，固定化酶活力要低于等摩尔溶液酶活力。固定化酶活力下降的原因主要有：酶分子在固定化过程中，空间构象会发生变化，影响到了活性中心的氨基酸残基；固定化后酶分子空间自由度受到限制，会直接影响到活性中心对底物的定位作用；内扩散阻力使底物分子与活性中心的接近受阻。另外，也可能是在酶的固定过程中有变性所致。

不过，也有个别情况下酶固定后活力反而比原来有所提高，原因可能是在偶联过程中酶得到化学修饰，或固定化过程中提高了酶的稳定性。

二、固定化酶的稳定性

大多数酶固定化后，一般都有较高的稳定性、较长的操作寿命和保存寿命。产生这种效应可能的原因有：①固定化增加了酶活性构象的牢固程度；②固定化后，限制了酶分子间相互作用的机会；③阻挡了外界不利因素对酶的侵袭。但是如果固定化触及到酶的活性敏感区，也可能导致酶的稳定性下降。固定化酶稳定性升高表现在以下方面。

1. 增加了酶的耐热性

大多数固定化酶的热稳定性得到了提高。以氨基酰化酶为例，天然的溶液游离酶在 75℃加热 15min，其活力为 0；但是当它固定于 DEAE-纤维素以后，在相同条件下却可保存 60% 的活力；而固定于 DEAE-葡聚糖以后，则可保存 80% 的活力。而固定化技术却能使酶的耐热性提高。这样利用固定化酶催化反应就能在较高温度下进行，加快反应速度，提高酶的作用效率，在实际运用中是非常有益的。

2. 提高了对变性剂、抑制剂的抵抗能力

酶在固定化以后，增强了对蛋白质变性剂、抑制剂的抵抗力，例如氨基酰化酶与固定于 DEAE-Sephadex 的氨基酰化酶比较，前者在 60mol 尿素、2mol 胍、1%SDS 和 4mmol 丙酮溶液中的活力分别为 9%、49%、1% 和 55%，而后者在相应溶液中的活力则分别为 146%、117%、35% 和 138%。

3. 减轻了蛋白酶的破坏作用

以氨基酰化酶为例，在胰蛋白酶作用下，自然酶保存的活力仅为 20%，DEAE-纤维素固定化的酶为 80%，DEAE-葡聚糖固定化的酶为 87%。蛋白酶本身在固定化后一般都可避免自身的消化破坏作用。

4. 增强储存稳定性和操作稳定性

大部分的酶在固定化以后，其使用和保存的时间显著延长，半衰期（$t_{1/2}$，即酶活性达到原有酶活性一半时所需的时间）较长。表 7-2 是一些固定化酶的半衰期。

表 7-2　一些固定化酶的半衰期

酶	固定化方法	温度/℃	作用时间/天	剩余酶活力/%
葡萄糖异构酶	叠氮法	60	14	50
氨基酰化酶	交联法	37	78	50
青霉素酰化酶	烷基法	37	77	100
半乳糖苷酶	交联法	30	100	50
天冬氨酸酶	包埋法	37	20	50
木瓜蛋白酶	共价法	37	73	54
	吸附（甲壳素）	37	35	50

5. 酸碱稳定性

多数固定化酶的酸碱稳定性高于游离酶，稳定 pH 范围变宽。极少数酶固定化后稳定性下降，可能是由于固定化过程使酶活性构象的敏感区受到牵连而导致的。

稳定性是关系到固定化酶能否用于生产实践的大问题。在大多数情况下酶经过固定化后其稳定性都有所增加，这是十分有利的。然而，由于目前尚未找到固定化方法与酶稳定性之间的规律性，因此要预测怎样固定化才能提高稳定性还有一定困难。

三、固定化酶的反应特性

固定化酶由于活性、稳定性发生了变化，反应特性也有所改变，例如，底物特异性、酶反应的最适 pH、酶反应的最适温度、动力学常数、最大反应速度等均与游离酶有所不同。

1. 底物的特异性

一般来说，当酶的底物为小分子化合物时，固定化酶的底物特异性大多数情况下不发生变化。例如，氨基酰化酶、葡萄糖氧化酶、葡萄糖异构酶等，固定化前后的底物特异性没有变化；而当酶的底物为大分子化合物时，如蛋白酶、淀粉酶、磷酸二酯酶等，固定化酶的底物特异性往往会发生变化。这是由于载体引起的空间位阻作用，使大分子底物难以与酶分子接近而无法进行催化反应，而相对分子质量较小的底物受到空间位阻作用的影响较小。

2. 反应的最适 pH

一般说来，用带负电荷载体（阴离子聚合物）制备的固定化酶，其最适 pH 较自然酶偏高，这是因为多聚阴离子载体会吸引溶液中的阳离子（包括 H$^+$），使其附着于载体表面，结果使固定化酶扩散层中 H$^+$ 浓度比周围的外部溶液高，即偏酸，这样外部溶液中的 pH 必

须向碱性偏移，才能抵消微环境作用，使酶表现出最大的活力。反之，带正电荷的载体固定化的酶的最适 pH 向酸性偏移。

3. 反应的最适温度

由于固定化后，大多数酶的热稳定性提高，所以最适温度也随之提高。当然，也有报道最适温度不变或下降的。固定化酶的作用最适温度会受固定化方法以及固定化载体的影响。

4. 酶的动力学特征

固定化酶的表观米氏常数 K_m 随载体的带电性能变化。与载体电荷性质相反的底物在固定化酶微环境中的浓度比整体溶液的高，与游离酶相比，这种固定化酶即使在溶液底物浓度较低时，也可达到最大反应速度，即固定化酶的表观 K_m 值低于溶液的 K_m 值；而当固定化载体与底物电荷相同，就会造成固定化酶的表观 K_m 值显著增加。简单说，由于高级结构变化及载体影响引起酶与底物亲和力变化，从而引起 K_m 变化。这种 K_m 变化同时又受到溶液中离子强度大小的影响，离子强度升高，载体周围的静电梯度逐渐减小，K_m 变化也逐渐缩小以至消失。例如，在低离子浓度条件下，多聚阴离子衍生物-胰蛋白酶复合物对苯甲酰 L-精氨酸乙酯的 K_m 比原酶小；但在高离子浓度下，接近原酶的 K_m。当酶结合于电中性载体时，由于扩散限制作用造成酶的表观 K_m 上升。

第四节　固定化酶的评价指标

游离酶成为固定化酶后，其催化性质会发生变化，因此制备固定化酶后，必须考察它的性质，通过各种参数的测定来判断某种固定化方法的优劣以及所得固定化酶的实用可能性。常用的固定化酶的评估指标有以下几种。

一、固定化酶的活力

（一）固定化酶活力定义

固定化酶（细胞）的活力即是固定化酶（细胞）催化某一特定化学反应的能力，其大小可用在一定条件下它所催化的某一反应的反应初速度来表示。固定化酶（细胞）活力的单位可定义为：每毫克干重固定化酶（细胞）每分钟转化底物（或生成产物）的量，表示为 $\mu mol/(min \cdot mg)$。如是酶膜、酶管、酶板，则以单位面积的反应初速度来表示，$\mu mol/(min \cdot cm^2)$。由于固定化酶的性质与游离酶有一些区别，所以固定化酶的活力测定与游离酶的活力测定方法也有一些不同。

（二）固定化酶活力测定方法

测定固定化酶活力，可在两种基本系统——填充床或均匀悬浮在保温介质中进行测定，其测定方法如下。

1. 间歇测定

称取一定重量的固定化酶，放在一定形状、一定大小的容器中，加入一定量的底物溶液，在特定的条件下，一边振荡或搅拌，一边进行催化反应。然后间隔一定时间取样，过滤后按常规方法进行测定。

此法较简单，但所测定的反应速度与反应容器的形状、大小及反应液的体积有关，所以必须固定条件。而且，随着振荡和搅拌速度加快，反应速度会上升，达到某一水平后便不再升高。所以要尽可能使反应在最适水平上进行。

此法固定化酶和游离酶测活条件的异同点为：①固定化酶反应液的测定方法与游离酶反

应液的测定方法完全相同；②固定化酶反应要在一定的振荡或搅拌速度下进行，过大过小都对反应速度有明显影响；③底物浓度、pH值、温度、反应时间等条件可与游离酶活力测定的条件相同，也可根据固定化酶的特性不同而选用适宜的条件。最好在与实际应用的工艺条件相同的条件下进行测定。

2. 连续测定

将固定化酶装入具有恒温水夹套的柱中，以不同流速流过底物，测定酶柱流出液。根据流速和反应速度之间的关系，算出酶活力（酶的形状可能影响反应速度）。在实际应用中，固定化酶不一定在底物饱和条件下反应，故测定条件要尽可能与实际工艺相同，这样才能有利于比较和评价整个工艺。

此法和游离酶测活条件的异同点为：①测定方法与游离酶反应液的测定方法相同；②反应液流经酶柱的速度对反应速度有很大影响，在某一最适流速下，反应速度最大，故测定固定化酶活力要在固定的流速条件下进行；③酶柱的形状和径高比都对反应速度有明显影响，必须固定不变；④底物浓度、反应温度、pH值、反应时间和离子强度等条件可以与游离酶活力测定时相同，也可按固定化酶的最适条件。最好能与实际应用时的工艺条件相同。

固定化酶测活时需注意：温度的控制、搅拌的速度、固定化酶干燥的程度和条件、固定化的原酶含量或蛋白质含量以及用于固定化酶的原酶的比活力。

二、偶联率及相对活力

影响酶固有性质的效应及固定化所引起的酶的失活，可用偶联率或相对活力来表示。偶联率以载体结合酶量（或酶活力）的百分数表示，即：

偶联率＝[（加入的总活力－溶液中残留的总活力）/加入的总活力]×100%

或　　偶联率＝[（加入的蛋白量－溶液中残留的蛋白量）/加入的蛋白量]×100%

由于在偶联反应中酶往往会有些失活，因此测定上清液蛋白活力还不能正确反映与载体结合的酶活力，所以仍以测定蛋白量较为准确。在固定化过程中当酶与载体结合后，用适当的缓冲液淋洗固定化酶，以洗除未固定的酶，收集洗脱液，并测定其中蛋白量（或酶活力），即为残留的蛋白量（或酶活力）。

偶联率等于1时，表示反应控制好，固定化或扩散限制引起的酶失活不明显；偶联率小于1时，扩散限制对酶活力有影响；偶联率大于1时，有细胞分裂或从载体排除抑制剂等原因。

固定化酶活力与同等量的溶液酶活力的比值称为相对活力，即：

相对活力＝[固定化酶总活力/（加入酶的总活力－残留酶活力）]×100%

三、半衰期

固定化酶（细胞）的半衰期是指在连续测定条件下，固定化酶（细胞）的活力下降为最初活力一半所经历的连续工作时间，以 $t_{1/2}$ 表示。固定化酶（细胞）的操作稳定性是影响实用的关键因素，半衰期则是衡量稳定性的一项重要指标。

半衰期的测定可以与化工催化剂一样进行实测，即进行长时间的实际测定，也可通过较短时间测定后再进行数学公式的推算。在没有扩散限制时，固定化酶（细胞）的活力随时间成指数关系，半衰期 $t_{1/2}=0.693/K_D$。

式中 $K_D=-2.303/t×\lg(E/E_0)$，称为衰减常数，其中 E/E_0 是时间 t 后酶活力残留的百分数。

第五节　固定化酶反应器

利用固定化酶作为生物催化剂进行物质转化或生产的设备称为固定化酶反应器。由于固定化酶的方法及其应用目的不同，从单酶系统到较复杂的固定化酶系统，其复杂程度也各不相同。因此，我们对固定化酶反应器主要根据固定化类型与特点、选择与使用、操作及注意事项等进行讨论。

一、固定化酶反应器的类型及特点

目前，已有多种固定化酶反应器用于固定化酶技术，下面介绍最常用的几种反应器。

（一）填充床反应器

填充床反应器（packed bed reactor，PBR）又称固定床反应器，是目前在固定化酶技术中使用最普遍、应用也最广泛的一种反应器（图 7-5）。各种形状的固定化酶都很容易填充在反应器内。底物在一定方向上以恒定的速度通过固定化酶柱。若柱的横截面上每一点液体流动的速度完全相同，则可以认为反应器是在理想条件下作为活塞流反应器。由于流动方向上存在速度和温度梯度，在轴方向上存在底物的扩散，所以实际上总是不可能完全符合理想化的条件。

填充床反应器的优点是：①返混小，流体同催化剂可进行有效接触，当反应伴有串联副反应时可得到较高选择性；②催化剂机械损耗小；③操作简便；④产物抑制小。

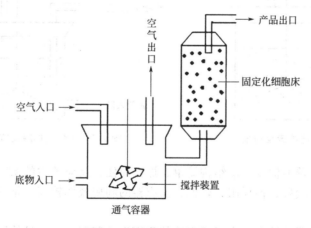

图 7-5　填充床反应器模式图

填充床反应器的缺点为：①操作过程中催化剂不能更换，催化剂需要频繁再生的反应一般不宜使用；②在反应器中，对固定化活细胞提供氧和除去 CO_2 是十分必要的，但填充床反应器气-液接触不充分、CO_2 不易除去；③温度不易控制。

（二）搅拌罐反应器

搅拌罐反应器（stirrd tank reactor，STR）是有搅拌装置的一种反应器。在酶催化反应中是最常用的反应器。它由反应罐、搅拌器和保温装置组成。可用于游离酶的催化反应，也可用于固定化酶的催化反应。

搅拌罐反应器的操作方式根据需要可采用分批式、流加分批式和连续式 3 种，与之对应的有分批搅拌罐反应器和连续搅拌罐反应器。

1. 分批搅拌罐反应器（batch stirrd tank reactor，BSTR）

采用分批式反应时，是将固定化酶和底物溶液一次性加到反应器中，在一定条件下反应一段时间，然后将反应液全部取出。分批搅拌罐反应器的示意图见图 7-6 所示。

分批搅拌罐反应器的优点：①设备简单，造价较低；②酶与底物混合较均匀；③传质阻力较小，反应能迅速达到稳态；④反应条件容易调节控制。

分批式反应器的缺点：①操作麻烦；②用于游离酶催化反应时，反应后产物和酶混合在一起，酶难于回收利用；③用于固定化酶催化反应时，反应器的利用效率较低，而且可能对固定化酶的结构造成破坏。

分批搅拌罐反应器也可以用于流加分批式反应。只是在操作时，先将一部分底物加到反应器中，与酶进行反应，随着反应的进行，再连续或分次地缓慢添加底物到反应器中进行反应，反应结束后，将反应液一次全部取出。

2. 连续搅拌罐反应器（continuous flow stirred tank reactor，CSTR）

连续搅拌罐反应器只适用于固定化酶的催化反应。在操作时固定化酶置于罐内，底物溶液连续从进口进入，同时，反应液连续从出口流出。在反应器的出口处装上筛网或其他过滤介质，以截留固定化酶，以免固定化酶的流失。也可以将固定化酶装在固定于搅拌轴上的多孔容器中，或者直接将酶固定于罐壁、挡板或搅拌轴上（见图 7-7）。

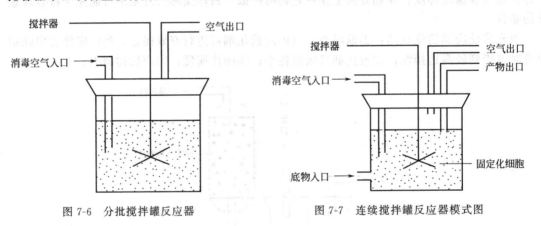

图 7-6　分批搅拌罐反应器　　　　图 7-7　连续搅拌罐反应器模式图

连续搅拌罐反应器的优点：①结构简单、操作简便，反应条件的调节和控制较容易；②底物与固定化酶接触较好、传质阻力较低、反应器的利用效率较高，是一种常用的固定化酶反应器。

连续搅拌罐反应器的缺点：由于强烈搅拌所产生的剪切力大，易使固定化酶的结构受到破坏。

（三）流化床反应器

流化床反应器（fluidized bed reactor，FBR）是一种装有较小颗粒的垂直塔式反应器。反应时，底物溶液以足够大的流速从反应器底部向上通过固定化酶柱床，便能使固定化酶颗粒始终处于流化状态（图 7-8）。其流动方式使反应液的混合程度介于 CSTR 的全混型和PBR 的平推流型之间。

流化床反应器的优点：①具有良好的传质及传热性能；②pH、温度及气体控制较容易；③不易堵塞，特别适用于处理黏度高的液体。

流化床反应器的缺点：①需要保持一定的流速，运转成本高，放大困难，限制在小规模反应器；②固定化酶颗粒机械破损大；③流化床的空隙体积大，酶的浓度不高。

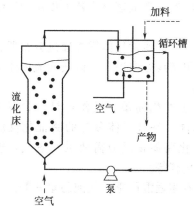

图 7-8 流化床反应器模式图

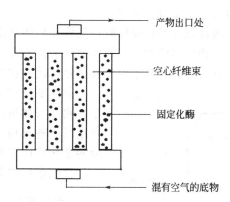

图 7-9 中空纤维膜反应器模式图

（四）膜反应器

膜反应器（membrane reactor，MR）主要由酶反应装置和膜分离组件构成，将酶催化反应与半透膜的分离作用组合在一起而成的反应器。可用于游离酶的催化反应，也可以用于固定化酶的催化反应。

用于固定化酶催化反应的膜反应器是将酶固定在具有一定孔径的多孔薄膜中，而制成的一种生物反应器。根据固定化酶膜的形状可分为：平板型、螺旋型、管型、中空纤维型、转盘型等多种形状。常用的是中空纤维膜反应器（图 7-9）。

中空纤维膜反应器的壁内外结构一般是不同的。这类反应器内层是紧密光滑的半透性膜，有一定的分子截留值，可以截留大分子物质，而允许小分子物质通过。其外层是多孔海绵状的支持层。将酶固定于中空纤维的支持层中，然后将许多含酶的中空纤维集中成一束，装进圆筒内，筒两端封闭，并安装进出口管道，这样便成了中空纤维膜式反应器。酶被固定在外壳和中空纤维的外壁之间。培养液和空气在中空纤维管内流动，底物透过中空纤维的微孔与酶分子接触，进行催化反应，小分子的反应产物再透过中空纤维微孔，进入中空纤维管，随着反应液流出反应器。

膜反应器的优点：①可提供不同两液相反应界面的功能，避免了不溶于水的溶质需形成乳化液的步骤；②反应产物可以连续地排出，降低甚至消除产物对酶催化活性引起的抑制作用，可以显著提高酶催化反应的速度。

膜反应器的缺点：分离膜在使用一段时间后，酶和杂质容易吸附在膜上，不但造成酶的损失，而且会由于浓差极化而影响分离速度和分离效果。

（五）鼓泡塔反应器

鼓泡塔反应器（bubble column reactor，BCR）是利用从反应器底部通入的气体产生的大量气泡，在上升过程中起到提供反应底物和混合两种作用的一类反应器，也是一种无搅拌装置的反应器（图 7-10）。

鼓泡塔反应器可以用于游离酶的催化反应，也可以用于固定化酶的催化反应。在使用鼓泡塔反应器进行固定化酶的催化反应时，反

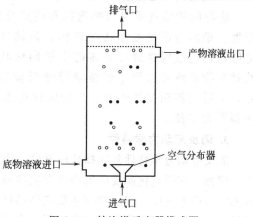

图 7-10 鼓泡塔反应器模式图

应系统中存在固、液、气三相，又称为三相流化床式反应器。鼓泡塔反应器可以用于连续反应，也可以用于分批反应。

鼓泡塔反应器在操作时，气体和底物从反应器底部进入，通常气体需要通过分布器进行分布，以使气体产生小气泡分散均匀。有时气体可以采用切线方向进入，以改变流体流动方向和流动状态，有利于物质和热量的传递和酶的催化反应。

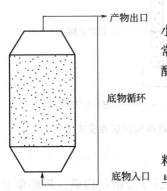

图 7-11 循环反应器模式图

鼓泡塔反应器的优点：①结构简单，操作容易；②剪切力小，物质与热量的传递效率高，是有气体参与的酶催化反应中常用的一种反应器。例如氧化酶催化反应需要供给氧气，羧化酶的催化反应需要供给二氧化碳等。

鼓泡塔反应器的缺点：液相返混严重、气泡易聚并等。

（六）循环反应器

循环反应器（recycle reactor，RCR）是把部分流出物与加料流混合，然后再令其进入反应器。这种循环操作仍能为底物与酶提供足够的接触机会，以达到所需的转化率（图 7-11）。这种反应器可用于难溶或者不溶性底物的转化反应，可以提高液体的流速和减少底物向固定化酶表面传递的阻力。

循环反应器的优点：混合均匀，传质和传热效果好，温度和 pH 值的调节控制比较容易，不易堵塞。

循环反应器的缺点：流体流动产生的剪切力以及固定化酶的碰撞会使固定化酶颗粒受到破坏。

二、固定化酶反应器的选择与使用

影响酶反应器选择和使用的因素很多，但一般可以从以下几个方面来考虑。

1. 固定化酶的形状

通常颗粒状、片状、膜状或纤维状固定化酶均可采用填充床反应器，而颗粒状、粉末状及片状固定化酶均适用于连续搅拌罐反应器，但是，膜状、纤维状固定化酶不适用于连续搅拌罐反应器。其中，膜状固定化酶要用螺旋卷膜式反应器；粉状固定化酶或易变形易黏结的固定化酶，由于它们易造成堵塞，并产生高压力降，而无法实现高流速，此时，可采用流化床反应器。

2. 底物的物理性质

底物的物理性质是影响选择和使用反应器的重要因素。可溶性底物适用于所有的反应器。难溶性或呈胶体状的底物，易堵塞柱床，可选用填充床反应器。只要搅拌速度足够高，连续搅拌罐反应器能维护颗粒状底物和固定化酶在溶液中呈悬浮状态，故颗粒状底物溶液可适用于连续搅拌罐反应器。但是，搅拌速度过高易打碎固定化酶，因此，应适当控制搅拌速度。当反应过程需要控制温度、调节 pH 时，选用连续搅拌罐反应器更为方便。

3. 酶反应动力学特性

酶反应动力学特性是选择反应器的一个重要依据。在酶工程中，接近平推流特性的固定床反应器，在固定化酶反应器中占有主导地位。它适用于有产物抑制的转化反应；在有底物抑制的反应系统中，连续搅拌罐反应器的性能优于固定床反应器。流化床反应器的流动特性接近于连续搅拌罐反应器，故亦适用于有底物抑制的转化反应。循环反应器的回流溶液中含有产物，故不宜用于有产物抑制的转化反应。

4. 固定化酶的稳定性

在反应器操作过程中，由于搅拌或液流的剪切作用，常会使酶从载体上脱落下来，或者由于磨损而使粒度变细，从而影响了固定化酶的操作稳定性。其中，尤以连续搅拌罐反应器最为严重。为解决这一问题而改进连续搅拌罐反应器的设计，例如：把酶直接黏结在搅拌轴上，或者把固定化酶放置在与轴相连的金属网筐内。这些措施均可使酶免遭剪切，对提高酶的稳定性起一定的作用。

5. 操作要求及反应器费用

有些酶反应需要不断调节 pH，有的则需要经常供应氧气，有的需要间断地加入或补充底物，还有的需要更换或补充酶，或者对固定化酶进行清洗和灭菌等。所有这些操作在连续搅拌罐反应器中进行甚为方便，在其他反应器中进行甚难。

就造价而言，连续搅拌罐反应器结构简单，造价最低，而且有较大的操作弹性及应用可塑性。而其他的反应器，则需要为特定的生产过程专门设计和制造，造价较高。

三、固定化酶反应器的操作及注意事项

1. 操作中存在的问题

酶的稳定性对酶反应器的功效是很重要的。在操作过程中，有时需要用酸或碱来调节反应液的 pH。如果局部的 pH 过高或过低，就会引起酶的失活，或者使底物和产物发生水解反应。这时，可加快搅拌以促使混合均匀。但这样做有可能使固定化酶破碎。

如果底物和产物在反应器中不够稳定，则可以采用高浓度的酶，以减少底物和产物在反应器中的停留时间，从而减少损失。对固定化酶而言，可以用增加单位质量载体上含酶量（酶的总量不变）的方法来获得较高的单位体积的酶活力。欲使更多的酶固定到载体上去，就要增加载体的表面积，也就是说，要设法增加载体的空隙率，或采用较小的载体。

2. 操作过程中的注意事项

在反应器中，酶可因变性而失活。酶变性一般是由于受到热、酸碱、快速搅拌所产生的高剪切力和泡沫所引起的。为了防止变性，操作温度不宜过高，酸碱度控制适当，搅拌速度不宜过快；酶活力还可能由于中毒而丧失。这是由于底物溶液中的重金属离子等毒物所引起的，为了防止中毒，要求所用试剂和水不含毒物；微生物的蛋白酶能使酶活力丧失，反应器被微生物污染是经常发生的。因此，为防止微生物污染，可以提高操作温度（>45℃），并使反应液的 pH 尽量偏离中性。如果此法不适用，也可以将底物溶液进行过滤除菌，或者用甲苯或甲醛等进行处理。

颗粒状固定化酶，特别是微囊包埋的固定化酶，如果将它放在搅拌式反应罐中，由于搅拌所产生的剪切力作用，可以使它破碎。如果将它装进固定床反器，由于高流速的底物溶液所产生的摩擦力作用，可以使固定化酶的载体变成小颗粒，这些小颗粒难以停留在反应器中继续使用，所以，要注意搅拌速度和搅拌力度。

用吸附法制备的固定化酶在反应器中与反应液长时间接触时，常发生解吸，即酶从载体上脱落下来。如果固定化酶的载体是亲水性聚合物，在酶促反应过程中，载体逐渐被溶解。载体的化学结构力求均一，可以避免溶解。

在反应器中，酶的表观活力可因反应器中液体流动状态不规则，或者在反应器中分布情况变坏而下降。例如：当反应器中有超滤膜截留大分子物质时，酶或固定化酶可能在出口处积累；如果底物溶液中有油脂、多糖等物质将固定化酶包裹时，酶活力会

因此而下降。

技能实训 7-1 果胶酶的固定化

一、实训目标

1. 了解共价偶联法的原理。

2. 掌握用共价偶联法固定化果胶酶的操作技术。

二、实训原理

共价偶联法是酶与载体以共价键结合的固定化方法,其所用的载体主要有天然有机载体、无机载体、合成聚合物等。酶分子中可以形成共价键的基团主要有氨基、羟基、巯基、咪唑基和酚基等。要使载体与酶形成共价键,必须首先使载体活化,即借助于某种方法,在载体上引进某一活性基团,然后此活性基团与酶分子上的某一基团反应,形成共价键。用共价偶联法制备的固定化酶,一般不会因底物浓度高或存在盐类等原因而轻易脱落,可以连续使用很长时间,但载体活化的操作复杂,而且由于采用了比较激烈的反应条件,对酶活有一定影响。本实训以壳聚糖为材料制备载体,用戊二醛活化载体,采用偶联法固定果胶酶。

三、操作准备

1. 材料与仪器

果胶酶,果胶,壳聚糖,两孔水浴箱,六孔水浴箱,天平,瓷盘,三角瓶,烧杯(50mL、250mL),试管架,试管,量筒(50mL、100mL),滴管,移液管架,移液管(2mL、5mL),注射器,洗耳球,洗瓶,纱布,玻棒,药匙,标签纸,吸水纸,剪刀。

2. 试剂及配制

(1) 0.2mol/L、pH4.4 乙酸-乙酸钠缓冲液

A液:0.3mol/L 乙酸溶液。冰醋酸 11.8mL 稀释至 1L。

B液:0.2mol/L 乙酸钠溶液。称取 27.22g 乙酸钠,溶解于 1L 蒸馏水中。

量取 A 液 63mL 和 B 液 37mL,混合均匀,即为 0.2mol/L、pH4.4 的乙酸-乙酸钠缓冲液。

(2) 0.1mol/L、pH7.5 磷酸缓冲液

A液:0.2mol NaH_2PO_4 溶液。称取 $NaH_2PO_4 \cdot H_2O$ 27.6g,溶于蒸馏水中,定容至 1L。

B液:0.2mol Na_2HPO_4 溶液。称取 $Na_2HPO_4 \cdot 7H_2O$ 53.6g(或 $Na_2HPO_4 \cdot 12 H_2O$ 71.6g 或 $Na_2HPO_4 \cdot 2 H_2O$ 35.6g),加蒸馏水溶解,定容至 1L。

取 A 液 16mL 和 B 液 84mL,充分混合,即为 0.2mol/L、pH7.5 磷酸缓冲液。再取 500mL 0.2mol/L、pH7.5 磷酸缓冲液,稀释至 1L,即为 0.1mol/L、pH7.5 磷酸缓冲液。

(3) 3,5-二硝基水杨酸(DNS) 准确称取 3,5-二硝基水杨酸 6.3g 于 500mL 大烧杯中,用少量蒸馏水溶解后,加入 2mol/L NaOH 溶液 262mL,再加到 500mL 含有 182g 酒石酸钾钠的热水溶液中,再加 5g 结晶苯酚和 5g 无水亚硫酸钠,搅拌溶解,冷却后移入 1L 容量瓶中用蒸馏水定容至 1L,充分混匀。

温馨提示：由于苯酚遇空气易被氧化，高温更是如此，加入足够量的酒石酸钾钠是为了消除溶解氧的影响，添加亚硫酸钠可进一步增强试剂的稳定性。因此 DNS 一定要在配制结束后立即转移到小棕色瓶中，同时使用过程中尽量减少与空气的接触。

（4）0.25％果胶酶　称取 75g 果胶酶，溶解于 300mL 0.1mol/L、pH7.5 磷酸盐缓冲液中。

（5）其他　4％氢氧化钠，3％冰醋酸，丙三醇，4％戊二醛，95％乙醇，浓盐酸，0.4％果胶，壳聚糖。

温馨提示：戊二醛带有刺激性气味，对眼睛、皮肤和黏膜有强烈的刺激作用，吸入可引起喉及支气管的炎症、化学性肺炎、肺水肿等。对环境有危害，对水体可造成污染。遇明火、高热可燃。与强氧化剂接触可发生化学反应。其蒸气密度比空气大，能在较低处扩散到相当远的地方，遇火源会燃烧。容易自聚，聚合反应随着温度的上升而急骤加剧。若遇高热，容器内压增大，有开裂和爆炸的危险。

四、实施步骤

1. 载体的制备

（1）壳聚糖溶液的制备　取壳聚糖 4g 加入 180mL 3％乙酸中，加 20mL 甘油搅拌溶解，制得壳聚糖溶液。

（2）壳聚糖微珠的制备　每组配制 40mL 4％的 NaOH 溶液，用注射器吸取约 10～15mL 壳聚糖的溶液滴入 4％ NaOH 溶液中，即得到壳聚糖的微珠。静置 10min，蒸馏水浸洗 6 次，每次 5min，水洗至中性，最后用 pH7.5 的磷酸缓冲液浸洗一次（3min）。

2. 载体的活化

倾去磷酸缓冲液，载体中加入 4％的戊二醛溶液约 40mL，过夜或者室温活化 5h。

3. 偶联

① 水洗除去游离戊二醛（5min×5 次）。

② 加入 0.25％果胶酶的水溶液 20mL，覆盖活化的载体，4℃过夜，中间摇动几次。

4. 酶活性检测

① 水洗除去游离酶（2min×4 次）。

② 取两支试管编号各加入完整的固定化酶颗粒 10 粒，再按下表加样。

试剂	对照管	反应管
pH4.4 乙酸-乙酸钠缓冲液	1.0mL	1.0mL
0.4％果胶	2.0mL	2.0mL
反应温度	100℃	45℃
反应时间	10min	2h

③ 另取两支试管分别加入对照管和反应管上清液各 1.0mL，再分别加入 3,5-二硝基水杨酸 2mL，沸水浴保温 5min，观察颜色变化，记录并分析。

④ 取两支试管分别加入对照管和反应管上清液各 1mL，再分别各加入 2mL 95％乙醇（含 1％的浓盐酸），摇匀，静置 15min，观察现象，记录并解释。

五、实训报告

认真记录实验现象，比较所制得的固定化果胶酶前后活性变化，评价共价偶联法的优缺点。

技能实训 7-2　糖化酶的固定化

一、实训目标

1. 了解评价固定化酶的相关指标。

2. 掌握用离子结合法固定糖化酶的操作技术。

二、实训原理

酶的固定化方法按照用于结合的反应类型可分为三种：①非共价结合法（包括离子结合法、结晶法、物理吸附法、分散法等）；②化学结合法（包括共价结合法和交联法）；③包埋法（包括微囊法等）。离子结合法是其中操作较为简便，应用也较为广泛的一种。它是使酶通过离子键结合于具有离子交换基的不溶性载体的固定化方法，常用载体有葡聚糖凝胶和离子交换树脂等。

糖化酶也叫葡萄糖淀粉酶，它能够催化淀粉液化产物（糊精和低聚糖）进一步水解成葡萄糖。糖化酶固定化的基本工艺流程为：阴离子交换剂→湿法装柱→无水乙醇浸泡→自来水冲洗→2.0mol/L NaOH 处理→去离子水洗至 pH6.5～7.0→2.0mol/L HCl 处理→去离子水洗至 pH6.0→合格载体糖化酶液流经反应柱→固定化酶反应→去离子水冲洗反应柱→去除游离酶并甩干→固定化酶→密封 4℃保存。

三、操作准备

1. 材料与仪器

糖化酶液（商品用糖化酶液 1.0×10^5 U/mL 用去离子水稀释 8 倍），GF-201 大孔强碱阴离子交换剂，玻璃反应柱（带夹套），恒流泵，恒温水浴，酸度计，电炉（1000W），容量瓶，量筒，烧杯，移液管，酸式滴定管，比色管，三角瓶，玻璃棒，乳胶管（长约 0.5m），洗耳球，滤纸等。

温馨提示：糖化酶液，需现配现用。

2. 试剂及配制

$CuSO_4 \cdot 5H_2O$，亚甲基蓝，酒石酸钾钠，2.0mol/L NaOH 溶液，葡萄糖，可溶性淀粉，亚铁氰化钾钠，乙酸，乙酸钠，无水乙醇，2.0mol/L HCl 溶液。

四、实施步骤

1. 实验装置的连接

将固定化酶实验装置连接起来（见图 7-12）。注意玻璃柱必须垂直于水平面。

2. 载体的预处理

（1）装柱　这是一道非常重要的工序，其效果如何将直接影响到酶固定化的结果。一般采取自然沉降法装柱。在反应柱中预先加入约半柱的去离子水，称取 15g 湿离子交换剂置于 50mL 烧杯中，浇入 30mL 的去离子水，用玻璃棒边搅拌边缓缓将离子交换剂加入反应柱中。控制柱底排水口流速，使整个装柱过程始终保持液面高于固体层面 2.0cm 以上。装柱完毕后，继续用 2～3 倍于柱体积的去离子水冲洗反应柱，排出多余的去离子水，使液面高于固体层面约 5mm，关闭下水口阀门，检查柱中离子交换剂床层装填是否均匀、是否有气泡。

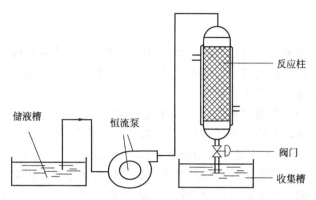

图 7-12　固定化酶实验装置

（2）乙醇处理　向装柱完毕的反应柱中缓缓注入约 50mL 的无水乙醇，同时柱下端排出水。要注意控制流量，以保持液面始终高于固体床层，当流出无水乙醇时，关闭下口阀门，用无水乙醇浸泡离子交换剂过夜，约 12h 后，用去离子水连续冲洗反应柱，洗去无水乙醇。

（3）碱液处理　用约 50mL 的 2.0mol/L NaOH 溶液自上而下以下行方式流经反应柱，以处理阴离子交换剂，流量控制在 3.0mL/min。然后，再以相同的流量用去离子水冲洗至 pH6.0，从而获得合格载体。

3. 固定化酶实验

（1）酶的固定化　用量筒取糖化酶 300mL 倒入储液槽。用 10mL 量筒和秒表校准恒流泵的糖化酶流量为 1.8mL/min，并以此流量让酶液下行流经反应柱。调节反应柱下端阀门开关，使反应柱中的液面始终高于载体床层并保持不变。反应过程中，随时观察流出液的色泽情况，至酶液约消耗掉 50mL 后，收集流出反应柱的反应后残留酶液。

（2）固定化酶后处理　完成上述酶的固定化操作后，用去离子水将反应柱中的酶液从顶部洗去，再以 3～4mL/min 流量冲洗固定化酶床。然后关闭反应柱下口开关，用长约 0.5m 的乳胶管边抖动边插入酶床中部，用洗耳球在乳胶管另一端先吸取流出的水，并迅速将洗耳球换为 50mL 的烧杯，至流出约 400mg 的固定化酶后停止。再用滤纸将固定化酶表面水分吸干，用分析天平称取湿重的固定化酶约 300mg 用于其活性的测定。

（3）固定化酶的储藏　如果制备的固定化酶直接用于糖的生产，则该酶可以暂时存于反应柱中，并用去离子水浸泡，以备继续使用，但不能超过 2 天；若固定化酶需进行运输、储藏和销售，则需要将固定化酶从反应柱中取出，甩干后密封于无毒容器中，保持湿度 100％，4℃低温保存。

五、实训报告

以表格形式列出原酶、残留酶和固定化酶的酶活力测定结果，并加以比较。

技能实训 7-3　固定化酵母细胞的制备及酒精发酵

一、实训目标

1. 掌握固定化细胞的方法。

2. 掌握用包埋法固定化酵母细胞的操作技术。

3. 学会利用固定化酿酒酵母细胞进行酒精发酵。

二、实训原理

固定化细胞就是被限制自由的细胞，即采用物理或化学的方法将细胞固定在载体上或限制在一定的空间界限内，但细胞仍保留催化活性并能反复或连续使用。细胞固定化的方法有吸附法、包埋法、结合法、共价交联法。

本实训以海藻酸钠为包埋材料进行酵母细胞的固定化。海藻酸盐为 D-甘露糖醛酸和古洛糖醛酸的线性共聚物，多价阳离子（Ca^{2+}、Al^{3+}）可诱导凝胶形成。海藻酸盐使用的浓度范围较宽，可在 0.5%～10% 之间任意选择，Ca^{2+} 浓度在 0.05%～2% 之间改变，对凝胶形成影响不大，固定化后的海藻酸盐凝胶具有良好的物料通透性，固定在其中的细胞能自由地从培养基中摄取营养物质和排出代谢产物，并能在载体中生长。将固定化酵母接种于发酵培养基中，在静置条件下进行酒精发酵，48h 后对过滤后的发酵液进行蒸馏，收集馏出液并测定乙醇含量。

三、操作准备

1. 材料与仪器

菌种：酒精活性干酵母或新鲜的斜面酵母菌种。

培养皿（$\Phi150mm$ 和 $\Phi90mm$），100mL 烧杯，10mL 注射器及针头，500mL 三角瓶，10mm×180mm 试管中分装 5mL 生理盐水，150mL 三角瓶分装 50mL 生理盐水，300mL 三角瓶分装 200mL 无菌水，移液管，长滴管，1mL、2mL 吸管，10mL 刻度试管，玻璃棒，药勺，小刀，分光光度计。

2. 试剂及配制

（1）增殖培养基　蔗糖 5%，0.5% 蛋白胨，0.1% $MgSO_4 \cdot 7H_2O$，0.1% 磷酸二氢钾，调节 pH 至 5.0。

（2）发酵培养基　1% 蔗糖，0.5% 蛋白胨，0.1% $MgSO_4 \cdot 7H_2O$，磷酸二氢钾 0.1%，硫酸铵 0.2%，调节 pH5.0。

（3）2.5% 海藻酸钠溶液。

（4）4% $K_2Cr_2O_7$ 溶液。

（5）饱和 K_2CO_3 溶液。

（6）2% $CaCl_2$ 溶液。

（7）甘油封料。

四、实施步骤

1. 固定化酵母细胞的制备

（1）干酵母活化　称取 2.0g 活性干酵母，投入 50mL 2% 蔗糖溶液中，在 32℃ 条件下活化 1～2h；然后离心弃去上清液（3000r/min、10min），备用。

（2）固定化　将离心收集的酵母湿细胞悬浮在 40mL 海藻酸钠溶液中混合均匀。用注射器将海藻酸钠与酵母菌悬液点滴滴入 $CaCl_2$ 溶液中，形成球状颗粒；常温下静置 2h，使其充分固化后滤出凝胶颗粒，用无菌水洗涤 2～3 遍，得到固定化细胞。

2. 固定化酵母的增殖

将固定化颗粒投入增殖培养基中进行增殖（每 50mL 颗粒约加 10mL 的增殖培养基），120r/min、30℃ 下增殖 24h。定时测定酵母细胞数。

3. 固定化酵母的批次酒精发酵

将增殖后的固定化酵母颗粒，置于 150mL 发酵培养基中、28℃进行酒精发酵。定时记录发酵液的糖度及酒精度的变化。

4. 发酵性能测定方法

（1）酒精度的测量　采用酒精比重计。取酒精醪液 100mL，加蒸馏水 100mL，于 500mL 蒸馏瓶中蒸馏，取 100mL 馏分，用酒精计测量酒精浓度。

（2）发酵液还原糖残糖的检测　费林试剂法。

（3）细胞数的测定　采用血细胞记数板直接记数法。

五、实训报告

记录显微镜观察的酵母细胞生长情况及数目，以及酒精度、残糖的变化。

本章小结

固定化酶是指借助物理和化学的方法将酶束缚在一定的空间内并仍具有催化活性的酶制剂，具有增加稳定性、可重复或连续使用以及易于与反应产物分离等优点。酶的固定化方法主要有吸附法、包埋法、共价键结合法、交联法等。考察固定化酶的性质，可通过固定化酶的活力、偶联率、半衰期等参数。固定化酶的活力测定方法主要有间歇测定和连续测定两种，测活时需注意温度的控制、搅拌的速度、固定化酶干燥的程度和条件、固定化的原酶含量以及用于固定化酶的原酶的比活力。利用固定化酶作为生物催化剂进行物质转化或生产的设备称为固定化酶反应器。固定化酶反应器主要有搅拌罐反应器、填充床反应器、流化床反应器、膜反应器、鼓泡塔反应器和循环反应器等类型。由于固定化酶的方法、应用的目的和复杂程度的不同，对固定化酶反应器的类型与特点、选择、操作要求及注意事项都有所不同。

实践练习

1. 下列有关固定化酶（细胞）技术的说法，正确的是（　　）。

A. 酶（细胞）的固定化方法包括包埋法、化学结合法和物理吸附法

B. 因为酶分子比较大，所以固定化酶技术更适合采用包埋法

C. 共价法是指借助共价键将酶和载体进行偶联的固定化方法

D. 反应物如果是大分子物质，应采用固定化酶技术

2. 下列（　　）是评价固定化酶的指标。

A. 活力　　　　　B. 偶联率　　　　C. 半衰期　　　　D. 酶浓度

3. 下列对固定化酶描述正确的是（　　）。

A. 酶的使用效率降低，成本提高

B. 较游离酶更适合于多酶反应

C. 酶固定时会使酶的活性中心受损，可能导致酶活性降低

D. 在大多数情况下，固定化酶能够提高酶的稳定性

4. 下列属于固定化酶反应器的是（　　）。

A. 填充床反应器　　B. 搅拌罐反应器　　C. 流化床反应器　　D. 膜反应器

5. 固定化酶反应器在使用过程中应注意哪些问题？

（赵美琳）

第八章

新型酶制剂的开发

学习目标

■【学习目的】

　　学习新型酶制剂开发的原理、方法，增加对新型酶制剂及其开发重要性的认识。

■【知识要求】

　　1. 了解基因工程技术、蛋白质工程技术在酶制剂开发中的应用。

　　2. 理解基因工程技术和蛋白质工程技术的相关原理。

　　3. 了解手性化合物生产用酶、环境净化用酶和极端酶的开发及应用。

■【能力要求】

　　1. 能掌握碱裂解法抽提质粒 DNA 和琼脂糖凝胶电泳的基本操作技术。

　　2. 能掌握蛋白质工程技术提高酶活力和稳定性的主要方法。

第一节　基因工程技术构建产酶工程菌

　　生物细胞合成的酶量由于机体生命活动平稳调节的需要，一般不会表达出很高的浓度，这就限制了直接利用天然酶来解决更多化学反应的可能性。基因工程技术的进展和实用化为打开这一"通道"拨开了"乌云"，使人们见到了曙光。只要生物细胞中存在催化某一生化反应的酶，即使其量微不足道，应用基因工程技术，人们就可能构建高效表达特定酶的基因工程菌或基因工程细胞，从而为新型酶制剂的开发提供有效路径。

一、基因工程技术

1. 基因工程概念

　　基因工程是将生物的某个基因通过基因载体运送到另一种生物细胞中，并使之无性繁殖（克隆）和行使正常功能（表达），从而使生物体的遗传性状发生定向变异，创造生物新品种或新物种的技术。即在体外对目的基因与载体 DNA 进行切割、连接，并引入宿主细胞中表达，最终获得所需的遗传性状（如蛋白质等）。

2. 基因工程操作的特点

基因工程操作的特点见表 8-1。

3. 基因工程操作流程

基因工程操作流程，见图 8-1，可概括为分离、切割、连接、转化、鉴定、表达六步。

（1）分离（合成）　即 DNA 的制备，包括从生物体中分离或人工合成。

表 8-1　基因工程操作的特点

项目	内容	项目	内容
操作环境	生物体外	基本过程	剪切→拼接→导入→表达
操作对象	基因	实质	基因重组
操作水平	DNA 分子水平	结果	人类需要的基因产物

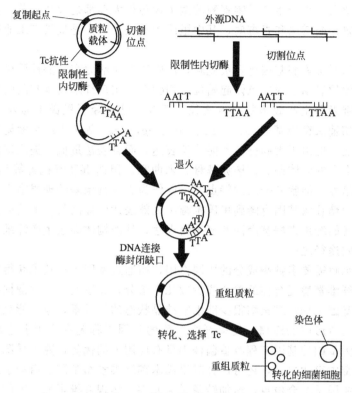

图 8-1　基因工程操作流程图

（2）切割　即在体外进行 DNA 切割，使之片段化或线性化。

（3）连接　即在体外将不同来源的 DNA 分子连接起来，构建重组 DNA 分子。目的基因与载体结合是基因工程的核心，载体主要有两类：一类是细菌细胞质的质粒；另一类是噬菌体或某些病毒等。

（4）转化　即将重组 DNA 分子通过一定方法重新送入受体细胞中进行扩增和表达。常用的受体细胞有大肠杆菌、枯草杆菌、土壤农杆菌、酵母菌和动植物细胞等。

（5）鉴定　即对重组体进行鉴定，获得带有目的基因的阳性重组体。

（6）表达　即对阳性重组体进行诱导，获得基因表达产物。

二、酶基因克隆表达实例

1. 纤维素酶

纤维素酶是一种复合酶，主要由外切 β-葡聚糖酶、内切 β-葡聚糖酶和 β-葡萄糖苷酶等组成，还有高的木聚糖酶活力。当今世界，能源和资源日趋危机，人们希望借助纤维素酶将地球上最丰富、最廉价的可再生资源纤维素转化为能直接利用的能源和资源，但纤维素酶的酶解效率不高，影响了纤维素酶的工业化生产和广泛应用。

不同微生物合成的纤维素酶在组成上有显著差异，对纤维素的降解能力也大不相同。放线菌的纤维素酶产量极低，研究很少；细菌的产量也不高，且主要是内切葡聚糖酶，大多数菌所产的纤维素酶对结晶纤维素没有活性。另外，所产生的酶是胞内酶或吸附于细胞壁上，很少能分泌到细胞外，增加了提取纯化难度，在工业上很少应用。而丝状真菌具有产酶的诸多优点：产生的纤维素酶为胞外酶，便于酶的分离和提取；产酶效率高，且产生纤维素酶的酶系结构较为合理；同时可产生半纤维素酶、果胶酶、淀粉酶等。因此，研究和采用丝状真菌产酶具有更大意义。用于生产纤维素酶的微生物菌种大多都是丝状真菌，其中产酶活力较强的菌种为木霉属、曲霉属和青霉属，其中里氏木霉被公认为是最具有工业应用价值的纤维素酶生产菌。

目前，大量的纤维素酶基因已经被克隆，从中选择比活力高、酶性质优良的纤维素酶基因，将它们同高效的启动子或染色体起始位点相融合，实现纤维素酶基因的异源或同源高效表达，是提高纤维素酶生产效率的有效途径。至今，已克隆了里氏木霉外切葡聚糖酶基因 *cbh1*、*cbh2* 及内切葡聚糖酶基因 *eg1*、*eg2*、*eg3*、*eg4*、*eg5* 等 7 个纤维素酶基因，且都在大肠杆菌中得到表达。但由于大肠杆菌不能分泌表达，而且表达量低、提取率低等因素使之不适合作为酶工业生产的受体菌。而毕赤酵母、米曲霉、黑曲霉和镰孢霉等具有生长速度快、不产毒素、易于培养、能胞外分泌的特点，可以作为表达真菌酶的理想宿主系统。另外，可将黑曲霉的 β-葡萄糖苷酶基因克隆到里氏木霉中高效表达以提高其 β-葡萄糖苷酶的活力，或者将里氏木霉自身的纤维素酶基因同源多拷贝表达，从而构建高效生产纤维素酶的里氏木霉工程菌株也是有效途径之一。

由于纤维素水解需要多种酶成分的协同作用，而通过基因工程技术获得的异源表达的纤维素酶一般仅是纤维素酶复合体的单个或少数几个组分，无法实现出发菌株纤维素酶系的全部表达，因此，基因工程纤维素酶很少能水解结晶状态的纤维素，也不能克服天然纤维素中木质素、半纤维素所形成的障碍，使得纤维素酶的基因工程菌在应用上还存在一定的局限性。以里氏木霉为基础的基因工程改造菌株则具有应用上的优势，除了异源或同源纤维素酶基因可在里氏木霉中表达之外，还可以针对里氏木霉纤维素酶基因的启动子进行优化，删除其中的葡萄糖抑制因子结合位点，增加转录激活元件，实现纤维素酶基因的高效表达，或者针对里氏木霉纤维素酶合成相关的转录因子进行改造，以去除有关葡萄糖抑制因子的作用而增强其激活纤维素酶基因表达的功能。

2. 植酸酶

植酸广泛存在于谷物豆科植物和油料的种子中，植物中 80% 的磷元素以植酸的形式存在，无法被单胃动物（包括人）利用，而且由于植酸的存在降低了蛋白质和微量元素 Fe、Ca、Mg、Zn 的利用率。植酸还能抑制蛋白质尤其是消化酶系的活性，因此是抗营养因子。集约式畜牧业饲养中，需外加矿物质磷，而植物性饲料中的植酸被排出体外，污染环境。植酸酶能在体内和体外分解植酸，生成肌醇和无机磷，能解除植酸的抗营养作用，提高对植物性磷的利用，而且有利于环保。植酸酶已广泛用作饲料添加剂，但成本较高。植酸酶基因导入植物以期增加植物内源植酸酶，水解植酸，提高植物有效磷含量，是向单胃动物提供植酸酶的最佳途径。

以产植酸酶真菌作为出发菌株，采用基因工程技术研究开发饲用植酸酶产品，所获得的基因工程菌所产的酶的活性可达出发菌株的几十倍到上千倍。美国、芬兰、荷兰和德国的多家公司已推出了多种植酸酶制剂。

3. 高产中性蛋白酶

米曲霉沪酿 3.042 是酱油酿造中应用最广泛的菌种，其产中性蛋白酶的活力，影响到原料中蛋白质向氨基酸的转化，这是酱油生产的核心技术。通过改良菌种，提高成品米曲酶活在酱油生产中具有很重要的意义。

以米曲霉沪酿 3.042 为出发菌株，制备原生质体，用紫外线-氯化锂、亚硝基胍进行复合诱变，获得表达中性蛋白酶活力达到 6000U/g（干基）以上的突变株群，构建成后续基因组改组育种的突变文库。基于基因组改组多亲株、多轮改组的特点，结合原生质体双灭活的筛选方法，突变高产株分组通过紫外灭活和热灭活，第一轮多亲株聚乙二醇介导融合，进行基因组改组育种，然后将融合高产株同样进行第二轮多亲株聚乙二醇介导融合，两次融合后可使表达中性蛋白酶酶活提高至 7000U/g（干基）以上，其中最高产株较原始出发菌株产中性蛋白酶活力提高了 76％。

4. 木聚糖酶

木聚糖是半纤维素的主要组分之一，作为一种可再生资源越来越受到人们的重视。内切 1,4-木聚糖酶是主要催化木聚糖水解的酶，在造纸、食品、饲料等行业中有极大的应用前景。

目前，人们已从自然界分离到许多产木聚糖酶的菌株，但往往都存在着产酶不高或耐热耐碱不够的问题。因此，运用基因工程技术构建符合人们要求的工程菌已成为研究热点。热袍菌属的海栖热袍菌（*Thermotoga maritime*）是一个嗜极端高温的厌氧细菌，生长在 55～90℃海底火山口处，能分解利用淀粉、纤维素、半纤维素等多聚糖，产生耐高温和热稳定性的淀粉酶、纤维素酶、半纤维素酶。该菌所产的木聚糖酶最适催化温度高达 105℃，是造纸工业用酶所需的理想特性。

自然界分离出的产木聚糖酶的微生物，多存在着复杂的酶系，并伴有纤维素酶的产生，而纸浆工业用酶只需要不含纤维素酶的木聚糖酶，其目的是避免损伤纤维强度。利用海栖热袍菌基因组 DNA 材料，通过 PCR 克隆出编码高度热稳定性的木聚糖酶基因，并在大肠杆菌中获得成功表达。同时，由于选用了大肠杆菌带有组氨酸标记的表达载体作为受体，这样表达产物一般融合 6 个组氨酸作为标签，可通过金属离子亲和色谱柱使单一的木聚糖酶非常容易地得到纯化。

第二节　蛋白质工程技术提高酶的活力和稳定性

现代生物工程对酶的要求为：能具备长期稳定性和活性，能适用于水及非水相环境，能接受不同的底物甚至是自然界不存在的合成底物，能在特殊环境中合成和拆分制备新药物或药物的原材料。对此，如何利用相对简单的方法来达到对天然酶的改造或构建新的非天然酶就显得非常有研究意义和应用前景。

蛋白质工程是在基因工程基础上，结合蛋白质结晶学、计算机辅助设计和蛋白质化学等多学科的基础知识，通过对基因的人工定向改造等手段，对蛋白质进行修饰，改造和拼接以生产出能满足人类需要的新型蛋白质的技术。蛋白质工程技术通过在基因层面对酶蛋白的结构进行改造，从而可以大大改善酶活性和稳定性能。

一、定点突变技术

1. 定点突变的概念

定点突变是通过 PCR 等方法向目的 DNA 片段中引入所需的变化（通常是表征有利方向的变化），包括碱基的添加、删除、点突变等。定点突变能迅速、高效地提高 DNA 所表达的目的蛋白的性状及表征，是基因研究工作中一种非常有用的手段。定点突变技术的潜在应用领域很广，比如研究蛋白质结构、改造酶的不同活性或者动力学特性，改造启动子或者

DNA 作用元件，提高蛋白的抗原性或者是稳定性、活性等方面。

2. 定点突变的方法

定点突变技术有寡核苷酸介导的定点突变、PCR 介导的定点突变和盒式突变。

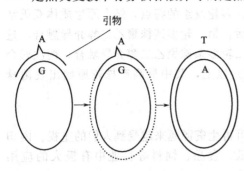

图 8-2　寡核苷酸介导的 DNA 定点突变

（1）寡核苷酸介导的定点突变　寡核苷酸介导的定点突变技术，其基本原理为：合成一段寡聚脱氧核糖核苷酸作为引物，其中含有所需要改变的碱基，使其与带有目的基因的单链 DNA 配对。合成的寡核苷酸引物除短的错配区外，与目的基因完全互补；然后用 DNA 聚合酶使寡核苷酸引物延伸，完成单链 DNA 的复制。由此产生的双链 DNA，一条链为野生型亲代链，另一条为突变型子代链。将获得的双链分子通过转导入宿主细胞，并筛选出突变体，其中基因已被定向修改（图 8-2）。

（2）PCR 介导的定点突变　在最初建立的 PCR 方法中可看出只要引物带有错配碱基，便可使 PCR 产物的末端引入突变。但是诱变部位并不总在 DNA 片段末端，有时也希望对靶 DNA 的中间部分进行诱变。目前采用重组 PCR 进行定位诱变，可以在 DNA 片段的任意部位产生定点突变。

PCR 介导的定点突变需要 4 条 PCR 引物：分别是含有突变的碱基并且反向部分重叠的引物 A、A′以及与目的基因两端互补的引物 B、C。任何基因，只要两端及需要变异部位的序列已知，就可用 PCR 诱变改造基因的序列。首先，引物 A、B 和 A、C 两两配对，分两管进行第一次 PCR，产生两个部分重叠的 DNA 片段。然后将上述两管 PCR 产物混合，变性再复性，在 DNA 聚合酶的作用下延伸产生完整的双链 DNA，用引物 B、C 以新合成的完整双链 DNA 为模板进行第二次 PCR，即可得到含有预期突变位点的 DNA 片段（图 8-3）。

（3）盒式突变　盒式突变是用一段人工合成具有突变序列的 DNA 片段，取代野生型基因中的相应序列，就好像用各种不同的盒式磁带插入收录机中一样，故称合成的片段为"盒"，这种突变方式为盒式突变（图 8-4）。如果不存在限制位点，就要用寡核苷酸指导的定位突变引入限制位点。

二、体外定向进化技术

1. 定向进化的概念

1993 年，美国科学家 Arnold 首先提出酶分子的定向进化的概念，并用于天然酶的改造或构建新的非天然酶。定向进化是达尔文的进化论思想在核酸、肽或蛋白质等分子水平上的延伸和应用。它不需要深入了解蛋白质的结构功能关系，在实验室条件下人工模拟生物大分子自然进化过程，在体外对基因进行随机诱变，使基因发生大量变异，并定向选择出所需性质的突变体，可以在短时间内实现自然界几百万年才能完成的进化过程。

2. 定向进化的策略

（1）易错 PCR　易错 PCR 是指在扩增目的基因的同时引入碱基错配，导致目的基因随机突变。通过改变反应条件，调整反应体系的 4 种 dNTP 浓度、增加 Mg^{2+} 的浓度、加入 Mn^{2+} 或使用低保真度 *Taq* 聚合酶等，使碱基在一定程度上随机错配而引入多点突变，构建突变库，筛选出所需的突变体。易错 PCR 的关键是控制 DNA 的突变频率，如果 DNA 的突变频率太高，产生的绝大多数酶将失去活性；如果突变频率太低，野生型的背景太高，样品

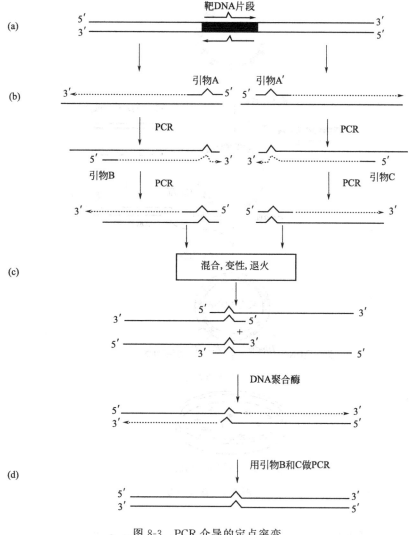

图 8-3　PCR 介导的定点突变

的多样性则较少。对于每一 DNA 序列来说，合理的碱基突变数是 1～3（图 8-5）。

在通常情况下，经一轮的易错 PCR、定向筛选，很难获得令人满意的结果，由此发展出了连续易错 PCR。即将一次 PCR 扩增得到的有用突变基因作为下一次 PCR 扩增的模板，连续反复地进行随机诱变。使每一次获得的小突变累积而产生重要的有益突变。

（2）DNA 改组技术　又称有性 PCR，将一群密切相关的序列（如多种同源而有差异的基因或一组突变基因文库）在 DNase Ⅰ 的作用下随机酶切成小片段，它们通过自身引导 PCR 延伸，并重新组装成全长的基因。DNA 改组比随机突变具有较大的优势，随机突变的方法一般产生 1％ 的良性突变，但 DNA 改组可产生 13％ 的良性突变。DNA 改组技术的原理见图 8-6 所示。

（3）体外随机引发重组　体外随机引发重组以单链 DNA 为模板，配合一套随机序列引物，先产生大量互补于模板不同位点的短 DNA 片段，由于碱基的错配和错误引发，这些短 DNA 片段中也会有少量的点突变，在随后的 PCR 反应中，它们互为引物进行合成，伴随组合，再组装成完整的基因长度。体外随机引发重组的原理见图 8-7 所示。

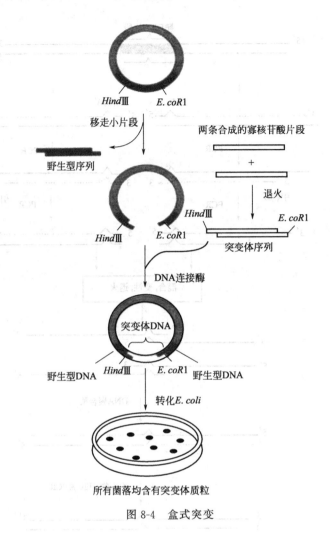

图 8-4 盒式突变

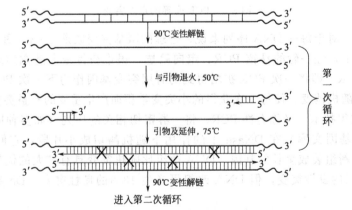

图 8-5 易错 PCR

（4）交错延伸 交错延伸是一种简化的 DNA 重组方法，它不是由短片段组装全长基因，而是在 PCR 反应中，把常规的退火和延伸合并为一步，缩短其反应时间，从而只能合成出非常短的新生链，经变性的新生链再作为引物与体系内同时存在的不同模板退火而继续

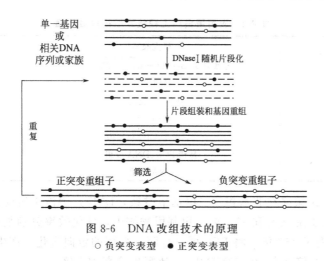

图 8-6　DNA 改组技术的原理

○ 负突变表型　● 正突变表型

延伸。此过程反复进行，直到产生完整的基因长度。由于模板转换而实现不同模板间的重组，如此重复直至获得全长基因片段。交错延伸原理见图 8-8 所示。

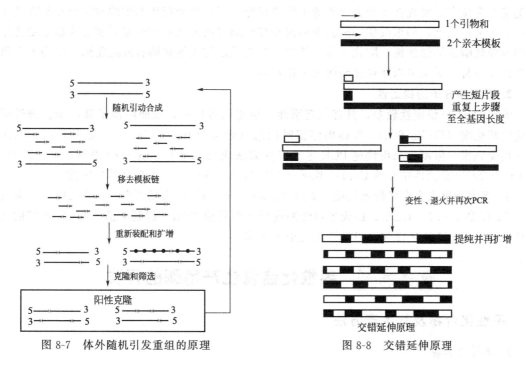

图 8-7　体外随机引发重组的原理　　　图 8-8　交错延伸原理

三、蛋白质工程技术在改造天然酶中的应用

定点突变和定向进化技术已广泛应用于改进天然酶蛋白的催化活性、抗氧化性、底物专一性、抗稳定性，以及拓宽酶作用底物的范围、改进酶的别构效应等领域（表 8-2）。

1. 提高酶分子的催化活力

通过定点突变将 Pro-Uk 的 Lys300 突变为 Ala，Ala300-pro-UK 内源性催化活性降低 40 倍，在 pH7.0 时酶活力提高 3 倍，最适温度提高了 10～12℃，酶活力保持不变，增加了溶栓活性 2 倍。进一步将 Lys300 定点突变为 His 的 Pro-UK 突变体，其内源性催化活性比 Pro-UK 降低了 5 倍，溶栓活性增加了 2 倍。

表 8-2　应用蛋白质工程技术取得成效的酶

突变酶	研究技术	性　质
枯草杆菌蛋白酶	定点突变 Met222→Ser Met222→Leu	酶活力
枯草杆菌蛋白酶	易错 PCR	有机相活性/稳定性
天冬氨酸酶	随机/定位诱变	活性和稳定性
酯酶	定向进化	稳定性
葡萄糖异构酶	定点突变 Gly138→Pro	热稳定性
核酶	易错 PCR、DNA 改组	底物专一性
半乳糖苷酶	DNA 改组	底物专一性

用连续易错 PCR 策略在非水相（二甲基甲酰铵，DMF）溶液中定向进化枯草杆菌蛋白酶，所得突变体 PC3 在 60％和 85％的二甲基甲酰铵中，催化效率分别是野生酶的 256 倍和 131 倍，比活性提高了 157 倍。将 PC3 再进行两个循环的定向进化，产生的突变体 13M 的催化效率比 PC3 高 3 倍（在 60％DMF 中），比野生酶高 471 倍。

不饱和脂肪酸合成酶，在脂肪酸合成过程中具有羟化酶、环氧酶、乙炔酶和连接酶 4 种催化活性，通过其活性中心的定点改造，可以产生不同酶活性，催化产生不同的终产物。通过鉴定 7 个位点，发现在 5 种去饱和酶中严格保守，但在 2 种羟化酶中的相应位点却有所不同，在 7 个位点上，如果改变一种去饱和酶和羟化酶之间的氨基酸残基，就会明显改变去饱和酶与羟化酶的活性比例，取代 4 种氨基酸残基就足以使去饱和酶转成羟化酶，而当 6 个氨基酸残基被替换后又可以使羟化酶转为去饱和酶。

2. 提高酶分子的稳定性

天然的 SOD 稳定性较差，具有免疫原性，功能相对单一，因而限制了其应用。铜锌超氧化物歧化酶（Cu-Zn SOD）在体内停留时间短（通常只有 6～10min），使得 Cu-Zn SOD 的应用受到很大限制。采用快速 PCR 定点突变方法成功地对 Cu-Zn SOD 进行了基因改良，将 Cu-Zn SOD 非活性中心的 Cys111 密码子突变为 Ala 密码子，可提高其稳定性。

T_4 溶菌酶单点突变将熔解温度（T_m）提高 0.8～1.4℃，大肠杆菌核酸酶 HI 单点突变中，T_m 提高了 0.7～4.2℃。L-天冬氨酸酶进行 4 轮易错 PCR，得到酶活力提高 28 倍的突变体，该酶的 pH 稳定性和热稳定性均优于天然酶。

第三节　手性化合物生产用酶的开发

一、手性化合物及其生产方法

1. 手性化合物

手性化合物是指相对分子质量、分子结构相同，但左右排列相反，如实物与其镜中的映体，而其立体结构互为对映体的两种异构体化合物。药物的手性问题在制药业越来越受到重视。对单一异构体药物，即手性药物的治疗活性主要在于一种异构体，而另一异构体或者是惰性的，或者是具有不同的药理活性，甚至在某些场合会有副反应。在这些手性药物中，只有 10％左右以单一对映体药物出售，大多数仍然以外消旋体（两种对映体的等量混合物）形式使用。表 8-3 列出了一些手性药物两种对映体的药理作用。

2. 手性化合物的生产方法

从手性技术角度分，对映纯化合物的制备可归纳为手性源法、不对称合成、外消旋体拆分等几种主要方法。

表 8-3　手性药物两种对映体的药理作用

药物名称	有效对映体作用	另一对映体作用
萘普生	S 构型,消炎、解热、镇痛	R 构型,疗效很弱
青霉素胺	S 构型,消炎、解热、镇痛	R 构型,突变剂
普萘洛尔	S 构型,治疗心脏病,	R 构型,钠通道阻滞剂
反应停	S 构型,镇静剂	R 构型,致畸胎
酮基布洛芬	S 构型,消炎	R 构型,防治牙周病
喘速宁	S 构型,扩张支气管	R 构型,抑制血小板凝集
乙胺丁醇	S,S 构型,抗结核病	R 构型,致失明

（1）手性源法　手性源法为从天然来源的手性原料出发，经过立体选择性反应，得到目标手性化合物。天然存在的手性化合物通常只含一种对映体，用它们作起始原料，制备其他手性化合物，无需经过繁复的对映体拆分。

（2）不对称合成　也称手性合成是指在手性环境中把非手性原料转化为手性产物的方法，是目前最有效、广泛使用的方法之一。可以用化学或生物方法从非手性或前手性化合物（或中间体）出发，用化学方法、生物方法进行不对称合成。

3. 外消旋体拆分

即从外消旋体中分离出其中单一立体异构体的手性化合物的方法。外消旋体拆分是目前手性药物制备的经典方法和重要途径。拆分包括非对映异构体的分离、直接或诱导结晶、动力学拆分（化学法与生物法）、手性色谱柱分离等。

二、酶法拆分手性化合物

酶法拆分是利用水解酶高度立体、位点和区域的专一性，对催化化学合成的外消旋体或衍生物中的某一对映体进行水解或合成反应，得到反应与未反应的光学异构体混合物，再利用它们的物理化学性质差异，将两种对映体分离，获得两种单一光学活性的产物。在拆分法中，最常用的酶是水解酶。

1. DL-氨基酸的酶法拆分

氨基酰化酶可催化外消旋 N-酰化-DL-氨基酸不对称水解，拆分 DL-氨基酸。酶法拆分 DL-氨基酸生产 L-氨基酸的反应式如图 8-9 所示。拆分时，N-酰化-DL-氨基酸经过氨基酰化酶的水解得到 L-氨基酸和未水解的 N-酰化-D-氨基酸，再利用两者溶解度的差异，进行分离。

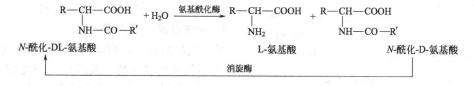

图 8-9　酶法拆分 DL-氨基酸生产 L-氨基酸的反应式

2.（-）-薄荷醇的酶法拆分

（-）-薄荷醇是一种重要的萜类香料，可作为食品添加剂，全球每年的消耗量达 4500t 以上。可采用将百里香酚还原（H_2/Ni）制备消旋体薄荷醇，然后用酶法拆分得到（-）-薄荷醇。

在酶法拆分过程中，消旋体丁二酸薄荷酯在水饱和的正庚烷非水介质中被固定化小红酵母细胞酶系水解产生（-）-薄荷醇；也可以采用皱落假丝酵母脂肪酶（CCL）催化 5-苯基戊酸与消旋体薄荷醇进行对映体选择性酯化反应得到 5-苯基戊酸-（-）-薄荷醇酯，后经水解制备（—)-薄荷醇，见图 8-10。

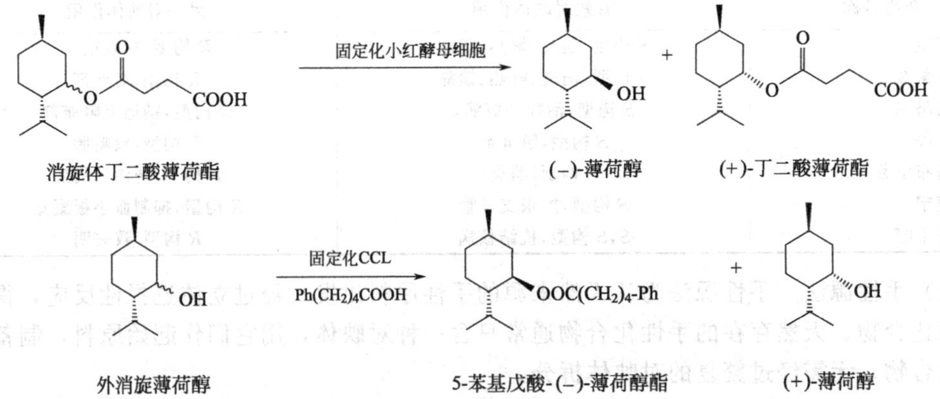

图 8-10 固定化脂肪酶外消旋体薄荷醇的拆分

3. 萘普生的酶法拆分

萘普生是一种普遍使用的非甾体抗炎剂类手性药物，已广泛用于人联结组织疾病如关节炎等的治疗。光学纯（*S*)-萘普生主要是通过不对称化学合成得到消旋体后经酶法拆分制备。将圆柱状假丝酵母脂肪酶固定在离子交换树脂上，用柱反应器拆分萘普生甲酯，具备好的立体选择性，可连续化生产（图 8-11)。

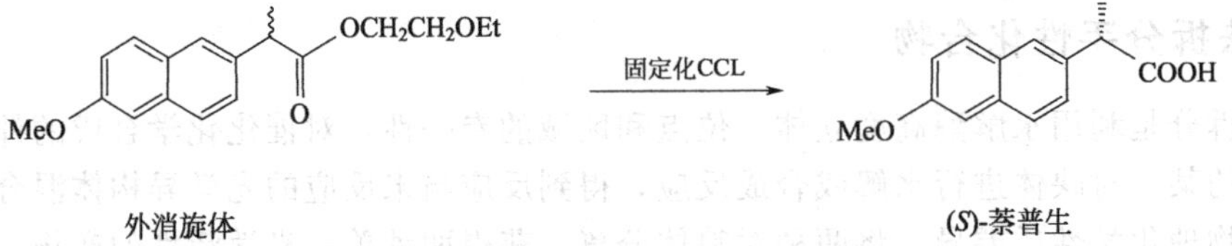

图 8-11 萘普生酯水解拆分制备光学纯（*S*)-萘普生

三、酶催化不对称合成手性化合物

酶催化不对称合成是利用微生物体内含有的活性酶的高度立体选择性，来制备手性化合物。不对称合成反应常用氧化还原酶、合成酶、裂解酶、水解酶、醛缩酶等催化剂，将化学合成的前体转化为结构复杂的手性化合物。

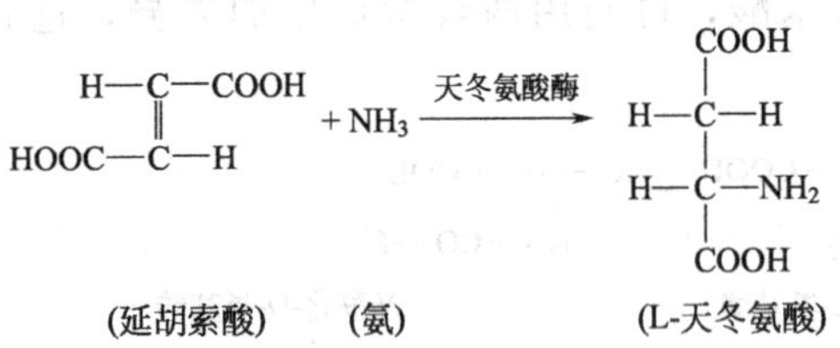

图 8-12 天冬氨酸酶催化延胡索酸合成 L-天冬氨酸

1. 酶法合成 L-氨基酸

天冬氨酸酶是一种可催化延胡索酸氨基化生成 L-天冬氨酸的裂合酶，其催化反应见图 8-12。工业上已用固定化大肠杆菌天冬氨酸酶连续生产 L-天冬氨酸。

L-天冬氨酸-4-脱羧酶可将 L-天冬氨酸的 4 位羧基脱去，生成 L-丙氨酸，反应见图 8-13。工业上，已用固定化假单胞菌 L-天冬氨酸-4-脱羧酶连续生产 L-丙氨酸。

$$\underset{\text{L-天冬氨酸}}{HOOC—CH_2—\overset{\displaystyle NH_2}{\overset{|}{C}H}—COOH} \xrightarrow{\text{L-天冬氨酸-4-脱羧酶}} \underset{\text{L-丙氨酸}}{CH_3—\overset{\displaystyle NH_2}{\overset{|}{C}H}—COOH} + CO_2$$

图 8-13 酶法合成 L-丙氨酸

　　1906 年，瓦尔堡（Warburg）采用肝脏提取物水解消旋体亮氨酸丙酯制备 L-亮氨酸。这是生物催化首次应用于手性化合物的合成研究，至今已有百年历史。经过近半个多世纪的研究，生物催化法已成为一种常见的手性化合物合成方法。

2. L-多巴的酶法合成

　　L-多巴是 L-酪氨酸的衍生物，化学名为 3,4-二羟基苯-L-丙氨酸，是帕金森综合征治疗的一种重要药物。可以利用 β-酪氨酸酶（酪氨酸苯酚裂合酶）催化邻苯二酚与丙酮酸、氨反应生成 L-多巴，其反应见图 8-14。

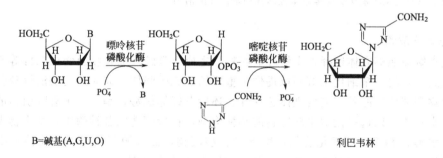

图 8-14　β-酪氨酸酶催化邻苯二酚与丙酮酸、氨反应生成 L-多巴

3. 利巴韦林的酶法合成

　　利巴韦林（Ribavirin）是一种核苷类似物抗病毒药物，能抑制病毒核酸的合成，具有广谱抗病毒性能，能防治甲型流感病毒、乙型流感病毒、腺病毒性肺炎、疱疹、麻疹等疾病。可利用嘌呤核苷磷酸化酶和嘧啶核苷磷酸化酶实现其商业化合成，其中嘌呤核苷磷酸化酶催化腺苷、鸟苷、尿苷和乳清酸核苷的磷酸化生成 1-磷酸核糖，嘧啶核苷磷酸化酶则催化 1-磷酸核糖与 1,2,4-三唑-3-甲酰胺反应生成利巴韦林，见图 8-15。

图 8-15　利巴韦林的酶法合成过程

四、手性化合物生产用酶的开发实例

1. 脂肪酶

　　脂肪酶可水解由甘油与脂肪酸形成的甘油酯，广泛存在于动植物和微生物中。目前已发现许多微生物具有产脂肪酶的能力，但具有工业应用价值的脂肪酶主要来源于根霉、曲霉、假丝酵母、青霉、毛霉、须霉、假单胞菌等。微生物脂肪酶在水解反应中使用较多，常见的商品酶制剂有假丝酵母脂肪酶、假单胞菌属脂肪酶、南极假丝酵母脂肪酶等。

　　脂肪酶催化合成手性化合物的基本类型有前手性底物的反应和外消旋化合物的拆分两类。手性化合物的结构多种多样，在不对称酶催化合成中要取得满意的立体选择性，通常必须在非常多样性的酶中筛选。筛选的范围除了数量有限的商品酶制剂外，还可以从无限多样的天然微生物酶库以及试管进化的人工酶库中进行高通量的筛选。通过定向筛选，一般能获得对映选择性比较理想、催化性能比较优良的产酶微生物菌种。

脂肪酶产生菌主要从自然界中寻找，其筛选步骤一般是：采样—富集培养—平板分离—平板初筛（观察透明圈大小）—摇瓶复筛（测酶活力大小）。筛选分离脂肪酶产生菌常用的方法是用含有甘油三酯的琼脂平板，观察酶催化水解产生清晰的环带或浑浊的脂肪沉淀。也可利用生色底物或产脂肪酶微生物的某些特征，如利用固体培养基，观察脂肪酸沉淀以确定酶活大小；利用生色底物 P-硝基苯辛酸盐、P-硝基苯棕榈酸盐筛选对不同链长的脂肪酸具有专一性的脂肪酶产生菌。

几乎所有的微生物都有合成脂肪酶的能力，只是合成能力有差异。所以，要筛选出能选择性拆分外消旋底物的手性脂肪酶产生菌株，重点应放在直接的、有目的的定向筛选步骤上。首先，从已知产脂肪酶的多株不同种属的菌株出发，以 Rdomanie B 平板筛选法进行初步定性筛选，以确定脂肪酶产生菌中的高产菌株。其次，从定性筛选得到的脂肪酶高产菌株的样本出发，采用以外消旋底物醇的醋酸酯为唯一碳源的同化平板，进行有目的的定向菌株筛选，找到能产生选择性水解手性醇醋酸酯的高产菌株。最后，将在定向筛选试验中表现出有选择性水解手性醇醋酸酯能力的菌株挑出，经过摇瓶培养，制成粗酶粉，对外消旋底物进行初步拆分试验，同时进行相关定量分析以对筛选得到的脂肪酶高产菌所产的脂肪酶的立体选择性进行验证。

能力拓展

生物柴油是指以油料作物、野生油料植物和工程微藻等水生植物油脂以及动物油脂、餐饮垃圾油等为原料油通过酯交换工艺制成的可代替石化柴油的再生性柴油燃料。生物合成法是其重要的生产方法，其关键就是开发耐有机溶剂、耐高温的脂肪酶。目前，主要通过蛋白质工程技术进行酶分子改造、固定化技术以及优化酶催化反应体系来提高其稳定性和酶活力。

2. 环氧水解酶

环氧水解酶能够立体选择性水解环氧底物，生成光学纯环氧化物及邻位二醇等产物，为制药、农药、香料、精细化工等领域提供了重要的合成中间体。同时运用酶法拆分获得的手性环氧化物和邻位二醇具有高度立体选择性、环境友好等优势，是一个很有吸引力的方法。

环氧水解酶可以选择性地水解底物的某种构型，在所筛选的各种酶中，微生物来源的酶普遍优先水解 R 构型的环氧化合物，留下 S 构型底物，而来源于人体以及几种植物的环氧水解酶则优先水解 S 构型环氧化物。环氧水解酶催化反应见图 8-16。

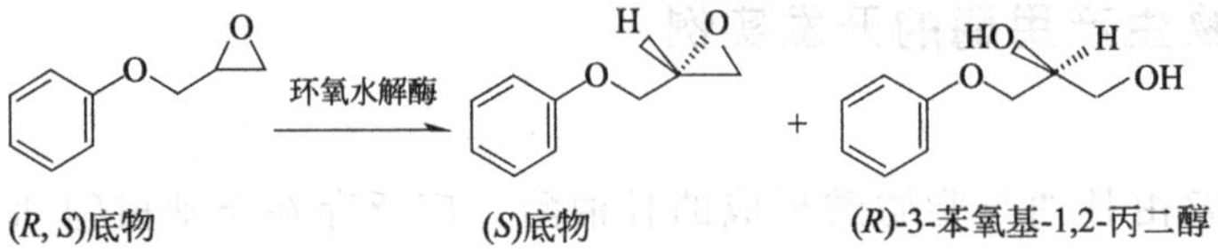

图 8-16 环氧水解酶催化反应示意图

（1）取样　选择加油站等地长期被油性物质污染的土样及实验室保存的各类菌种进行筛选。由于这些土样中存在大量能分解有机物（特别是芳香烃族）的菌种，所以筛选出高效催化缩水甘油苯基醚的菌种的可能性较大。

（2）富集培养　在富集培养中，以缩水甘油苯基醚为唯一碳源，通过补加缩水甘油苯基醚的方法，使所需微生物得到大量增殖。

（3）菌种分离纯化　以缩水甘油苯基醚为唯一碳源，运用蒸汽培养方法检测出能代谢底物的单菌落，以达到分离纯化的目的。其原理主要由于底物缩水甘油苯基醚自然水解程度较高，加入底物时，以蒸汽的方式进入培养基中，这样既可减少底物的自然水解，又可降低底物对菌体生长的抑制作用。

（4）菌种初筛　将斜面菌种挑取一环经过种子培养基扩培后，取 5mL 种子液于发酵培养基中，30℃ 180r/min 摇床恒温通风培养 36h。取 30mL 发酵液离心（4500r/min，15min），水洗两次，收集菌体。在收集的菌体中加入 4.5mL pH8.0 的磷酸盐缓冲液和 0.3mL 底物浓缩液在 30℃ 160r/min 条件下转化 8h，底物在环氧水解酶的催化下，水解成产物 3-苯氧基-1,2-丙二醇，离心（10000r/rin，5min），取上清转化液进行薄层色谱定性检测，并以 3-苯氧基-1,2-丙二醇标准样品为对照，选取可水解底物的菌株为初筛菌株。

（5）菌种复筛　将初筛得到的菌株在相同的条件下进行发酵培养，取其菌体进行底物转化，检测其菌体活性及对底物的转化率。检测时目标锁定在转化率大于 40% 的菌株，并对筛选出的菌株进行手性 HPLC 分析检测其对映选择性，计算底物和产物的对映体过量值，以确定复筛的最佳菌株。复筛时主要是考察菌株的转化率，即菌株水解底物产二醇产物的能力。优良的产酶菌株必须具备生长速度快、繁殖快以及产酶性能稳定和产酶量高的特点。

第四节　环境净化用酶和极端酶

一、环境净化用酶

面对日益严峻的全球化环境污染问题，酶及酶技术与环境工程技术的结合发展，为环境保护提供了新的技术手段。在产品加工过程中用酶来替代化学品，酶只对产品内容起作用，产生的污染减少，酶对污染物处理和环境监测具有高效、快速、可靠的优点。因此，酶制剂技术在环境治理领域具有广阔的前景。

1. 漆酶

漆酶是一种含铜的多酚氧化酶，广泛存在于昆虫、植物、真菌和细菌中。漆酶能氧化多种芳香族化合物，在木质素矿化降解、腐殖质形成等过程中发挥重要作用。近年来，在生物纸浆及其漂白、环境修复、生物除污和饲料加工及堆肥等方面有着广泛的应用。

产漆酶的真菌主要集中于担子菌亚门、子囊菌亚门及半知菌亚门等高等真菌，担子菌亚门中的白腐真菌是最重要的漆酶产生菌，因此从自然界白腐菌中筛选新的高性能产酶菌株是解决漆酶资源短缺的一条重要途径。

白腐真菌是一类腐生的真菌，从腐烂的木材上可以分离得到它们。在自然界中常可看到白腐真菌由于降解木质素而穿入树木木质的情况。它们浸入木质细胞腔内，释放降解木质素和其他木质组分（纤维素、半纤维素、果胶质）的酶，导致木质腐烂成白色海绵状团块，故从枯枝朽木上进行采样，用刀片剥下白色海绵状团块，用无菌水进行试管梯度稀释，每一梯度做 3 个平行样。采用平板涂布分离法，筛选高产漆酶菌株。

另外，通过对漆酶基因的克隆和序列分析，在异源宿主上表达重组漆酶蛋白也是漆酶生产的一个有效途径。

2. 植酸酶

自然界中的许多微生物都产植酸酶，主要在曲霉属中，细菌中主要有枯草芽孢杆菌、大肠杆菌、假单胞菌等，还有超过 200 株的丝状真菌多属于毛霉、青霉和根霉，所产植酸酶大多都有较高的酶活性。其中，以无花果曲霉和黑曲霉的产酶效率最高。一般来说，丝状真菌植酸酶为胞外酶，较易分离纯化，细菌植酸酶多为胞内酶，但也有如枯草芽孢杆菌和部分肠杆菌属的细菌产胞外酶。

植酸酶早期的开发主要集中在产酶菌株的筛选、诱变育种及发酵条件的优化上,例如无花果曲霉、黑曲霉 MA021 等作为出发菌株进行紫外、^{60}Co、照射及亚硝基弧、超高压等单独诱变或复合诱变。在一定程度上提高了植酸酶的活力,但提高幅度有限。对黑曲霉的植酸酶基因进行克隆和表达,可以显著提高植酸酶的活力。随着生物技术的深入发展,科学家们将植酸酶基因导入植物细胞,培育了具有高活性植酸酶的转基因烟草。

3. 乙酰胆碱酯酶

乙酰胆碱酯酶是存在于中枢神经系统内的一种水解酶,经典作用是水解神经递质乙酰胆碱,终止神经冲动的传导。常见的残留农药主要是有机磷和氨基甲酸酯类药剂,通过抑制昆虫中枢神经中的胆碱酯酶使之死亡而发挥杀虫作用。因此,乙酰胆碱酯酶在农药残留的快速检测中得到了有效应用,尤其是基于乙酰胆碱酯酶的生物传感器已成为农残检测研究中的热点,可检测环境中的多种有机磷酸酯杀虫剂。

目前,乙酰胆碱酯酶主要从昆虫或动物血液中提取,产量低、成本高、灵敏度变化幅度大,阻碍了乙酰胆碱酯酶在农药残留检测中的应用。随着基因工程技术的发展,可以通过克隆乙酰胆碱酯酶基因,使其在外源表达系统中高效表达来解决乙酰胆碱酯酶的酶源问题。

4. 辣根过氧化物酶

辣根过氧化物酶主要存在于辣根内,是一种糖蛋白,糖的含量约 18%。其应用主要集中在含酚污染物的处理方面,处理的污染物包括苯胺、羟基喹啉、致癌芳香族化合物等。它可以与一些难以去除的污染物一起沉淀形成多聚物,增大难处理物质的去除率。辣根过氧化物酶特别适合于废水处理还在于,它能在一个较宽的 pH 值和温度范围内保持活性。辣根过氧化物酶尚未用基因工程生产,目前主要是从辣根块茎分离和纯化制备,纯化程序包括匀浆、加热、硫酸铵分级沉淀、丙酮分级沉淀和 CM-23 阴离子交换色谱。

5. 酪氨酸酶

酪氨酸酶也叫酚酶或儿茶酚酶,活性中心是由两个含铜离子位点(CuA 和 CuB)构成,广泛分布于微生物、动植物及人体中。哺乳动物、原核生物、真菌酪氨酸酶一般为单聚体,而高等植物、昆虫、两栖类动物的酪氨酸酶一般为二聚体、四聚体或五聚体。酪氨酸酶用于从废水中沉淀和去除 0.01~1.0g/L 的酚类。

二、极端酶

酶应用过程中常会出现不稳定现象,尤其在高温、强酸、强碱和高渗等极端条件下容易失活。因此,开发出能在各种极端环境中起生物催化作用的酶,是人们一直以来需要解决的问题。极端微生物由于长期生活在极端的环境条件下,为适应环境,在其细胞内形成了多种具有特殊功能的酶,即极端酶,它们能在各种极端环境中稳定地起催化作用。近年来,极端酶由于其良好的稳定性与高效性,已在各个领域广泛应用。

1. 极端酶的种类

人们在火山口、矿井、海底、南北极、碱湖和死海等环境中发现了生存的微生物。这类微生物能生长和繁衍在普通微生物不能生存的环境中,如高温、低温、低 pH、高 pH、高盐度、高辐射、有机溶剂、低营养、重金属及有毒等条件下,因而被称为极端微生物。

极端微生物为适应环境,在其细胞内形成了多种具有特殊功能的酶,即极端酶。极端酶能在各种极端环境中起催化作用,它是极端微生物在极其恶劣的环境中生存和繁衍的基础。根据极端酶所耐受的环境条件不同,可分为嗜热酶、嗜冷酶、嗜盐酶、嗜碱酶、嗜酸酶、嗜压酶、耐有机溶剂酶、抗代谢物酶及耐重金属酶等。

2. 极端酶的特性

嗜热酶具有耐高温的特性，它的耐热性主要由分子内部结构决定，维持其内部立体结构的化学键和物理键（二硫键、盐键、氢键和疏水键等）越多，热稳定性越大。嗜冷酶具有较低的最适反应温度（一般在 $25\sim45℃$），与嗜温酶相比要低 $20\sim30℃$。嗜碱酶最适 pH 在 8.0 以上，嗜碱酶对碱的稳定性是因酶分子中含有较高比率的碱性氨基酸，尤其在分子表面。嗜盐酶能在高盐浓度下保持稳定性，嗜盐酶中所含的酸性氨基酸比普通酶多，表面有大量带负电荷的氨基酸，可结合大量水合离子，形成一个水合层，从而减少酶分子表面的疏水性，阻止分子的相互凝聚沉淀。嗜压酶在 1140atm 下，仍然能够保持稳定的催化活力及较高的特异性，嗜压酶中的压力抗性蛋白在高压环境下能够发挥作用。

3. 极端酶的应用

第一个极端酶——DNA 聚合酶在 20 世纪 80 年代末和 90 年代初成功地应用于 PCR 技术，带来了生物技术的重大进步，该项技术也获得了诺贝尔奖。目前，最重要且有影响的嗜热酶为 DNA 聚合酶和高温 α-淀粉酶，其他一些嗜热酶如蛋白酶、脂肪酶、糖化酶等在工业中的应用也日益广泛。与嗜热酶相比，嗜冷酶的开发还远远不够，但其潜在价值也是很高的。极端酶的一些应用情况见表 8-4。

表 8-4　极端酶的应用

微生物	极端酶	应用产品
嗜热菌($50\sim110℃$)	淀粉酶	生产葡萄糖和果糖
	木糖酶	纸张漂白
	蛋白酶	氨基酸生产、食品加工、洗涤剂
	DNA 聚合酶	基因工程
	中性蛋白酶、蛋白酶	乳酪成熟、牛乳加工、洗涤剂
嗜冷菌($5\sim20℃$)	淀粉酶	洗涤剂
	酯酶	洗涤剂
嗜酸菌(pH$<$2.0)	硫氢化酶系	原煤脱硫
嗜碱菌(pH$>$9.0)	蛋白酶、淀粉酶、酯酶、纤维素酶	洗涤剂
嗜盐菌($3\%\sim20\%$NaCl)	过氧化物酶	卤化物合成

技能实训 8-1　质粒的小量制备及电泳鉴定

一、实训目标

1. 掌握用碱裂解法提取质粒的原理和操作技术。
2. 掌握琼脂糖凝胶电泳的操作技术。

二、实训原理

质粒是一种存在于细菌染色体之外的双链环状 DNA。用含一定浓度葡萄糖的缓冲液悬浮菌体，采用碱性 SDS 溶液裂解菌体的细胞壁，使质粒缓慢释放出来，同时整个液体的 pH 为 $12.0\sim12.5$，双链 DNA 变成单链，当 pH 调至中性并在高盐浓度存在下，绝大多数变性质粒恢复自然状态溶解在液体中，而变性染色体不能复性，断裂成线性的单链细菌染色体 DNA 相互交联缠绕附着在细胞壁碎片上与蛋白质形成沉淀，离心获得含有大量质粒的上清液，再利用适当浓度的亲水性有机溶剂（乙醇、异丙醇、PEG8000）使质粒 DNA 脱水，离心得到质粒沉淀。

由于核酸分子结构上的重复性，相同数量的双链 DNA 几乎具有等量的净电荷，在一定的电场强度下，DNA 分子的迁移速度取决于 DNA 分子本身的大小和构型。采用适当浓度的琼脂糖凝胶介质作为电泳支持物，发挥分子筛功能，使大小、构型不同的 DNA 分子泳动距离出现较大差异，以达到分离的目的。

DNA 的琼脂糖凝胶电泳影响迁移率的主要因素如下。①DNA 的分子大小。②琼脂糖浓度。③DNA 分子的构型。DNA 的移动速度次序为：共价闭环 DNA＞直线 DNA＞开环的双链环状 DNA。④电源电压。在低电压条件下，线性 DNA 分子的电泳迁移率与所用的电压呈正比。⑤嵌入染料的存在。⑥离子强度影响。

三、操作准备

1. 材料与仪器

菌种，台式离心机，水浴锅，旋涡混合器，移液枪，琼脂糖凝胶电泳仪，紫外检测仪，生化培养箱，分光光度计，超净工作台。

2. 试剂及配制

（1）LB 培养基　蛋白胨 10g/L；酵母提取物 5g/L；NaCl 10g/L。

（2）溶液Ⅰ（100mL，0～4℃保存）　葡萄糖 50mmol/L；Tris-HCl（pH8.0）25mmol/L；EDTA（pH8.0）10mmol/L。

（3）溶液Ⅱ（100mL）　0.2mol/L NaOH，1% SDS，用时由 10mol/L NaOH 和 10% SDS 稀释现配。

（4）溶液Ⅲ（100mL，0～4℃保存）　乙酸钾（5mol/L）60mL；冰醋酸 11.5mL；水 28.5mL。

（5）6×DNA 电泳上样液　溴酚蓝 0.25%；蔗糖水溶液 40%。

（6）50×TAE 缓冲液母液　50×TAE 缓冲液母液配制见下表：

成分	浓度	加入量
Tris 碱	2mol/L	242g
乙酸	1mol/L	57.1mL(17.4mol/L)
EDTA	100mmol/L	200mL(0.5mol/L, pH8.0)
水		加至 1L

（7）1% 琼脂糖溶液　称取琼脂糖 1g，加入 100mL 1×TAE 电泳缓冲液，在沸水浴或微波炉内加热至琼脂糖熔化。

（8）溴化乙锭（EB）储存液（10mg/mL）　用铝纸或黑纸包裹容器，储存于室温。

温馨提示：EB 是强诱变剂，有中等毒性，必须戴一次性手套操作，防止造成污染，可用次磷酸或高锰酸钾处理含有 EB 的溶液和凝胶。

四、实施步骤

1. 碱裂解法抽提质粒

① 挑取单菌落，接种到含适当抗生素的 3mL LB 培养基中，37℃振摇培养过夜。

温馨提示：为确保培养物通气良好，试管的体积应该至少比细菌培养物的体积大 4 倍，培养物应在剧烈振摇下培养。

② 将 1.5mL 培养物倒入微量离心管，4℃、12000r/min 离心 30s，将剩余的培养物储存于 4℃。离心结束，尽可能吸干培养液。

温馨提示：细菌沉淀中培养液未除尽会导致质粒不能被限制酶切割或不能完全切割，这是因为培养液中的细胞壁成分会抑制多种限制酶的活性。解决方法：用冰预冷的 STE（菌液体积的 0.25 倍）重悬细菌沉淀并离心。

③ 将细菌沉淀重悬于 $100\mu L$ 冰预冷的溶液 I 中，剧烈振荡。为确保细菌沉淀在碱裂解液 I 中完全分散，将两个微量离心管的管底互相接触同时涡旋振荡，可以提高细菌沉淀重悬的速度和效率。

④ 加 $200\mu L$ 新配制的溶液 II 于每管细菌悬液中，盖紧管口，快速颠倒离心管 5 次，以混合内容物，切勿振荡！将离心管放置于冰上。应确保离心管的整个内壁均与碱裂解液 II 接触。

⑤ 加入 $150\mu L$ 用冰预冷的溶液 III，盖紧管口，反复颠倒数次，使溶液 III 在黏稠的细菌裂解物中分散均匀，之后将管置于冰上 3～5min。

⑥ 4℃、12000r/min 离心 5min，将上清液转移到另一离心管中。

⑦ 加等量体积的酚：氯仿，振荡混合有机相和水相，然后 4℃、12000r/min 离心 2min。将上清液转移到另一离心管中。

⑧ 加上清液 2 倍体积的无水乙醇，混匀于冰上放置 10min，然后 4℃、12000r/min 离心 5min，弃上清得沉淀。再加 $500\mu L$ 70％乙醇洗管内壁，再次离心，得质粒沉淀。风干，加无菌水 $20\mu L$ 溶解质粒，加 $1\mu L$ 的 RNase，37℃作用 30min，-20℃保存备用。

2. 质粒的琼脂糖凝胶电泳分析

① 将 1％琼脂糖凝胶置 55℃水浴，熔化的凝胶稍冷却后加入溴化乙锭，终浓度为 $0.5\mu g/mL$，轻轻地旋转使溴化乙锭在凝胶溶液中充分混匀。

② 琼脂糖溶液正在冷却时，用一个合适的梳子形成加样孔。

③ 将温热的琼脂糖溶液倒入凝胶槽内，凝胶适宜厚度为 3～5mm。水平电泳槽见图 8-17 所示。

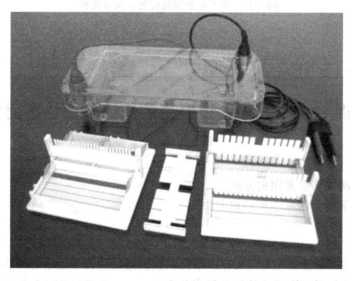

图 8-17 水平电泳槽

④ 室温下放置 30～45min，让琼脂糖溶液完全凝结。

⑤ 将凝胶槽置于电泳槽内，加入 1×TAE 电泳缓冲液，刚好没过凝胶约 1mm。小心拔出梳子，检查梳齿下或梳齿间有无气泡。

⑥ 混合质粒 DNA 样品和 0.2 倍体积 6×载样缓冲液，用移液枪将 $12\mu L$ 样品混合液缓

慢加至加样孔内。

⑦ 盖上电泳槽盖，接好电极插头，给予 1～5V/cm 的电压。如电极插头连接正确，阳极和阴极由于电解作用将产生气泡，并且几分钟内溴酚蓝从加样孔迁移进入凝胶内。

⑧ 待溴酚蓝迁移到适当距离后停止电泳，取出凝胶，置紫外灯下观察并照相。

上述水平琼脂糖凝胶电泳操作流程见图 8-18。

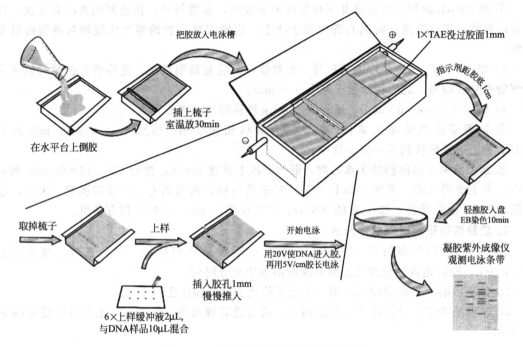

图 8-18　水平琼脂糖凝胶电泳操作流程

五、实训报告

分析质粒 DNA 的琼脂糖凝胶电泳图谱。

技能实训 8-2　胆绿素还原酶的修饰与活性基团的鉴定

一、实训目标

1. 熟悉判断酶的必需基团的方法。

2. 掌握酶化学修饰的基本原理和方法。

二、实训原理

酶分子中的许多侧链基团可以被化学修饰。这种修饰可以帮助了解哪些基团是保持酶活性所必需的，哪些基团对维持酶的催化反应并不重要。当化学修饰试剂与酶分子上的某种测链基团结合后，酶的活性降低或者丧失，表明这种被修饰的残基是酶活性所必需的。

酶分子中有许多基团可被共价化学修饰，如巯基、羟基、咪唑基、胍基、氨基和羧基等。可以用来进行化学修饰的试剂也很多，如 2-硝基苯甲酸（DTNB）和 N-乙酸马酰亚胺（NEM）是巯基的修饰剂，可以用来鉴定半胱氨酸残基是否是酶活性所必需的。磷酸吡哆醛可以与赖氨酸残基起反应，2,3-丁二酮则可以和精氨酸残基起反应。本实训以胆绿素还原酶为材料，分别以 DTNB、NEM、磷酸吡哆醛和丁二酮为化学修饰剂，研究胆绿素还原酶活性所必需的残基。

三、操作准备

1. 材料与仪器

721 型分光光度仪，试管，试管架，比色皿。

2. 试剂及配制

(1) 2mmol/L 胆绿素　准确称取 1.1653g 胆绿素，溶解于 1L 蒸馏水中。

(2) 10mmol/L NADPH　准确称取 8.334g NADPH，溶解于 1L 蒸馏水中。

(3) 0.25mol/L DTNB　准确称取 49.547g DTNB，用 50mmol/L Na_2HPO_4（pH7.0）配制成 500mL 溶液。

(4) 0.05mol/L NEM　称取 5.75gNEM，溶解于 1L 蒸馏水中。

(5) 20mmol/L 磷酸吡哆醛　准确称取 5.3032g 磷酸吡哆醛，溶解于 1L 蒸馏水中。

(6) 0.115mol/L 2,3-丁二酮　准确称取 9.900g 2,3-丁二酮，溶解于 1L 蒸馏水中。

(7) 胆绿素还原酶。

(8) 0.01mol/L、pH7.4 磷酸缓冲液

A 液：0.2mol NaH_2PO_4 溶液。称取 $NaH_2PO_4 \cdot H_2O$ 27.6g，溶于蒸馏水中，稀释至 1L。

B 液：0.2mol Na_2HPO_4 溶液。称取 $Na_2HPO_4 \cdot 7H_2O$ 53.6g（或 $Na_2HPO_4 \cdot 12H_2O$ 71.6g 或 $Na_2HPO_4 \cdot 2H_2O$ 35.6g），加蒸馏水溶解，加水至 1L。

取 A 液 19mL 和 B 液 81mL，充分混合即为 0.2mol/L、pH7.4 磷酸缓冲液。再取 50mL 0.2mol/L、pH7.4 磷酸缓冲液，稀释至 1L，即为 0.01mol/L、pH7.4 磷酸缓冲液。

四、实施步骤

1. 酶的测定

酶的测定是在 0.01mol/L、pH7.4 磷酸盐缓冲液中完成。测定总体积 4mL，内含 5μmol/L 胆绿素、100μmol/L NADPH，酶量固定。根据修饰实验的需要，加入不同的修饰试剂。

2. DTNB 修饰反应

在 DTNB 修饰反应中，向不同的反应试管中分别加入 0.0、0.1mL、0.2mL、0.3mL、0.4mL 0.25mol/L 的 DTNB。

3. NEM 修饰反应

在 NEM 修饰反应中，向不同的反应试管中分别加入 0.0、0.5mL、1.0mL、1.5mL、2.0mL 0.05mol/L 的 NEM。

4. 磷酸吡哆醛修饰反应

在磷酸吡哆醛修饰反应中，向不同的反应试管中分别加入 0.0、1.0mL、2.0mL、3.0mL 20mmol/L 磷酸吡哆醛溶液。

5. 2,3-丁二酮修饰反应

在 2,3-丁二酮修饰实验中，向不同的反应试管中分别加入 0.0、1.0mL、2.0mL、3.0mL 0.115mol/L 2,3-丁二酮。

6. 在加入各修饰试剂后，于 37℃暗处保温 30min，450nm 测定吸光值，测定酶活性

变化。

五、实训报告

记录各试管的吸光度值，分析加入不同修饰剂后酶活性的高低，判断胆绿素还原酶所必需的基团。

本章小结

新型酶制剂的开发主要包括：利用基因工程技术构建产酶工程菌；利用蛋白质工程技术改造酶，提高酶的活力和稳定性；手性化合物合成用酶、环境保护用酶及极端酶的开发。基因工程操作流程包括分离（合成）、切割、连接、转化、鉴定和表达。定点突变技术有：寡核苷酸介导的定点突变；PCR 介导的定点突变；盒式突变。酶蛋白体外进化的策略包括易错 PCR、DNA 改组技术、体外随机引发重组、交错延伸等。从手性技术角度分，对映纯化合物的制备可归纳为手性源、不对称合成、外消旋体拆分等几种主要方法。酶法制备手性化合物的方法有酶法拆分和酶法不对称合成。根据极端酶所耐受的环境条件不同，可分为嗜热酶、嗜冷酶、嗜盐酶、嗜碱酶、嗜酸酶、嗜压酶、耐有机溶剂酶、抗代谢物酶及耐重金属酶等。

质粒的制备主要采用碱裂解法，包括获得菌体、破裂菌体以及提取和纯化质粒 DNA 等步骤。琼脂糖凝胶电泳操作包括制胶、灌胶、加样、电泳和观察等步骤。

实践练习

1. 定点突变技术主要有（　　）。
A. 寡核苷酸介导的定点突变　　　　B. PCR 介导的定点突变
C. 盒式突变　　　　　　　　　　　D. 易错 PCR
2. 蛋白质工程技术对酶分子改造的主要目的是什么？（　　）
A. 提高酶活力　　　　　　　　　　B. 提高稳定性
C. 降低抗原性　　　　　　　　　　D. 增大相对分子质量
3. 蛋白质定向进化的策略包括（　　）。
A. 易错 PCR　　　　　　　　　　　B. DNA 改组技术
C. 体外随机引发重组　　　　　　　D. 交错延伸
4. 酶法合成手性化合物的优势有哪些？（　　）
A. 专一性强　　　　　　　　　　　B. 作用条件温和
C. 开发成本低　　　　　　　　　　D. 环保
5. 简述基因工程的操作流程。
6. 催化手性化合物合成的酶主要有哪两大类？各有什么优缺点？

（闵玉涛）

模块三　常见酶制剂生产和应用技术实例

第九章

蛋白酶类的生产

学习目标

■【学习目的】

　　了解蛋白酶的分类和专一性，掌握蛋白酶的生产和活性测定方法，能够进行蛋白酶的生产和活性测定。

■【知识要求】

　　1. 掌握蛋白酶的分类和酶的专一性。

　　2. 理解常见蛋白酶的生产和活性测定原理。

■【能力要求】

　　1. 能够进行常见蛋白酶的生产操作。

　　2. 能够进行常见蛋白酶的活性测定。

　　蛋白酶是指水解蛋白质肽键的一类酶的总称，能水解蛋白质和肽链为胨、肽类，最后成为氨基酸。广泛存在于动物、植物和微生物中，但唯有微生物蛋白酶具有生产价值。

　　大多数微生物蛋白酶是胞外酶，商品蛋白酶制剂是几种酶的混合物，其作用效果比单一酶好。生产蛋白酶分固态与液态两种培养法。工业上生产蛋白酶的微生物除考虑产酶、培养、提取等因素外，还必须考虑菌种是否为致病菌，是否产生其他生理活性物质（如毒素、抗生素、激素、维生素等）。美国规定用于食品和药品的蛋白酶生产菌，都需经 FDA 的批准，并严格限于枯草芽孢杆菌、黑曲霉、米曲霉三种。目前，已做成结晶或得到高度纯化物的蛋白酶达 100 多种，被广泛应用在皮革、毛纺、丝绸、医药、食品、酿造等行业上。

第一节 蛋白酶的分类与专一性

一、蛋白酶的分类

蛋白酶可以根据不同的原则加以分类，如存在的部位、专一性、结构同源性等特征。最普遍的分类方法是酶学命名委员会推荐的方法，即以酶的活性部位和催化机制分类。

1. 按水解方式分类

（1）内肽酶 切开蛋白质分子内部肽键，生成相对分子质量较小的多肽类，这类酶一般叫内肽酶。例如动物脏器的蛋白酶、胰蛋白酶，植物中提取的木瓜蛋白酶、无花果蛋白酶、菠萝蛋白酶以及微生物蛋白酶等都属于这类酶。

（2）外肽酶 从肽链的一端水解肽链，每次水解放出一个氨基酸。从肽链 N-末端依次水解的酶称氨肽酶；从肽链 C-末端水解的酶称为羧肽酶。

（3）酯酶 通常把水解蛋白质或多肽酯键的酶统称为酯酶，其作用是水解脂肪族酯和芳香族酯。如胰脂肪酶、脂蛋白脂肪酶、组织脂肪酶、乙酰胆碱酯酶和酰基胆碱酯酶。

（4）酰胺酶 水解蛋白质或多肽酰胺键的酶，如天冬酰胺酶和 L-天冬酰胺酶。

2. 按来源分类

分为动物蛋白酶、植物蛋白酶和微生物蛋白酶。细菌蛋白酶、霉菌蛋白酶、酵母蛋白酶和放线菌蛋白酶等来自微生物；木瓜蛋白酶、无花果蛋白酶和菠萝蛋白酶等来自植物；胰蛋白酶来自动物胰脏，胃蛋白酶和凝乳酶来自动物胃。

3. 按最适 pH 分类

按蛋白酶作用的最适 pH 可分为酸性蛋白酶（pH2.5～5.0）、碱性蛋白酶（pH9.0～11.0）、中性蛋白酶（pH7.0～8.0）。

4. 根据蛋白酶的活性中心和最适 pH 分类

按活性中心及最适反应 pH，将蛋白酶分为丝氨酸蛋白酶、巯基蛋白酶、金属蛋白酶和酸性蛋白酶 4 种。

（1）丝氨酸蛋白酶 其活性中心含有丝氨酸，这类酶几乎全是内肽酶，如胰蛋白酶、糜蛋白酶、弹性蛋白酶、枯草杆菌碱性蛋白酶、凝血酶等。

（2）巯基蛋白酶 这一类蛋白酶的活性部位含有一个或更多的巯基，受氧化剂、烷化剂和重金属离子的抑制。木瓜蛋白酶、无花果蛋白酶和菠萝蛋白酶等植物蛋白酶和某些链球菌蛋白酶属于这一类。

（3）金属蛋白酶 这一类蛋白酶中含有 Mg^{2+}、Zn^{2+}、Mn^{2+}、Co^{2+}、Fe^{2+}、Cu^{2+} 等金属离子。这些金属离子与酶蛋白牢固地结合，但是用金属螯合剂如乙二胺四乙酸（EDTA）、邻菲绕啉（OP）等能将金属离子从酶蛋白中分离出去，使酶失活。另外，氰化物也能有效地抑制金属蛋白酶。这类酶包括许多微生物中性蛋白酶、胰羧肽酶 A 和某些氨肽酶。

（4）酸性蛋白酶 这类蛋白酶的活性部位有两个羧基，能被对溴酚乙酰溴（p-BPB）或重氮试剂抑制。胃蛋白酶、凝乳酶和许多霉菌蛋白酶在酸性 pH 范围内具有活力，它们属于这一类酶。

按反应温度分类，蛋白酶可以分为嗜冷蛋白酶、中温蛋白酶和高温蛋白酶。嗜冷蛋白酶的最适反应温度为5～10℃，中温蛋白酶的最适反应温度为30～40℃，高温蛋白酶的最适作用温度为60～80℃。大部分嗜冷蛋白酶、中温蛋白酶的热稳定性差，限制了应用范围，高温蛋白酶多具有良好的热稳定性，弥补了一般中温蛋白酶的不足，并且生产和使用条件简单，有望在高温洗涤、高温纺织加工、食品高温蒸煮、高温发酵及防杂菌污染等领域发挥重要作用。

二、蛋白酶的专一性

蛋白酶水解蛋白质的能力因蛋白质而异，有些蛋白质容易水解，有些蛋白质较难水解，这是由于蛋白酶水解蛋白质时对所水解的肽键有严格的选择性。例如胰蛋白酶可优先水解由碱性氨基酸如精氨酸、赖氨酸等提供羧基的肽键；枯草杆菌碱性蛋白酶最易水解的肽键是在切开点的羧基侧为疏水性芳香族氨基酸（如酪氨酸、苯丙氨酸、色氨酸等）；芽孢杆菌中性蛋白酶水解的肽键必须含有疏水性大分子氨基酸（如亮氨酸、异亮氨酸、苯丙氨酸）；又如霉菌酸性蛋白酶对于赖氨酸提供羧基的肽键最先水解，而胃蛋白酶要求切开点两侧都有芳香族氨基酸。

蛋白酶水解蛋白质时，作用部位因肽键种类而异，这种现象叫做蛋白酶的底物专一性。蛋白酶的底物专一性和水解肽键的能力，不仅受到切开点一侧或两侧相邻氨基酸残基的影响，有时甚至受到间隔了若干单位的氨基酸残基的影响。肽链越长，水解速度越快。例如铜绿假单胞杆菌的碱性蛋白酶，它虽然对水解肽链两头的氨基酸并无严格要求，可是它要求切开点向氨基端的第二个和向羧基端的第二、第三个氨基酸必须是疏水性氨基酸，且水解合成底物的速度随肽链增长而增加。

蛋白酶对蛋白质作用专一性的微小差异，在生物体中所引起的生理功能可能完全不同。例如胰蛋白酶、凝血酶、透明质酸酶，这三者都可以水解由碱性氨基酸羧基所构成的肽键，但作用于血纤维蛋白时，它们所水解的肽键数就有所不同，凝血酶可使血液凝固，而透明质酸酶则有溶血作用，胰蛋白酶水解血纤维蛋白的肽键最多，然而两种作用都很弱。

第二节　酸性蛋白酶

一、性质

酸性蛋白酶广泛存在于霉菌、酵母菌和担子菌中，在细菌中极少发现，其最适pH为2.0～4.0，在pH2.0～6.0范围内稳定。最适温度为40℃左右，一般在50℃以上不稳定，若在pH7.0、40℃处理30min立即失活。相对分子质量为30000～40000，等电点低（3.0～5.0）。酸性蛋白酶主要是一种羧基蛋白酶，大多数在其活性中心含有两个天冬氨酸残基。酶蛋白中酸性氨基酸含量高，而碱性氨基酸含量低。例如，胃蛋白酶、多种霉菌酸性蛋白酶（包括青霉菌的蛋白酶）。

二、酸性蛋白酶的生产

1. 生产菌种

商品酸性蛋白酶的生产菌，主要是黑曲霉、黑曲霉大孢子变种、斋藤曲霉、根酶、杜邦青霉和微小毛霉（凝乳酶）等少数菌株，其中以黑曲霉为主。现以黑曲霉酸性蛋白酶为例介绍其生产工艺。

2. 发酵工艺

（1）发酵培养基 蛋白酶的生产即分解代谢阻遏也受底物的诱导，葡萄糖等容易利用的碳源常可引起分解代谢阻遏使产酶降低。考虑到成本，通常用麸皮、米糠、大麦粉、玉米粉、淀粉，有时也用麦芽糖为碳氮营养源，再加适量无机盐配成。黑曲霉 3.350 发酵培养基配方见表 9-1。

表 9-1 黑曲霉 3.350 发酵培养基配方

项目	豆饼粉	玉米粉	鱼粉	氯化铵	氯化钙	磷酸二氢钾	豆饼、石灰水解液	pH
含量/%	3.75	0.625	0.625	1.0	0.5	0.2	10	5.5

（2）接种量 应适当控制接种量，以免影响菌株产酶的活力。宇佐美曲霉 537 5% 的接种量比 10% 的接种量更为适宜。

（3）pH 对于生产酸性蛋白酶的菌株来说，培养基的起始 pH 对其产量有较大影响。黑曲霉酸性蛋白酶的最适 pH 为 2.5～2.7，但培养基的最适初始 pH 却以 4.5～5.5 为佳。不同菌种对起始 pH 的要求各不相同，如微紫青霉 pH 为 3.0，伊藤曲霉 pH 为 5.0，根霉 pH 为 4.0 等。

（4）温度 黑曲霉正常发酵温度为 30℃ 左右，斋藤曲霉则以 35℃ 为宜。根霉和微紫青霉以 25℃ 为最佳。因酸性蛋白酶对温度变化很敏感，故应根据不同菌种特性对发酵温度进行严格控制。

（5）通风量 液体深层培养中，多数微生物在合成蛋白酶时，需要强烈的通风搅拌。氧是黑曲霉生物合成酸性蛋白酶所必需的。通风量较大对产生酸性蛋白酶有利；通风量不足对黑曲霉菌丝体的生长无明显影响，但对酶产量有严重的影响。尤其在需氧最多的培养前期，即使短暂停止通风搅拌，也会造成产酶量急剧下降。发酵过程中，一般控制通风量 0～24h 为 1:0.25，24～48h 为 1:0.5，48h 至结束为 1:1.0。发酵周期为 72h 左右。

（6）氧载体 在发酵过程中，向发酵培养基中加入正十二烷、全氟化碳，液态烷烃（为 12～16 碳直链烷烃混合物）等氧载体，使培养基中氧传递速度加快，产生气泡少，剪切力小，能明显提高菌株产生酸性蛋白酶的量。

3. 提取

酸性蛋白酶的提取是生产的最后一道工艺。提取的方法常用的有盐析法、沉淀结晶法和离子交换法等。

（1）盐析法 在水提液中，加入无机盐至一定浓度或达饱和状态，可使某些成分在水中溶解度降低，从而与水溶性大的杂质分离。常作盐析的无机盐有氯化钠、硫酸钠、硫酸镁、硫酸铵等。

将培养物滤去菌体用盐酸调节 pH4.0 以下，加入硫酸铵至终浓度 55%，静置过夜，倾去上清液，沉淀压滤去母液，于 40℃ 烘干后磨粉，得到工业用的粗酶制剂粉末。盐析工艺收率 94% 以上，干燥后收率 60% 以上，每克酶活性为 2×10^5U 左右。也可将发酵液滤除菌体后，使用刮板式薄膜蒸发器 40℃ 浓缩 3～4 倍，可直接作为液体的粗酶制剂商品。医药和啤酒工业用酶，需在盐析后以离子交换树脂脱色处理，然后浓缩并以阳离子树脂脱盐，最后干燥、磨粉，得到淡黄色或乳白色粉末（见图 9-1）。

（2）单宁酸沉淀法 单宁酸是一种离子型表面活性剂，能与蛋白质形成复合物而使其沉淀。将发酵液过滤后调节 pH5.5 左右，在搅拌下向滤液中加入 10% 单宁酸，使单宁酸的终浓度为 1% 左右，静置 1 h，离心收集酶与单宁酸的复合物。接着向此复合物中加入 10% 聚

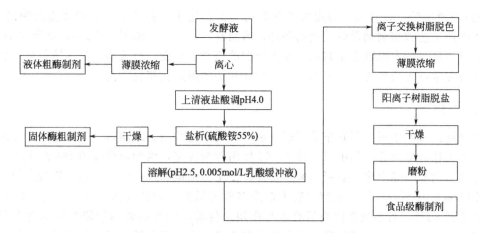

图 9-1　黑曲霉酸性蛋白酶提取工艺流程

乙二醇（相对分子质量 6000）溶液，聚乙二醇用量为原酶液的 0.3％～0.5％。然后不断搅拌，离心去除单宁聚乙二醇聚合物，此工序酶液可以浓缩 10 倍，总收率 90％以上。最后将浓缩酶液调节 pH4.5 左右，加入糖用活性炭 3％脱色，得到浅黄色酶液，此工序酶的回收率为 90％～95％。脱色酶液可在低温下用乙醇沉淀，或用硫酸铵盐析，干燥后制成浅色酶粉，其活性可达 4×10^5 U 以上，总收率 70％以上。

第三节　中性蛋白酶

一、性质和分类

中性蛋白酶是最早被发现并广泛应用于生产的酶，如用于皮革脱毛、软化，畜血蛋白水解，果酒、啤酒和饮料中蛋白质去除以及医药工业等。

大多数微生物中性蛋白酶是金属酶，相对分子质量 35000～40000，等电点 8.0～9.0，一部分酶蛋白总含有一个锌离子，是微生物蛋白酶中最不稳定的酶，很容易自溶，即使在低温冰冻干燥的条件下，也会造成相对分子质量的明显减少。

一般中性蛋白酶的热稳定性较差，枯草杆菌中性蛋白酶在 pH7.0、60℃处理 15min 失活 90％；栖土曲霉 3.942 中性蛋白酶 55℃处理 10min，失活 80％以上；而放线菌 166 中性蛋白酶的热稳定性更差，只在 35℃以下稳定，45℃迅速失活。只有少数例外，如热解素在 80℃处理 1h，尚存酶活 50％；有的枯草杆菌中性蛋白酶在 pH7.0、65℃酶活几乎无损失。酶的最适温度取决于反应时间，在反应时间 10～30min 内，最适温度为 45～50℃。钙离子可以增加酶的稳定性并减少酶自溶，故中性蛋白酶提纯过程的每一步都需有钙离子的存在。

代表性的中性蛋白酶是耐热解蛋白芽孢杆菌所产生的热解素与枯草杆菌的中性蛋白酶。这些酶在 pH6.0～7.0 稳定，超出此范围则迅速失活。以酪蛋白为底物时，枯草杆菌蛋白酶最适 pH 为 7.0～8.0，热解素最适 pH 是 7.0～9.0，曲霉菌的酶是 pH6.5～7.5。

用合成底物实验表明，中性蛋白酶只水解由亮氨酸、苯丙氨酸、酪氨酸等疏水大分子氨基酸提供氨基的肽键。对不同氨基酸构成的肽键的水解能力，因酶的来源而异，大体是亮氨酸＞苯丙氨酸＞酪氨酸。

一般中性蛋白酶热稳定性差，生产与使用条件复杂，因而限制了它的工业化生产和应用范围。高温中性蛋白酶不仅具有一般中性蛋白酶的特性，还具有良好的热稳定性，对温度和

pH 的适应范围较广，对人体的皮肤和气管的刺激作用小，弥补了一般中性蛋白酶的不足，简化了生产工艺和酶制剂保藏及使用条件，因而有广阔的应用前景。所以自 20 世纪 70 年代至今，国内外科学家都致力于高温中性蛋白酶的研究与开发，已成为酶学领域研究的热点之一。其研究重点为菌种选育、基因工程菌构建和酶的固定化研究方面。

二、生产菌种

中性蛋白酶产生菌主要有枯草芽孢杆菌、巨大芽孢杆菌、地曲霉、米曲霉、酱油曲霉和放线菌中灰色链霉菌等，其中以放线菌 166 使用较为普遍，因为以放线菌 166 产生的中性蛋白酶分解蛋白质的能力比一般蛋白酶都要强，使用范围也非常广泛。比如一般蛋白酶对蛋白质的水解率为 10％～40％，水解产物大多为多肽或低肽，而放线菌 166 中性蛋白酶的水解能力可达到 80％，对多数蛋白质具有水解作用。目前已知各种蛋白酶能作用的蛋白质，放线菌蛋白酶均能作用，还可作用于其他蛋白酶不能作用的蛋白质，且可分解至氨基酸。放线菌蛋白酶虽是胞外酶（胞外酶一般仅含内肽酶），但它几乎具有一切内肽酶与外肽酶的性质，因而它比其他蛋白酶应用得更为广泛。

三、培养基

多数生产中性蛋白酶的微生物还生产淀粉酶，且淀粉酶的出现往往早于蛋白酶。据报道，添加淀粉或葡萄糖等碳水化合物，可明显抑制 α-淀粉酶的分泌。

工业生产用的碳源是葡萄糖、淀粉、饴糖、玉米粉、米糠和麸皮等。主要的氮源是豆饼粉（蛋白质含量 50％）、鱼粉（蛋白质含量 70％～80％）、血粉、酵母（蛋白质 50％～60％）、陈、玉米浆（蛋白质 25％）等。在固体培养栖土曲霉 3.942 时，麸皮原料中加 30％～40％废曲或酒糟，酶活比对照高 20％以上，达到 15000U/g 以上。一般来说，枯草芽孢杆菌深层培养所用培养基浓度比较高，曲霉培养则浓度较低。

使用新鲜原料是稳定蛋白酶生产的一个重要因素，水质也不能忽视。

培养基中添加 Ca^{2+}、Mg^{2+}、Zn^{2+}、Mn^{2+} 是某些菌株生产中性蛋白酶所必需，Ca^{2+} 对酶有明显的保护作用，因此在酶的提纯工作中，每一步都要有钙离子的存在。

四、生产实例

下面以放线菌 166 为例介绍中性蛋白酶的生产。

放线菌 166 经鉴定暂定为微白色放线菌变种，此菌在高氏二号培养基上生长良好，菌落呈梅花状，气生菌丝微白略带灰色，基内菌丝黄褐色，孢子丝为带各种数量的卷曲的螺旋形，孢子为椭圆或球形。它生产的中性蛋白酶主要应用于制革工业，具有较好的脱毛效果。

1. 种子制备

先将沙土管保藏的菌种移植入高氏二号茄子瓶斜面培养基（蛋白胨 0.5％、食盐 0.5％、碳酸钙 0.2％、葡萄糖 0.5％、琼脂 2.0％、pH7.2～7.4），28℃培养 10 天左右，待孢子生长丰满。

种子制备时采用 500L 罐装培养基 300L（玉米粉 5.0％、豆饼粉 1.0％、甘薯粉 1.0％、磷酸氢二钠 0.4％、碳酸钙 0.4％、硫酸铵 0.4％、氯化钠 0.2％、硫酸锌 0.001％、油 0.5％、pH6.5 左右），1.1atm 下蒸汽灭菌后冷却到 28～29℃，接种 2 只茄子瓶孢子悬液，在 28～29℃，180r/min，通风（1∶0.4）（20h 前）～（1∶0.5）（20h 后）。

在接种后 10h 前后，孢子萌发出菌丝，先短、粗，后变细，密成网状，至 35～40h，菌丝几乎全部断裂成短杆状（这时转罐对大罐中形成次生菌丝有利），即成熟，此时 pH 下降到 5.5～6.0，酶活 30～50U/mL。培养 40h 左右，转入发酵罐。

2. 发酵工艺

5000L 标准式发酵罐，装料 3000L，接种量 10.0％，28～29℃，搅拌 180r/min，通风量控制：0～20h 1∶0.4；20～24h 1∶0.6；40～50h 1∶0.8。

接种后 10h 左右菌丝成网状，20h 左右开始分节，30h 形成分散有节菌丝，40h 菌丝分离成为小杆状，40～50h 小杆状分节菌丝再次形成新生菌丝网，并生成分节菌丝，小杆状菌丝也较混乱。发酵过程中，培养液的 pH 在 24h 降到 5.5 或更低一些，此时开始产酶，泡沫剧烈上升，注意加油消泡。34h 后，pH 回升，酶积累，至 45h 这段时间酶活上升很快。发酵结束时，pH 为 6.6 左右，酶活 3500U/mL。糖自接种后 4h 开始消耗，30h 消耗变慢，发酵结束时残糖 1.5％以下。

3. 提取

发酵完成后，向发酵液中加入 0.6％氯化钙溶液，再加硫酸铵至终浓度 55.0％，搅拌 1h，静止 20～24h，压滤，湿酶在 40℃以下鼓风干燥，粉碎后即为成品，平均收率 60.0％左右。

第四节　碱性蛋白酶

一、碱性蛋白酶的性质与分类

碱性蛋白酶是一类作用最适 pH9.0～11.0 范围内的蛋白酶，因其活性中心含有丝氨酸，所以又称为丝氨酸蛋白酶。碱性蛋白酶主要应用于生产加酶洗涤剂，另外，在制革、丝绸、医药、食品、饲料和生物化学试剂等领域也有应用。碱性蛋白酶最早发现于猪胰脏中。广泛存在于细菌、放线菌和真菌中，研究最为广泛和深入的是芽孢杆菌丝氨酸蛋白酶。

多数微生物碱性蛋白酶在 pH7.0～11.0 范围内有活性。以酪蛋白为底物时的最适 pH 为 9.5～10.5，这种酶除水解肽键外，还具有水解酯键、酰胺键和转酯及转肽的能力。多数微生物碱性蛋白酶不耐热，若在 50～60℃加热 10～15min，几乎有一半酶的活性下降 50％，只有费氏链霉菌与立德链霉菌等碱性蛋白酶，经 70℃处理 30min，酶活性仅损失 10％～15％。费氏链霉菌碱性蛋白酶 1B 既耐热又耐碱（最适 pH11.0～11.5）。不少链霉菌碱性蛋白酶即使在 pH12.0～13.0 仍有活性，可是超过 50℃就引起失活。碱土金属，特别是钙对碱性蛋白酶有明显的热稳定作用。碱性蛋白酶的相对分子质量（20000～34000）比中性蛋白酶小，而等电点高（8.0～9.0）。微生物碱性蛋白酶具有强烈的酯酶活性，可水解甲苯磺酰精氨酸甲酯（TAME）和各种对硝基苯基酯，例如，苯酯基甘氨酸对硝基苯酯等。因此能够以此作为底物，在有中性蛋白酶共存下精确地测定碱性蛋白酶。

根据微生物碱性蛋白酶对切开点羧基侧的专一性，分为四类：①类似于胰蛋白酶的碱性蛋白酶，对碱性氨基酸例如精氨酸、赖氨酸残基具有专一性；②对芳香族或疏水性氨基酸残基有专一性，如枯草杆菌碱性蛋白酶；③对小分子脂肪族氨基酸残基有专一性，如黏细胞 α-裂解型蛋白酶，这是一种溶解细菌细胞壁的蛋白酶；④对酸性氨基酸残基有专一性，如葡萄球菌碱性蛋白酶。

二、生产菌种

可产生碱性蛋白酶的菌株很多，但用于生产的菌株主要是芽孢杆菌属的几个种，如地衣芽孢杆菌、解淀粉芽孢杆菌、短小芽孢杆菌以及嗜碱芽孢杆菌和灰色链霉菌、费氏链霉菌等。丹麦诺维信公司以两株枯草杆菌作为生产菌种，我国也以枯草杆菌变种和地衣芽孢杆菌生产碱性蛋白酶。

三、生产实例

现以地衣芽孢杆菌 2709 变株 A-57 的碱性蛋白酶的生产为例，介绍生产工艺。地衣芽孢杆菌 2709 碱性蛋白酶是国内最早投产的碱性蛋白酶，也是产量最大的一类蛋白酶，其产量占商品酶制剂总量的 20% 以上。它适用于加酶洗涤剂、制革和丝绸脱胶。其生产菌种经过诱变选育，产酶能力已有了较大的提高。

1. 菌种培养

用牛肉膏 1%、蛋白胨 1%、NaCl 0.5%、琼脂 2%、pH7.2~7.5 的茄子瓶斜面培养基，37℃培养 48h。

2. 种子培养

1m³ 发酵罐装 500L 培养基，其成分为豆饼粉 3%、山芋粉 2%、麸皮 3%、Na_2HPO_4 0.2%、pH6.5，灭菌冷却后接种，于 37℃通风搅拌培养 10~14 h。

3. 发酵

25m³ 发酵罐，装料 16m³。培养基配方为豆饼粉 2.5%、山芋粉 4%、麸皮 5%、Na_2HPO_4 0.2%、pH6.5，灭菌冷却后将种子接入发酵罐，于 37℃通风搅拌培养 32h。当酶活力达到高峰 12000U/mL 时停止发酵。

4. 提取

地衣芽孢杆菌菌体细小，发酵液黏度大，直接采用常规离心或板框过滤的方法进行固液分离是十分困难的，而且也得不到澄清滤液。目前，国内一般工厂都采用无机盐凝聚的方法或直接将发酵液进行盐析。前者即向发酵液中加入一定量的无机盐，使菌体及杂蛋白聚集成大一些的颗粒，再进行压滤。此法虽能除去菌体，但过滤速度仍较慢，且色泽较深；后者即直接对发酵液进行盐析，得到酶、菌体、杂蛋白混合体系，不易分离。与这两种方法相比，采用絮凝法处理发酵液具有一定的优势。具体做法是：将成熟发酵液泵入絮凝剂罐中，加入 Na_2HPO_4 0.5%、$CaCl_2$ 1.5%，调 pH 至 6.4，连续搅拌 2 h 后静置絮凝。然后经压滤机过滤获得浓缩液加入 55% $(NH_4)_2SO_4$ 盐析 8~10 h，再用压滤机进行压滤收集酶泥，经成型后干燥即得成品。

第五节 工业用蛋白酶制剂标准及蛋白酶活力测定方法

一、工业用蛋白酶制剂标准

1. 外观要求

固体剂型：白色至黄褐色粉末或颗粒，无结块，无潮解现象，无异味，有特殊发酵气味。

液体剂型：浅黄色至棕褐色液体，允许有少量凝聚物，无异味，有特殊发酵气味。

2. 理化要求

我国《工业用蛋白酶制剂标准》（QB 1805.3—1993）规定的理化要求见表 9-2。表中一等品、合格品不得用于食品工业。

表 9-2 工业用蛋白酶的理化要求

项　目		固体剂型			液体剂型		
		优等品	一等品	合格品	优等品	一等品	合格品
酶活力/(U/g,U/mL)	酸性蛋白酶	30000	30000	30000	30000	30000	30000
		40000	40000	40000	40000	40000	40000
		50000	50000	50000	50000	50000	50000
	中性蛋白酶	30000	30000	30000	30000	30000	30000
		40000	40000	40000	40000	40000	40000
		50000	50000	50000	50000	50000	50000
	碱性蛋白酶	50000	50000	50000	50000	50000	50000
		80000	80000	80000	100000	100000	100000
		100000	100000	100000	150000	150000	150000
干燥失重/%　　　　　≤		8.0					
细度[0.40mm(39目)标准筛通过率]/%　≥		80		75	—		
容重/(g/mL)　　　　≤					1.25		
pH 值(25℃)	酸性蛋白酶	—			2.5～5.0		
	中性蛋白酶	—			5.5～7.2		
	碱性蛋白酶	—			6.0～7.5		
酶活力保存率/%　　≥	25℃,保存半年	100	90	85	—		
	25℃,保存三个月	—			100	90	85
重金属含量(以 Pb 计)/%　≤		0.004			0.004		
大肠菌群/(个/100g)　≤		3000		—	3000		
细菌总数/(个/g)　　≤		50000		—	50000		
霉菌/(个/g)　　　　≤		200		—	200		
沙门菌		不得检出			不得检出		

二、工业用蛋白酶活力测定方法

(一) 福林法

1. 原理

蛋白酶在一定的温度与 pH 条件下,水解酪蛋白底物,产生含有酚基的氨基酸(如酪氨酸、色氨酸等),在碱性条件下,将福林试剂还原,生成钼蓝与钨蓝,用分光光度计于波长 680nm 下测定溶液的吸光度。酶活力与吸光度成比例,由此可以计算产品的酶活力。

2. 仪器和设备

分析天平(精度为 0.0001g),紫外可见分光光度计,恒温水浴(精度±0.2℃),pH 计(精度为 0.01pH 单位)。

3. 试剂和溶液

(1) 福林(Folin)试剂　于 2L 磨口回流装置中加入钨酸钠($Na_2WO_4 \cdot 2H_2O$) 100.0g、钼酸钠($Na_2MoO_4 \cdot 2H_2O$) 25.0g、水 700mL、85％磷酸 50mL、浓硫酸 100mL。小火沸腾回流 10h,取下回流冷却器,在通风橱中加入硫酸锂(Li_2SO_4) 50g、水 50mL 和数滴浓溴水(99％),再微沸 15min,以除去多余的溴(冷后仍有绿色需再加溴水,再煮沸除去过量的溴),冷却,加水定容至 1L。混匀,过滤。制得的试剂应呈金黄色,储存于棕色瓶内。

福林使用溶液:一份福林试剂与两份水混合,摇匀。也可使用市售福林溶液配制。

(2) 碳酸钠溶液(42.4g/L)　称取无水碳酸钠 42.4g,用水溶解并定容至 1L。

(3) 三氯乙酸(65.4g/L)　称取三氯乙酸 65.4g 用水溶解并定容至 1L。

（4）氢氧化钠溶液（20g/L） 称取氢氧化钠片剂 20.0g 加水 900mL 并搅拌溶解。待溶液到室温后续水定容至 1L，搅拌均匀。

（5）盐酸溶液 1.0mol/L 及 0.1mol/L，按 GB/T 601 配制。

（6）缓冲溶液 以下各种缓冲溶液配制时需用 pH 计测定并调整 pH 值。

① 磷酸缓冲溶液（pH7.5，适用于中性蛋白酶制剂）。分别称取磷酸氢二钠（$Na_2HPO_4 \cdot 12H_2O$）6.02g 和磷酸二氢钠（$NaH_2PO_4 \cdot 2H_2O$）0.5g，加水溶解并定容至 1L。

② 乳酸钠缓冲液（pH3.0，适用于酸性蛋白酶制剂）。取乳酸（80%～90%）4.71g 和乳酸钠（70%）0.89g 加水至 900mL，搅拌至均匀。用乳酸或乳酸钠调整 pH 到 3.0±0.05，定容至 1000mL。

③ 硼酸缓冲液（pH10.5，适用于碱性蛋白酶制剂）。称硼酸钠 9.54g、氢氧化钠 1.60g，加水 900mL，搅拌至均匀。用 1mol/L 盐酸溶液或 0.5mol/L 氢氧化钠（20g/L）溶液调整 pH 至 10.5±0.05，定容至 1000mL。

④ 酪蛋白溶液（10.0g/L）。称取标准酪蛋白（NICPBP 国家药品标准物质）1.000g（精确到 0.001g）用少量氢氧化钠溶液（20g/L）（若酸性蛋白酶制剂则用浓乳酸 2～3 滴）湿润后，加入相应的缓冲溶液约 80mL 在沸水浴中加热煮沸 30min，并不时搅拌至酪蛋白全部溶解。冷却至室温后转入 100mL 容量瓶中，用适量的 pH 缓冲溶液稀释至刻度。定容前检查并调整 pH 至相应缓冲液的规定值。此溶液在冰箱内储存，有效期为 3 天。使用期前重新确认并调整 pH 值至规定值。

不同来源或批号的酪蛋白对实验结果有影响。如使用不同的酪蛋白作为底物，使用前应与以上标准酪蛋白进行结果对比。

⑤ L-酪氨酸标准储备溶液（100μg/mL）。精确称取预先于 105℃ 干燥至恒重的 L-酪氨酸 0.1000g±0.0002g，用 1mol/L 盐酸溶液 60mL 溶解后定容至 100mL，即为 1mg/mL 酪氨酸溶液。

吸取 1mg/mL 酪氨酸溶液 10.00mL，用 0.1mol/L 盐酸溶液定容至 100mL，即得到 100μg/mL 的 L-酪氨酸标准储备溶液。

4. 分析步骤

（1）标准曲线的绘制

① L-酪氨酸标准溶液。按表 9-3 配制，L-酪氨酸稀释液应在稀释后立即进行测定。

表 9-3 L-酪氨酸标准溶液

管号	酪氨酸标准溶液的浓度/(μg/mL)	酪氨酸标准储备溶液的体积/mL	加水的体积/mL
0	0	0	10
1	10	1	9
2	20	2	8
3	30	3	7
4	40	4	6
5	50	5	5

② 标准曲线。分别取上述溶液各 1.00mL（需做平行试验），各加碳酸钠溶液（42.4g/L）5.00mL、福林试剂使用溶液 1.00mL，振荡均匀，置于 40℃±0.2℃ 水浴中显色 20min，取出，用分光光度计于波长 680nm、10mm 比色皿，以不含酪氨酸的 0 管为空白，分别测定其吸光度。以吸光度 A 为纵坐标，酪氨酸的浓度 c 为横坐标，绘制标准曲线。

③ 吸光常数 K 的计算。利用回归方程，计算出吸光度为 1 时的酪氨酸的量（μg），即为吸光常数 K 值。其 K 值应在 95～100 范围内。如不符合，需重新配置试剂，进行试验。

（2）样品测定

① 待测酶液的配制。称取酶样品 1～2g，精确至 0.0002g。然后用相应的缓冲溶液溶解并稀释到一定浓度，推荐浓度范围为酶活力 10～15U/mL。

对于粉状的样品，可以用相应的缓冲溶液充分溶解，然后取滤液（慢速定性滤纸）稀释至适当浓度。

② 测定。先将酪蛋白溶液放入 40℃±0.2℃ 恒温水浴中，预热 5min，然后按下列程序操作。

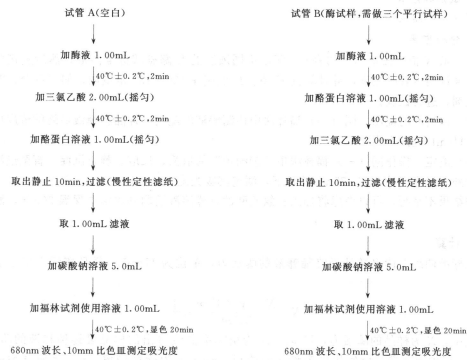

1.398 中性蛋白酶制剂（枯草芽孢杆菌中性蛋白酶制剂）和 166 中性蛋白酶制剂（放线菌中性蛋白酶制剂），除反应与显色温度为 30℃±0.2℃外，其他操作同上，标准曲线做同样处理。

③ 计算。从标准曲线上读出样品最终稀释液的酶活力，单位 U/mL。样品的酶活力按以下公式计算：

$$X = \frac{A \times V \times 4 \times n}{m} \times \frac{1}{10}$$

式中，X 为样品的酶活力，U/g；A 为由标准曲线得出的样品最终稀释液的酶活力，U/mL；V 为溶解样品所使用的容量瓶的体积，mL；4 为反应试剂的总体积，mL；n 为样品的稀释倍数；m 为样品的质量，g；1/10 为反应时间 10min，以 1min 计。

所得结果表示至整数。

④ 精确度。在重复性条件下获得的两次独立测定结果的绝对差值不应超过平均值的 3%。

（二）紫外分光光度法

1. 原理

蛋白酶在一定的温度与 pH 条件下水解酪素酪蛋白生成酪氨酸，然后加入三氯乙酸终止酶反应，并沉淀未分解的酪蛋白。滤液中的酪氨酸采用紫外分光光度法在 275nm 下进行测定。根据吸光度与酶活力的比例关系计算其酶活力。

不同的蛋白酶制剂其紫外法结果与福林法结果的换算系数不同。如需要，相关方可根据试验结果统计，确定两个方法的换算系数。

2. 仪器和设备

同（一）福林法。

3. 试剂和溶液

同（一）福林法。

4. 分析步骤

（1）求 K 值　按福林法的表 9-3 配制不同浓度的 L-酪氨酸标准溶液，然后直接用紫外分光光度计测定其吸光度，并计算其 K 值。K 值应在 130~135 范围内，如不符合，需重新配制试剂，进行试验。

（2）待测酶的配制　同（一）福林法中待测酶液的配制，样品稀释液最终的浓度应该在 10~20U/mL 范围之内。

（3）测定　操作同（一）福林法中"②测定"的取液、反应、静止沉淀，直至过滤。滤液用紫外分光光度计，在 275nm 波长下，测定其吸光度。

如结果不平行，可以考虑将加入三氯乙酸的试样溶液返回到水浴中保温 30min，测定吸光度。

5. 计算

从标准曲线上读出样品最终稀释液的酶活力，单位为 U/mL。样品酶活力按以下公式计算：

$$X = \frac{X_1 \times V \times 8 \times n}{2 \times m} \times \frac{1}{10}$$

式中，X 为样品的酶活力，U/g；X_1 为由标准曲线得出的样品最终稀释液的酶活力，U/mL；V 为溶解样品所使用的容量瓶的体积，mL；n 为稀释倍数；8 为反应试剂的总体积，mL；2 为吸取酶液 2.00mL；m 为样品的质量，g；1/10 为反应时间 10min，以 1min 计。

结果保留至整数位。

6. 精密度

在重复性条件下获得的两次独立测定结果的绝对差值不应超过平均值的 3%。

技能实训 9-1　木瓜蛋白酶的制备及活力测定

一、实训目标

1. 学习和掌握木瓜蛋白酶分离纯化的原理、方法和工艺过程，包括盐析、酶活力保护、结晶与重结晶。

2. 掌握木瓜蛋白酶活力的测定方法。

二、实训原理

木瓜蛋白酶普遍存在于木瓜植株的果实、叶、树干、根及种子中。但以未成熟的木瓜果实的乳汁中含量最多。木瓜蛋白酶有很强的分解蛋白质的能力，并有水解酰胺键和酯键的特性，属碱性蛋白酶。

木瓜蛋白酶溶于水、甘油，不溶于乙醇、氯仿、乙醚等。最适 pH 为 5.0～8.0，最适温度为 65℃，活性较稳定。

根据酶蛋白在高浓度中性盐溶液中溶解度降低的特性，可用盐析法制备木瓜蛋白酶。常用的中性盐有硫酸铵、氯化钠等。

三、操作准备

1. 材料与仪器

（1）木瓜乳汁的采集及采后处理　在清晨或中午下雨后，选择 2.5～3 月龄已充分长大的青果，用锋利刀片在未成熟的青果表面纵割 3～4 条线，下刀深度在 2mm 深以内，环绕茎干装一倒伞形收集盘，接收流下的乳汁。割后 30～60s 乳汁停止流出，把粘在果上的乳汁赶入收集盘。用浸过硫酸钙或杀菌剂溶液的洁净布擦果，防切口感染。采后如不能及时制备，可加入乳汁重量 0.5％的焦亚硫酸钠，搅拌、液化后用纱布过滤，然后将滤液在 55℃条件下干燥，得木瓜蛋白酶的初品。

（2）仪器　研钵，高速冷冻离心机，紫外分光光度计，恒温水浴锅。

2. 试剂及配制

（1）酪氨酸标准液（50μg/mL）　称 105℃烘至恒重的酪氨酸 5.0mg，用 0.1mol/L HCl 定容至 100mL。

（2）硅藻土和河沙　硅藻土选用化学纯试剂，河沙经清洗、浮选、烘干后过 60～80 目筛。

（3）半胱氨酸、$(NH_4)_2SO_4$ 和 NaCl　均选用化学纯试剂。

（4）酶稀释液　半胱氨酸 0.03mol/L（0.1537g）、EDTA-2Na 0.00603mol/L（0.0935g），两者分用适量蒸馏水溶解，再将 EDTA-2Na 溶液倒入半胱氨酸溶液中，使其溶解，调节 pH 至 4.5，定容至 25mL。

（5）酪蛋白溶液（底物）　称取磷酸氢二钠 1.447g 加蒸馏水约 80mL，溶解后加入 0.80g 酪蛋白，水浴上加热搅拌溶解，待完全溶解后，冷却至室温，调 pH 至 7.0，定容至 100mL，摇匀。

（6）TCA 溶液（变性剂）　称三氯醋酸（TCA）2.247g，乙酸钠 1.824g，冰醋酸 2g，定容至 100mL。

四、实施步骤

1. 木瓜蛋白酶的分离纯化

（1）粗提　木瓜乳汁（100g）、硅藻土（50g）和筛选过的砂子（75g）混匀，在室温下加 100～150mL 半胱氨酸溶液，在研钵中充分磨匀，静置后倾出上清液，再用 150mL 半胱氨酸溶液重复研磨和洗提，然后用半胱氨酸溶液定容到 500mL（粗体积），用布氏漏斗过滤（0.5cm 厚高岭土）。以下几步尽量在冰浴上进行。

（2）除不溶物　上述滤液在搅拌下慢慢加入 1mol/L NaOH 溶液调 pH 至 9.0，4℃，8000r/min 离心 10min，弃去沉淀，取上清液。

温馨提示：离心管加液应称量平衡，成偶数对称放入；离心机工作时，操作人员不得远离。

（3）$(NH_4)_2SO_4$ 分级分离　在上清液中加 $(NH_4)_2SO_4$ 至 40％饱和溶液，静置 2h。4℃、8000r/min 离心 10min，弃上清液取沉淀，用 200～250mL 饱和 $(NH_4)_2SO_4$ 溶液洗沉

淀一次。

(4) NaCl 分级沉淀 将上述沉淀溶于 300mL 半胱氨酸溶液（0.02mol/L，pH7.0）中，慢慢加入 30g 固体 NaCl、静置数 1h。4℃、8000r/min 离心 20min，弃上清液取沉淀。

(5) 结晶 将上述沉淀在室温下溶于 200mL 半胱氨酸溶液中（0.02mol/L，pH5.7）中，立即调 pH 至 6.5，静置 30min，置于 4℃下过夜。4℃、8000r/min 离心 25min，收集结晶。

(6) 重结晶 将上述结晶在室温下溶于少量蒸馏水（蛋白酶浓度约 1%）。在搅拌下慢慢加入饱和 NaCl 溶液（10mL/300mL 蛋白溶液），当约 75% 的溶液加入后，木瓜蛋白酶将开始结晶，置于 4℃下过夜，收集结晶。

2. 木瓜蛋白酶活性测定

(1) 样品处理 精确称取 0.05g 的木瓜蛋白酶干粉于研钵中，加入少量石英砂和几滴酶稀释液研磨 15min，将酶液用蒸馏水少量多次洗入 500mL 容量瓶，定容，摇匀。取样液 5mL，加入酶溶解液 10mL，混匀盖严，将酶激活 15min 以上（激活时半胱氨酸浓度要高于 0.03mol/L，而且要当天配制，激活的酶最好在 2h 内测完）备用。

(2) 活力测定 取 1.0mL 已激活的酶液于带塞试管中，置 37℃水浴保温 10min，吸取预热至 37℃的酪蛋白液 5.0mL 加入此管，在 37℃反应 10min，立即加入 50mL TCA，摇匀，过滤；另取样液（已激活）1.0mL 置另一带塞试管中，加入 5.0mL TCA，37℃保温 10min 后立即加入预热至 37℃的酪蛋白液 5.0mL，摇匀过滤。以后管为对照，于 275nm 测前管滤液的吸光度。另取酪氨酸标准液，以蒸馏水作空白对照，于 275nm 测吸光度。

$$木瓜蛋白酶活力（U/g）＝A/A_s×50×(500×3)/m×1/10×11$$

式中，A_s 为 50μg/mL 酪氨酸的光吸收值；A 为 1mL 激活酶作用于底物所得产物的光吸收值；50 为标准酪氨酸浓度，μg/mL；10 为反应时间，min；500 为酶第一次稀释倍数（定容体积）；m 为样重，g；3 为激活时酶液的稀释倍数；11 为测定时酶液的稀释倍数。

五、实训报告

1. 记录木瓜蛋白酶生产工艺、操作条件、各原辅材料和试剂用量。

2. 记录产品的形态及产品的重量。

3. 计算木瓜蛋白酶的产量、酶活力和实际得率。

4. 对上述分离纯化方法进行评价。

技能实训 9-2 菠萝蛋白酶的制备及活力测定

一、实训目标

1. 掌握菠萝蛋白酶制备的原理和方法。

2. 掌握菠萝蛋白酶活力的测定方法。

二、实训原理

菠萝蛋白酶具有一定的医疗保健功能：①抑制肿瘤细胞的生长；②对心血管疾病的防治；③用于烧伤脱痂；④消炎作用；⑤增进药物吸收。

单宁又称鞣酸、丹宁酸，是多酚中高度聚合的化合物，它们能与蛋白质（酶）形成难溶于水的复合物，是蛋白沉淀剂。本实训即利用单宁沉淀法提取菠萝蛋白酶。

EDTA、维生素 C 和 L-半胱氨酸具有保护酶活功能；锌离子、硫代硫酸钠等具有酶活激活的作用。

活性测定方法是以酪蛋白水解释放的酪氨酸在 275nm 的吸收值为基础，酶活单位定义为：在测定条件 [（37±0.2）℃；pH 值 7.0] 下每分钟水解酪蛋白释出的三氯乙酸可溶物在 275nm 波长的吸光度与 1μg 酪氨酸的吸光度相当时，所需的酶量即为一个活力单位，用 U/g 表示。

三、操作准备

1. 材料与仪器

材料：70%～80% 成熟度的新鲜菠萝。

仪器：100mL 量筒，500mL 烧杯（2 个），100mL 烧杯，玻璃棒，漏斗，纱布，干燥器，离心机，紫外分光光度计。

2. 试剂及配制

苯甲酸钠，单宁，乙二胺四乙酸二钠（EDTA-2Na），NaCl，乙酸锌，抗坏血酸，硫代硫酸钠，L-半胱氨酸，Na_2HPO_4，NaH_2PO_4，酪蛋白。

四、实施步骤

1. 菠萝蛋白酶的提取

（1）压榨取汁　取鲜菠萝 1500g，去刺、洗净，用压榨机压出汁液，取 1000g 鲜菠萝汁，加 5% 苯甲酸钠溶液 10mL 搅匀，用于防腐。

（2）除杂质　鲜菠萝汁 3000r/min 离心 20min（或送入板框压滤机），除去杂质，多层纱布过滤。

（3）添加稳定剂　将澄清液移入搪瓷桶中，在搅拌条件下，加入 0.5% EDTA-2Na 80mL、0.1% 的抗坏血酸溶液 60mL。

（4）单宁沉析　立刻加入 1% 的单宁 100mL，在 4℃ 下静置 1h，3000r/min 离心 15min，弃去上清液，收集沉析物（酶复合物）。

2. 洗脱与激活

（1）洗脱　将沉析物倒入烧杯中，加 0.5% 乙酸锌溶液 20mL，搅拌均匀，静止 5min；加 0.06% 抗坏血酸溶液 30mL，搅匀，静止 10min；加 1.5% 氯化钠溶液 20mL，搅匀，静止 10min；最后再加 0.5% EDTA 溶液 20mL，搅匀，静止 5min；3500r/min 离心 10min，弃去上清液，得菠萝蛋白酶沉析物。

（2）激活　把上述沉析物倒入烧杯中，加 0.5% 硫代硫酸钠溶液 20mL，搅匀，静止 5min；加 1% L-半胱氨酸溶液 10mL，搅匀，3500r/min 离心 10min，弃去上清液，得菠萝蛋白酶湿品。

3. 冷冻干燥

将菠萝蛋白酶湿品放入冰箱中，于 -15℃ 冷冻 10～15h，解冻后 3000r/min 离心 10min，沉淀放入装有氯化钙或五氧化二磷的干燥器中干燥 5～10h，取出后研磨成粉末，得菠萝蛋白酶纯品，低温（2～10℃）下保存。

温馨提示：提取操作中避免热、酸、碱、重金属盐、紫外线等对产物的影响，防止酶变性；在整个操作中注意温度的变化以及体系的 pH 值的变化，要经常用 pH 试纸检测溶液的 pH 值，要使之保持稳定。

4. 酶活测定

（1）酶液制备　取所得酶制剂 0.15g，加入 0.05mol/L（pH7.0）PBS 定容至 100mL，

过滤。滤液即为工作酶液。

（2）活性测定 取 3 只试管，按下表加入试剂及其他操作（各试剂于 37℃水浴保温至恒定）。

试剂	管号		
	1	2	3
酶液/mL	1	1	1
1%酪蛋白溶液/mL	0	1	1
	混匀，37℃保温 10min		
1mol/L NaOH/mL	8	8	8
1%酪蛋白溶液/mL	1	0	0
	迅速摇匀，室温下静置 30min		
	取上清液于 275nm 波长下测定吸光值		

五、实训报告

1. 计算菠萝蛋白酶得率（g/100g），并计算所得酶制剂的活性（U/g）。

$$酶活性 = \frac{(A_2 + A_3)/2 - A_1}{0.15 \times 1/100 \times 1/10}$$

2. 讨论影响菠萝蛋白酶得率及活性的主要因素。

技能实训 9-3 毛霉蛋白酶的制备及活力测定

一、实训目标

1. 了解毛霉蛋白酶制备的基本原理。
2. 掌握毛霉蛋白酶制备和活力测定的方法。

二、实训原理

毛霉又叫黑霉、长毛霉，接合菌亚门接合菌纲毛霉目毛霉科真菌中的一个大属。以孢囊孢子和接合孢子繁殖，菌丝无隔、多核、分枝状，在基物内外能广泛蔓延，无假根或匍匐菌丝。在高温、高湿度以及通风不良的条件下生长良好。毛霉常出现在酒药中，能糖化淀粉并能生成少量乙醇，产生蛋白酶，有分解大豆蛋白的能力，我国多用来做豆腐乳、豆豉。许多毛霉能产生草酸、乳酸、琥珀酸及甘油等，有的毛霉能产生脂肪酶、果胶酶、凝乳酶等。工业中利用其蛋白酶以酿制腐乳、豆豉等。皮革工业的脱毛和软化已大量利用蛋白酶，既节省时间，又改善劳动卫生条件。蛋白酶还可用于蚕丝脱胶、肉类嫩化、酒类澄清等。

酶活定义：在 40℃、pH7.2 条件下，1min 内水解酪蛋白产生 1.0μg 酪氨酸所需的酶量为 1 个蛋白酶活力单位。蛋白酶水解酪蛋白，其产物酪氨酸能在碱性条件下使福林-酚试剂还原，生产钼蓝与钨蓝，在 680nm 下测定其吸光度，可求得蛋白酶活力。考马斯亮蓝是一种染料，在游离状态下呈红色，当它与蛋白质结合后变为青色。蛋白质-色素结合物在 595nm 波长下有最大光吸收，其光吸收值与蛋白质含量成正比，因此可用于蛋白质的定量测定。测定蛋白质浓度范围为 0~1000μg/mL，是一种常用的微量蛋白质快速测定方法。

三、操作准备

1. 材料与仪器

恒温培养箱，振荡摇床，恒温振荡器，离心机，722 分光光度计，pH 计，恒温水浴锅。

2. 试剂及配制

（1）PDA 斜面培养基　称取 200g 马铃薯，洗净去皮切成小块，加水 1000mL 煮沸半小时或高压蒸煮 20min，纱布过滤，再加 10～20g 葡萄糖和 17～20g 琼脂，充分溶解后趁热纱布过滤，分装试管，每试管约 5～10mL（视试管大小而定），121℃灭菌 20min 左右后取出试管摆斜面，冷却后储存备用。

温馨提示：仔细阅读高压灭菌锅的说明书，并在老师指导下进行操作；待灭菌的物品放置不宜过紧；必须将冷空气充分排除，否则锅内温度达不到规定温度，影响灭菌效果；灭菌完毕后，不可放气减压，否则瓶内液体会剧烈沸腾，冲掉瓶塞而外溢甚至导致容器爆裂，必须等到灭菌锅内压力降至与大气压相等后才可开盖。

（2）固体培养基　麸皮 10g，水 12mL，自然 pH 值，适量装入 250mL 三角瓶中，121℃灭菌 30min 后趁热及时摇散，备用。

（3）液体培养基　蛋白胨 20g、葡萄糖 10g、氯化镁 2g、磷酸二氢钾 2g，250mL 锥形瓶装样量 50mL，121℃灭菌 30min，培养 72h。

（4）考马斯亮蓝染色液　称 100mg 考马斯亮蓝 G-250，溶于 50mL 95％的乙醇后，再加入 120mL 85％的磷酸，用水稀释至 1L。

温馨提示：考马斯亮蓝 G-250 接触皮肤不易清洗，配制和使用时，应戴上手套。

（5）其他　福林-酚试剂，标准酪氨酸溶液（1mL），pH7.2 磷酸缓冲液（1mL），2％酪蛋白溶液（500mL），0.4mol/L 三氯乙酸溶液（1L），0.4mol/L 碳酸钠溶液（1L），0.2mol/L HCl（1L），1mg/mL 牛血清蛋白标准溶液。

四、实施步骤

1. 毛霉的培养和粗酶液的制备

（1）孢子菌悬液制备　斜面培养基培养 48h 后，用 5mL 生理盐水洗脱下孢子，将孢子菌悬液吸至无菌试管（无菌棉花或纱布过滤），梯度稀释法稀释至 10^6 个/mL。

（2）固体培养基培养　三角瓶接入 5％孢子菌悬液，28℃培养 72h（每 24h 翻动一次，用干净玻璃棒翻动并轻微搅打）。

（3）摇床培养　冷却后按 5％接种量接入孢子菌悬液，150r/min，28℃培养 72h。

（4）粗酶液的制备　发酵液：将发酵好的液体培养物在 3000r/min 离心 20min，取上清液即为粗酶液。

固体培养基：将生长着毛霉的三角瓶加蒸馏水/0.3mol/L 盐水/pH7.5 缓冲液 100mL 拌匀，匀浆机搅拌破碎，40℃恒温水浴锅内浸泡 1h，过滤，即得粗酶液。

加蒸馏水 100mL 拌匀，置于 40℃恒温水浴锅内浸泡 1h，取出后用四层纱布过滤得粗酶液，供测定酶活用。

2. 蛋白酶活力的测定

（1）标准曲线绘制　取 9 支试管，按下表将标准酪氨酸溶液进行稀释。

试剂	0	1	2	3	4	5	6	7	8
标准酪氨酸溶液/mL	0	1	2	3	4	5	6	7	8
蒸馏水/mL	10	9	8	7	6	5	4	3	2
稀释酪氨酸溶液浓度/(μg/mL)	0	10	20	30	40	50	60	70	80

从上述各试管中各取 1mL，分别加入 5mL 0.4mol/L 碳酸钠溶液、1mL 福林-酚试剂，于 40℃水浴中显色 20min，在 680nm 波长下测定吸光度，绘制标准工作曲线，在标准曲线

上求得吸光度为 1 时相当于的酪氨酸质量（μg）（即为 K 值）。

（2）活力测定　取 4 支 10mL 离心管，分别加入 1mL 稀释酶液，其中 1 支为空白管，3 支为平行试管。置于 40℃ 水浴中预热 3～5min，在 3 支平行试验试管中分别加入 1mL 2% 酪蛋白溶液，准确计时保温 10min。立即加入 2mL 0.4mol/L 三氯乙酸溶液，15min 后离心分离或用滤纸过滤。分别吸取 1mL 清液，加 5mL 0.4mol/L 碳酸钠溶液，最后加入 1mL 福林-酚试剂，摇匀，置于 40℃ 水浴中显色 20min。空白试管中先加入 2mL 0.4mol/L 三氯乙酸溶液，再加入 1mL 2% 酪蛋白溶液，15min 后离心分离或用滤纸过滤。以下操作与平行试验管相同。以空白管为对照，在 680nm 波长下测定吸光度，取其平均值。

$$蛋白酶活力 = (K \times A \times 4 \times N)/(10 \times m)$$

式中，K 为在 40℃、pH7.2 条件下，单位质量的酶粉 1min 水解络蛋白为络氨酸的蛋白酶活力；A 为平行试验管的平均吸光度；4 为离心管中反应液的总体积，mL；10 为反应时间，min；N 为稀释倍数；m 为酶粉称取量，g。

3. 蛋白质含量的测定

（1）标准曲线制作　取 6 支具塞试管，编号后，按下表加入试剂。

操作项目	管号					
	1	2	3	4	5	6
标准蛋白质溶液/mL	0	0.2	0.4	0.6	0.8	1.0
蒸馏水/mL	1.0	0.8	0.6	0.4	0.2	0
考马斯亮蓝试剂/mL	5					
蛋白质含量/μg	0	20	40	60	80	100

盖上塞子，摇匀。放置 2min 后在 595nm 波长下比色测定（比色应在 1h 内完成）。以牛血清白蛋白含量（μg）为横坐标，以吸光度为纵坐标，绘出标准曲线。

（2）含量测定　取 1 支具塞试管，准确加入 0.1mL 样品提取液，再加入 0.9mL 蒸馏水，5mL 考马斯亮蓝试剂，充分混合，放置 2min 后，以标准曲线 1 号试管做参比，在 595nm 波长下比色，记录吸光度。然后利用标准曲线求出样品中蛋白质的含量。

4. 蛋白酶的初步纯化

（1）硫酸铵分级沉淀　取一定体积的粗酶液，分成 8 份，在冰水浴中缓慢加入固体硫酸铵至饱和度为 30%、40%、50%、60%、70%、80%、90%，充分溶解后离心，分别测定上清液和沉淀酶活，绘制硫酸铵盐析曲线。

（2）透析　4℃ 下透析 24h，测定酶活和总蛋白含量。

五、实训报告

实训步骤	总蛋白	总酶活	比活	纯化倍数

技能实训 9-4　猪胰蛋白酶的制备及活力测定

一、实训目标

1. 学习胰蛋白酶的纯化及其结晶的基本方法。

2. 了解酶的活性与比活性的概念。

二、实训原理

胰蛋白酶是以无活性的酶原形式存在于动物胰脏中，在 Ca^{2+} 的存在下，被肠激酶或有活性的胰蛋白酶自身激活，从肽链 N 端赖氨酸和异亮氨酸残基之间的肽键断开，失去一段六肽，分子构象发生一定改变后转变为有活性的胰蛋白酶。

胰蛋白酶原的相对分子质量约为 24000，等电点约为 8.9。胰蛋白酶的相对分子质量与其酶原接近（23300），等电点约为 10.8，最适 pH7.6～8.0，在 pH3.0 时最稳定，低于此 pH 时，胰蛋白酶易变性，在 pH＞5.0 时易自溶。Ca^{2+} 离子对胰蛋白酶有稳定作用。重金属离子、有机磷化合物和反应物都能抑制胰蛋白酶的活性，胰脏、卵清和豆类植物的种子中都存在着蛋白酶抑制剂。最近发现在一些植物的块基（如土豆、白薯、芋头等）中也存在有胰蛋白酶抑制剂。

胰蛋白酶能催化蛋白质的水解，对于由碱性氨基酸（精氨酸、赖氨酸）的羧基与其他氨基酸的氨基所形成的键具有高度的专一性。此外，还能催化由碱性氨基酸和羧基形成的酰胺键或酯键，其高度专一性仍表现为对碱性氨基酸一端的选择。胰蛋白酶对这些键的敏感性次序为：酯键＞酰胺键＞肽键。因此，可利用含有这些键的酰胺或酯类化合物作为底物来测定胰蛋白酶的活力。目前常用苯甲酰-L-精氨酸-对硝基苯胺（BAPA）和苯甲酰-L-精氨酸-β-萘酰胺（BANA）测定酰胺酶活力。用苯甲酰-L-精氨酸乙酯（简称 BAEE）和对甲苯磺酰-L-精氨酸甲酯（简称 TAME）测定酯酶活力。本实训以 BAEE 为底物，用紫外吸收法测定胰蛋白酶活力。

从动物胰脏中提取胰蛋白酶时，一般是用稀酸溶液将胰腺细胞中含有的酶原提取出来，然后根据等电点沉淀的原理，调节 pH 以沉淀除去大量的酸性杂蛋白以及非蛋白杂质，再以硫酸铵分级盐析将胰蛋白酶原等（包括大量糜蛋白酶原和弹性蛋白酶原）沉淀析出。经溶解后，以极少量活性胰蛋白酶激活，使其酶原转变为有活性的胰蛋白酶（糜蛋白酶和弹性蛋白酶同时也被激活），被激活的酶溶液再以盐析分级的方法除去糜蛋白酶及弹性蛋白酶等组分。收集含胰蛋白酶的级分，并用结晶法进一步分离纯化。一般经过 2～3 次结晶后，可获得相当纯的胰蛋白酶，其比活力可达到 8000～10000 单位/mg 蛋白或更高。如需制备更纯的制剂，可用上述酶溶液通过亲和色谱技术进行纯化。

三、操作准备

1. 材料与仪器

新鲜或冰冻猪胰脏，食品加工机和高速分散器，研钵，大玻璃漏斗，布氏漏斗，抽滤瓶，纱布，恒温水浴，紫外分光光度计，秒表，pH 试纸等。

2. 试剂及配制

① pH2.5 乙酸酸化水。

② 2.5mol/L H_2SO_4。

③ 5mol/L NaOH。

④ 2mol/L NaOH。

⑤ 2mol/L HCl。

⑥ 0.001mol/L HCl。

⑦ 硫酸铵。

⑧ 氯化钙。

⑨ 0.8mol/L pH9.0 硼酸缓冲液。取 20mL 0.8mol/L 硼酸溶液，加 80mL 0.2mol/L 四硼酸钠溶液，混合后，用 pH 计检查校正。

⑩ 0.4mol/L pH9.0 硼酸缓冲液。用 0.8mol/L 稀释 1 倍即可。

⑪ 0.2mol/L、pH8.0 硼酸缓冲液。取 70mL 0.2mol/L 硼酸溶液，加 30mL 0.5mol/L 四硼酸钠溶液，混合后，用 pH 计校正。

⑫ 0.05mol/L、pH8.0 Tris-HCl 缓冲液。取 50mL 0.1mol/L Tris 加 29.2mL 0.1mol/L HCl，加水定容至 100mL。

⑬ 底物溶液的配制。即每毫升 0.05mol/L、pH8.0 Tris-HCl 缓冲液中加 0.34mg BAEE 和 2.22mg 的氯化钙。

四、实施步骤

1. 猪胰蛋白酶制备

（1）猪胰蛋白酶原的提取　猪胰脏 1.0kg（新鲜的或杀后立即冷藏的），除去脂肪和结缔组织后，绞碎。加入 2 倍体积预冷的乙酸酸化水（pH2.5）于 10~15℃搅拌提取 24h，四层纱布过滤得乳白色滤液，用 2.5mol/L H_2SO_4 调 pH 至 2.5~3.0，放置 3~4h 后用折叠滤纸过滤得黄色透明滤液（约 1.5L）。

加入固体硫酸铵（预先研细），使溶液达 0.75 饱和度（每升滤液加 492g 硫酸铵）放置过夜后抽滤（挤压干），得猪胰蛋白酶原粗制品。

（2）胰蛋白酶原激活　向胰蛋白酶原粗制品滤饼分次加入 10 倍体积（按饼重计）冷的蒸馏水，使滤饼溶解，得胰蛋白酶原溶液。将研细的固体无水氯化钙慢慢加入酶原溶液中（滤饼中硫酸铵的含量按饼重的四分之一计），使 Ca^{2+} 与 SO_4^{2-} 结合后，边加边搅拌均匀，使溶液中最终仍含有 0.1mol/L $CaCl_2$。

用 5mol/L NaOH 调 pH 至 8.0，加入极少量猪胰蛋白酶（约 2~5mg）轻轻搅拌，于室温下活化 8~10h（2~3h 取样一次，并用 0.001mol/L HCl 稀释），测定酶活性增加的情况。

活化完成（比活约 3500~4000BAEE 单位）后，用 2.5mol/L H_2SO_4 调 pH 至 2.5~3.0，抽滤除去 $CaSO_4$ 沉淀。

温馨提示： 在室温 14~20℃条件下 8~12h 可激活完全，激活时间过长，因酶本身自溶而会使比活降低，比活性达到"3000~4000BAEE 单位/mg 蛋白"时即可停止激活。

（3）胰蛋白酶的分离　将已激活的胰蛋白酶溶液按 242g/L 加入细粉状固体硫酸铵，使溶液达到 0.4 饱和度，放置数小时后，抽滤，弃去滤饼。

滤液按 250g/L 加入研细的硫酸铵，使溶液饱和度达到 0.75，放置数小时，抽滤，弃去滤液。

（4）胰蛋白酶的结晶　将上述胰蛋白酶滤饼（粗胰蛋白酶）溶解后进行结晶：按每克滤饼溶于 1.0mL pH9.0 的 0.4mol/L 硼酸缓冲液的量计加入缓冲液，小心搅拌溶解。

用 2mol/L NaOH 调 pH 至 8.0，注意要小心调节，偏酸不易结晶，偏碱易失活，存放于冰箱。放置数小时后，出现大量絮状物，溶液逐渐变稠呈胶态，再加入总体积 1/4~1/5 的 pH8.0 的 0.2mol/L 硼酸缓冲液，使胶态分散，必要时加入少许胰蛋白酶晶体。放置 2~5 天可得到大量胰蛋白酶结晶，待结晶析出完全时，抽滤，母液回收。

（5）胰蛋白酶的重结晶　将第一次结晶的胰蛋白酶产物进行重结晶：用约 1 倍的 0.025mol/L HCl，使上述结晶分散，加入约 1.0~1.5 倍体积的 pH9.0 的 0.8mol/L 硼酸缓冲液，至结晶酶全部溶解，取样后，用 2mol/L NaOH 调溶液 pH 至 8.0（准确），4℃冰箱放置 1~2 天，可将大量结晶抽滤得第二次结晶产物（母液回收），冰冻干燥后得重结晶的猪胰蛋白酶。

温馨提示：要想获得胰蛋白酶结晶，在进行结晶时应十分细心地按规定条件操作，切勿粗心大意，前几步的分离纯化效果越好，则培养结晶越容易，因此每一步操作都要严格。酶蛋白溶液过稀难形成结晶，过浓则易形成无定形沉淀析出，因此，必需恰到好处，一般来说待结晶的溶液开始时应略呈微浑浊状态。过酸或过碱都会影响结晶的形成及酶活力变化，必须严格控制 pH。第一次结晶时，3~5 天后仍然无结晶，应检查 pH，必要时调整 pH 或接种，促使结晶形成。重结晶的时间要短些。

2. 胰蛋白酶活性的测定

以苯甲酰-L-精氨酸乙酯为底物，用紫外吸收法进行测定。苯甲酰-L-精氨酸乙酯在波长 253nm 下的紫外吸收远远弱于苯甲酰-L-精氨酸（BA）。在胰蛋白酶的催化下，随着酯键的水解，BA 逐渐增多，反应体系的紫外吸收也随之相应增加。

取 2 个光程为 1cm 的带盖石英比色杯，分别加入 25℃ 预热过的 2.8mL 底物溶液。向一只比色杯中加入 0.2mL 0.001mol/L HCl 作为空白，校正仪器的 253nm 处光吸收零点。再在另一比色杯中加入 0.2mL 待测酶液（用量一般为 $10\mu g$ 结晶的胰蛋白酶），立即混匀并计时，每 30s 读数一次，共读 3~4min。控制 A_{253}/min 在 0.05~0.100 左右为宜。

绘制酶促反应动力学曲线，从曲线上求出反应起始点吸光度随时间的变化率（即初速度）A_{253}/min。

胰蛋白酶活力单位的定义为：以 BAEE 为底物反应液 pH8.0，25℃，反应体积 3.0mL，光径 1cm 的条件下，测定 A_{253}，每分钟使 A_{253} 增加 0.001，反应液中所加入的酶量为 1 BAEE 单位。

$$胰蛋白酶溶液的活力单位(BAEE 单位/mL)=\frac{\Delta A_{235}/min}{0.001\times 酶液加入体积}\times 稀释倍数$$

$$胰蛋白酶比活力(BAEE 单位/mg)=\frac{酶液活力}{胰酶浓度(mg/mL)\times 酶液加入体积}$$

五、实训报告

记录实训结果，绘制酶促反应动力学曲线，计算胰蛋白酶的活力和比活力。

本 章 小 结

蛋白酶是指水解蛋白质肽键的一类酶的总称，广泛存在于动物、植物和微生物中，但唯有微生物蛋白酶具有生产价值。蛋白酶可以根据不同的原则加以分类，按蛋白酶作用的最适 pH 可分为酸性蛋白酶（pH2.5~5.0）、碱性蛋白酶（pH9.0~11.0）、中性蛋白酶（pH7.0~8.0）。

蛋白酶水解蛋白质的能力因蛋白质不同而异，有些蛋白质容易水解，有些蛋白质较难水解，这是由于蛋白酶水解蛋白质时对所水解的肽键有严格的选择性。蛋白酶水解蛋白质时，作用部位因肽键种类而异，这种现象叫做蛋白酶的底物专一性。蛋白酶对蛋白质作用专一性的微小差异，在生物体中所引起的生理功能可能完全不同。蛋白酶的生产常用到盐析法（硫酸铵）、单宁酸沉淀法、结晶和重结晶法等；提取到的蛋白酶可以通过福林法和紫外分光光度法测定其活力。

实 践 练 习

1. 酸性蛋白酶作用的最适 pH 是（　　）。
　　A. pH2.5~5.0　　B. pH2.0~5.0　　C. pH3.5~5.5　　D. pH4.0~6.5
2. 黑曲霉酸性蛋白酶的最适 pH 为_____，但培养基的最适初始 pH 却以_____为佳。（　　）
　　A. pH 2.5~2.7，pH4.5~5.5　　　　B. pH4.5~5.5，pH2.5~2.7

C. pH 3.0～3.5，pH5.5～6.0　　　　D. pH5.5～6.0，pH3.0～3.5

3. 放线菌 166 生产中性蛋白酶时发酵的最适温度是（　　）。

A. 25～26℃　　　B. 26～28℃　　　C. 28～29℃　　　D. 30～32℃

4. 碱性蛋白酶作用的最适 pH 是（　　）。

A. pH7.0～8.5　　B. pH8.0～9.5　　C. pH9.0～11.0　　D. pH9.5～11.5

5. 福林法测蛋白酶活力时，紫外分光光度计的波长是（　　）。

A. 680nm　　　　B. 540nm　　　　C. 280nm　　　　D. 580nm

6. 提取制备猪胰蛋白酶的过程中，应特别注意哪些主要环节和影响因素？

7. 哪些因素是直接影响形成晶体的主要原因？应该注意哪些条件？

8. 在实训中，可以采取什么方法来提高产率和比活率？

（孟泉科）

第十章

淀粉酶类的生产

学习目标

【学习目的】

　　了解淀粉酶的用途，掌握淀粉酶的种类及其特点，能运用发酵法生产淀粉酶。

【知识要求】

　　1. 能陈述淀粉酶的种类及其特点。

　　2. 能陈述淀粉酶活力测定的原理。

【能力要求】

　　1. 能正确制定 α-淀粉酶发酵生产方案。

　　2. 能进行固态发酵物中的 α-淀粉酶的提取分离。

　　3. 能进行淀粉酶活力的测定。

　　淀粉酶是水解淀粉（包括糖原、糊精）中糖苷键的一类酶的统称，广泛存在于动植物和微生物中。它是研究较多、生产最早、产量最大和应用最广的一类酶，特别是 20 世纪 60 年代以来，由于淀粉酶在食品工业中的大规模应用，其需求量与日俱增，几乎占整个酶制剂总产量的 50% 以上。根据对淀粉的作用方式不同，淀粉酶可分为四种主要类型，即 α-淀粉酶、β-淀粉酶、葡萄糖淀粉酶和异淀粉酶。此外，还有一些应用不是很广、生产量不大的淀粉酶，如环状糊精生成酶，G_4、G_6 生成酶，以及 α-葡萄糖苷酶等。

第一节　α-淀粉酶

一、α-淀粉酶的性质与特点

　　α-淀粉酶能水解淀粉产生糊精、麦芽糖、低聚糖和葡萄糖等，其产物的还原性末端葡萄糖残基 C_1 碳原子为 α 构型，故称 α-淀粉酶。几种微生物来源的 α-淀粉酶的性质见表 10-1。

表 10-1　几种微生物来源的 α-淀粉酶的性质

酶来源	作用机制		耐热性 (15min)/℃	pH 稳定性 (30℃,24h)	适宜 pH	Ca²⁺ 的保护作用
	淀粉分解限度/%	主要水解产物				
枯草杆菌（液化型）	35	糊精、麦芽糖(30%)、葡萄糖(6%)	65～80	4.8～10.6	5.4～6.0	+
枯草杆菌（糖化型）	70	葡萄糖(41%)、麦芽糖(58%)、麦芽三糖、糊精	55～70	4.0～9.0	4.8～5.2	−
枯草杆菌（耐热型）	35	糊精、麦芽糖、葡萄糖	75～90	5.0		+
米曲霉	48	麦芽糖(50%)	55～70	4.7～9.5	4.9～5.2	+
黑曲霉	48	麦芽糖(50%)	55～70	4.7～9.5	4.9～5.2	+
黑曲霉（耐酸型）	48	麦芽糖(50%)	55～70	1.8～6.5	4.0	+
根霉	48	麦芽糖(50%)	50～60	5.4～7.0	3.6	+

1. pH 与酶活性的关系

α-淀粉酶通常在 pH5.5～8.0 稳定，pH4.0 以下易失活，酶活性的最适 pH5.0～6.0，但不同来源的酶其最适 pH 值差别很大。黑曲霉 α-淀粉酶耐酸性强，黑曲霉 α-淀粉酶的最适 pH 为 4.0，在 pH2.5、40℃处理 30min 尚不失活；然而在 pH7.0 时，55℃处理 15min，活性几乎全部丧失。米曲霉则相反，其 α-淀粉酶经过 pH7.0、55℃处理 15min，几乎没有损失，而在 pH2.5 处理则完全丧失。曲霉 α-淀粉酶可分为耐酸的和非耐酸两种类型。耐酸的 α-淀粉酶最适 pH 为 4.0 左右，在 pH2.5～6.5 稳定；非耐酸的 α-淀粉酶最适 pH 为 6.5 左右，在 pH5.5～9.5 稳定。枯草杆菌 α-淀粉酶作用的最适 pH 为 5.0～7.0。嗜碱细菌中存在着最适 pH 为 4.0～11.0 的 α-淀粉酶。嗜碱性芽孢杆菌 NRRLB3881 α-淀粉酶的最适 pH9.2～10.5，嗜碱性假单胞杆菌 α-淀粉酶的最适 pH 为 10.0。

2. 温度与酶活性的关系

温度对酶活性有很大的影响。温度升高，酶的反应速度增加，但温度过高，能引起大部分酶的变性失活，反应速度下降。纯化的 α-淀粉酶在 50℃以上容易失活，但是有大量 Ca^{2+} 存在或淀粉或淀粉的水解产物糊精存在时酶对热的稳定性会增加。

枯草杆菌 α-淀粉酶在 65℃比较稳定可以作为中温淀粉酶；嗜热脂肪芽孢杆菌经 85℃处理 20min，尚残存酶活 70%；有的嗜热芽孢杆菌的 α-淀粉酶在 110℃仍能液化淀粉；凝结芽孢杆菌的 α-淀粉酶在 Ca^{2+} 存在下，90℃时的半衰期长达 90min；地衣芽孢杆菌的 α-淀粉酶其热稳定性不依赖 Ca^{2+}。而黑曲霉、拟内孢霉等所产生的 α-淀粉酶则耐热性较低，后者产生的酶在 40℃时就极不稳定。

3. 金属离子与酶活性的关系

α-淀粉酶是一种金属酶，每分子酶含有一个 Ca^{2+}，Ca^{2+} 可使酶分子保持相当稳定的活性构象，从而可以维持酶的最大活性及热稳定性。Ca^{2+} 和酶的结合牢度依次是：霉菌＞细菌＞哺乳动物＞植物。Ca^{2+} 对麦芽产生的 α-淀粉酶的保护作用最明显。除 Ca^{2+} 外，其他金属离子如 Mg^{2+}、Ba^{2+} 等也可以提高酶的热稳定性。另外，枯草芽孢杆菌液化型淀粉酶也受 Na^+、Cl^- 影响，在 NaCl 与 Ca^{2+} 同时存在时更能耐热。由于淀粉中所含的 Ca^{2+} 已经足够，所以在使用时可不必再另外添加 Ca^{2+}。

4. α-淀粉酶灭酶的方式

α-淀粉酶是一种热稳定性高、耐酸性较好的淀粉水解酶，淀粉酶灭酶的目的是要及时终止淀粉的液化反应，控制淀粉液化的水解程度及 DE 值。灭酶的方式通常有两种，即加热灭酶和加酸灭酶。选择何种灭酶方式，要根据生产的产品，酶制剂的性质以及具体的工艺和设备情况决定，通过反复试验，确定效果来确定。对与中温淀粉酶而言，升高温度至 90℃以上或把 pH 调至 6.0 以下均能达到迅速降低酶活的效果。

二、α-淀粉酶对底物的水解作用

1. α-淀粉酶的水解方式

淀粉的水解可用酸或淀粉酶作为催化剂。酶水解具有专一性强、反应条件温和、设备简单、副反应极少等优点。而酸水解没有专一性，同时可以水解 α-1，3 键、α-1，4 键、α-1，6 键等。另外，淀粉通过水解反应生成的葡萄糖，受酸和热的作用，一部分又发生复合反应和分解反应，影响葡萄糖的产率，增加糖化液精制的困难。α-淀粉酶对于直链淀粉的作用第一步是将直链淀粉任意地迅速降解成小分子糊精、麦芽糖和麦芽三糖；第二步缓慢地将第一步生成的低聚糖水解为葡萄糖和麦芽糖。由于 α-淀粉酶不能切开支链淀粉分支点的 α-1,6 键，也不能切开 α-1,6 键附近的 α-

1,4 键，但能越过分支点而切开内部的 α-1,4 键，因此水解产物中除了含葡萄糖、麦芽糖以外，还残留一系列具有 α-1,6 键和含 4 个或更多葡萄糖残基的带 α-1,6 键的低聚糖。

2. α-淀粉酶的水解极限

当 α-淀粉酶作用于淀粉时，随着反应的进行，溶液黏度逐渐下降而还原力逐渐增加。由于底物浓度减少，产物浓度增加，酶可能部分失活，导致反应速度降低，直至还原力不再增加，此时的水解率称为水解极限。不同来源的 α-淀粉酶，水解极限各不相同，一般 α-淀粉酶水解率为 40%～50%，但黑曲霉的水解率可达 95%～100%，拟内孢霉 α-淀粉酶水解率达 90%，其产物均是葡萄糖。枯草杆菌糖化型 α-淀粉酶作用于可溶性淀粉时，水解率达 70% 以上，而淀粉液化芽孢杆菌所产液化型 α-淀粉酶的水解率只有 30%。假定直链淀粉被彻底水解，即水解极限为 100%，则生成 13 份葡萄糖及 87 份麦芽糖；而当具有 4% 分支的支链淀粉被彻底水解，则生成 73 份麦芽糖、19 份葡萄糖和 8 份异麦芽糖。

三、α-淀粉酶的来源

α-淀粉酶可由微生物发酵产生，也可从植物和动物中提取。目前，工业生产上都以微生物发酵法进行大规模生产。主要的 α-淀粉酶生产菌种有细菌和曲霉，尤其是枯草杆菌为大多数工厂所采用。生产上有实用价值的产生菌有：枯草杆菌、地衣杆菌、嗜热脂肪芽孢杆菌、凝聚芽孢杆菌、嗜碱芽孢杆菌、米曲霉、黑曲霉、拟内孢霉等。

不同菌株所产生 α-淀粉酶在耐热、耐酸碱、耐盐等方面各有差异。对于最适反应温度在 60℃ 以上的命名为中温型 α-淀粉酶；最适反应温度在 90℃ 以上的命名为高温型 α-淀粉酶。最适反应 pH 为 5.0 的为酸性 α-淀粉酶；最适反应 pH 为 9.0 的为碱性 α-淀粉酶。

> **能 力 拓 展**
>
> 耐高温 α-淀粉酶是一种重要的新型液化型酶制剂。具有优越的耐热稳定性，能于 (100±5)℃ 条件下进行淀粉液化，能不规则水解淀粉、糖原及其降解物内部的 α-1,4-葡萄糖苷键，生成可溶性的糊精、微量的麦芽糖和葡萄糖，使胶状溶液的黏度下降。

四、α-淀粉酶的生产工艺

（一）生产概要

霉菌 α-淀粉酶大多采用固体曲法生产，细菌 α-淀粉酶则以液体深层发酵为主。

固体培养法以麸皮为主要原料，酌量添加米糠或豆饼的碱水浸出液，以补充氮源。培养枯草杆菌时，培养基的初 pH 以杀菌后 6.3～6.4 为宜。如果适当添加米糠，保持初 pH 6.0～6.5 可使产酶稳定。原料洒水以 1:1.2 为宜。生产 α-淀粉酶的最适温度范围比较小，在整个培养过程中，品温不能有 7～8℃ 之差。最适温度为 37℃ 的枯草杆菌，品温超过 45℃ 时，产酶就降低。

液体培养常以麸皮、玉米粉、豆饼粉、米糠、玉米浆等为原料，并适当补充硫酸铵、氯化铵、磷酸铵等无机氮源，此外还需添加少量镁盐、磷酸盐、钙盐等。固形物浓度一般为 5%～6%，高者达 15%。为了降低培养液黏度，利于氧的溶解和菌体的生长，可以加入适量 α-淀粉酶进行液化，豆饼可用豆饼碱水浸出液代替。以霉菌为生产菌时，宜采用微酸性，而细菌宜在中性至微碱性培养，培养温度霉菌 32℃，细菌 37℃，通气搅拌培养时间 24～48h。当酶活达到高峰时结束发酵，离心或以硅藻土作助滤剂滤去菌体及不溶物。在 Ca^{2+} 存在下低温真空浓缩后，加入防腐剂（松油、麝香草酚、苯甲酸钠等）、稳定剂（5%～15% 食

盐和钙盐、锌盐或山梨醇等）以及缓冲剂后就成为成品。为提高它的耐热性，也可在成品中添加少量硼酸盐。这种液体的细菌α-淀粉酶呈暗褐色、带不快之臭味，在室温下可放置数月而不失活。

为了制备高活性的α-淀粉酶，并使储运方便，可把发酵液用硫酸盐析或其他溶剂沉淀制成固态酶制剂。在有 Ca^{2+} 存在下将浓缩发酵液调节 pH 到 6.0 左右，加入 40％左右硫酸铵静置沉淀，倾去大部分上清液后，加入硅藻土为助滤剂，收集沉淀于 40℃以下风干，为了加速干燥、减少失活，酶泥中可拌入大量硫酸钠，粉碎后加入淀粉、乳糖、$CaCl_2$ 等作稳定填充剂后即为成品。若是固态麸曲法生产的酶，也可用水抽提后进行盐析，在浸提前可将麸曲风干，以减少色素的溶出。若浸提液色素过多，可添加 $CaCl_2$、Na_2HPO_4 形成不溶性沉淀而吸附除去。若用溶剂（酒精、丙酮等）法进行沉淀时，为减少酶的变性，宜在低温下（15℃左右）操作，在有 $CaCl_2$、乳糖、糊精等存在下，加入冷却的溶剂至最终浓度 70％，收集沉淀用无水酒精脱水，40℃以下烘干或风干即可。

有些菌株在合成α-淀粉酶的同时，也会产生一定比例的蛋白酶，蛋白酶的存在会影响使用效果，还会引起α-淀粉酶在储藏过程中失活，缩短α-淀粉酶的保存期限，夹杂的蛋白酶量越大，失活就越严重。所以除去蛋白酶非常关键，其方法一是在发酵培养基中加入柠檬酸盐以抑制菌株产蛋白酶；二是将发酵液加热至 50～65℃进行处理，使蛋白酶失活而除去；三是通过吸附法进行除去，采用淀粉作为吸附剂，淀粉可以经过膨胀处理提高吸附效果。

（二）α-淀粉酶的生产方法

现以枯草杆菌 JD 32 和 BF 7658 诱变菌株 BS 796 生产α-淀粉酶为例加以介绍。

1. 固态培养生产法

（1）工艺流程　见图 10-1。

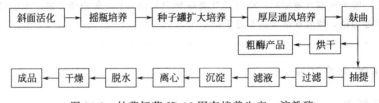

图 10-1　枯草杆菌 JD 32 固态培养生产α-淀粉酶

（2）操作要点

① 活化培养基（％）：麸皮 5，豆饼粉 3，蛋白胨 0.25，琼脂 2，溶解过滤后分装试管，0.1MPa 蒸汽压力下灭菌 20min 即可。

② 种子培养基（％）：豆饼 1，蛋白胨 0.4，酵母膏 0.4，氯化钠 0.05，溶解后调 pH 至 7.1～7.2，0.1MPa 蒸汽压力下灭菌 20～30min。

③ 麸曲培养基（％）：麸皮 70，米糠 20，木薯粉或豆饼粉 10，烧碱 0.5，加水使含水量达 60 左右，常压蒸汽蒸煮 1h 即可。

④ 厚层通风培养：麸曲培养基冷却到 38～40℃接入 0.5％左右的种子，拌匀后在厚层通风培养室内 38℃培养 20h 出曲风干即得粗品。

⑤ 精制：麸曲用 1％食盐水浸泡 3h（用量 3～4 倍），然后过滤，收集滤液，调滤液 pH 至 5.5～6.0，然后加入冷却至 10℃的酒精使最终浓度为 70％沉淀酶，沉淀经离心，无水酒精洗涤脱水后，25℃下烘干或风干，粉碎，加入填充料等即为精制酶制剂。

2. 液体深层发酵生产法

（1）工艺流程　见图 10-2。

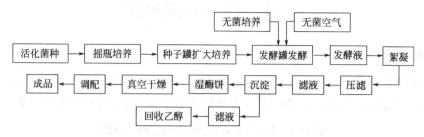

图 10-2　BF 7658 诱变菌株 BS 796 深层发酵生产 α-淀粉酶的流程

（2）操作要点

① 摇瓶种子培养（％）：培养基组成为麦芽糖 6，豆粕水解液 6，$Na_2HPO_4 \cdot 12H_2O$ 0.8，$(NH_4)_2SO_4$ 0.4，$CaCl_2$ 0.2，NH_4Cl 0.15，pH6.5～7.0，500mL 三角瓶内装培养基 50mL，0.1MPa 蒸汽压力下灭菌 20～30min。每瓶接种一环菌种，接种后置旋转式摇床上，37℃培养 28h，即可进入种子罐扩大培养。

② 发酵罐扩大培养。采用 250L 培养罐，转速 360r/min，通风比 1：（1.3～1.4），31℃培养 12～14h。

③ 10m³ 发酵罐发酵。10m³ 发酵罐装液量 5000L，发酵罐培养基的配制与培养条件如下。

麦芽糖液的制备：取玉米粉或甘薯粉加水 2～2.5 份，调 pH6.2，加 $CaCl_2$0.1％，升温至 80℃，添加 α-淀粉酶 5～10U/g 原料，液化后迅速在高压 1～2kgf/cm²❶ 下糊化 30min，冷却至 55～60℃，pH5.0 时添加异淀粉酶 20～50U/g 原料和 β-淀粉酶 100～200U/g 原料，糖化 4～6h，加热至 90℃。趁热过滤即为麦芽糖液。

豆粕水解液的制备：取豆粕粉加水 10 份浸泡 2h，然后在 1kgf/cm² 压力下蒸煮 30min，冷却至 55℃，调 pH7.5，加蛋白酶 50～100U/g 原料，作用 2h，过滤后浓缩至蛋白质含量为 50％，即得豆粕水解液。

发酵罐培养基的配制（％）：用上述麦芽糖液配制含麦芽糖 6，豆粕水解液 6，$Na_2HPO_4 \cdot 12H_2O$ 0.8，$(NH_4)_2SO_4$ 0.4、$CaCl_2$ 0.2，NH_4Cl 0.15，消泡剂适量，调 pH6.5～7.0。

发酵罐培养基经灭菌，冷却后接入 3％～5％种子培养成熟液。在 37℃下，罐压 0.5kgf/cm²，风量 0～20h 为 1：0.48，20h 后 1：0.67，培养时间 28～36h。发酵前期为细菌生长繁殖阶段，采用调节空气流量的方法使 pH7.0～7.5，有利于细胞大量繁殖。发酵产酶期 pH 以控制在 6.0～6.5 为宜，有利于 α-淀粉酶的形成。在发酵罐搅拌转速不能改变的情况下，操作时采用调节风量的办法来控制菌体的生长、pH 范围、糖氮消耗幅度等因素，使产酶速度按每小时 15～25U/mL 稳定增长，当 pH 升至 7.5 以上，温度不再上升，细菌多为空胞，酶活性二次测定不再上升，一般可认为发酵结束。

④ 提取。食品级 α-淀粉酶采取酒精沉淀与淀粉吸附相结合的方式。发酵结束时，在发酵罐内添加 2％ Na_2HPO_4、2％ $CaCl_2$ 调节 pH6.3，升温至 60～65℃30min 后降温至 40℃，将料液放入絮凝罐，维持一定时间进行预处理后，打入板框过滤机进行过滤，并用 2～3 次水洗涤滤饼，收集滤液及洗涤液（或经浓缩）放入沉淀罐内加入适量淀粉，边搅拌边加入酒精进行沉淀，再打入板框压滤机进行压滤。过滤结束后，回收滤液中的乙醇，酶泥用压缩热

❶　1kgf/cm²＝98.0665kPa，全书余同。

空气吹干，然后放入烘房干燥，也可以将湿酶经真空干燥，即为成品酶。

第二节　β-淀粉酶

一、β-淀粉酶的性质

β-淀粉酶为单成分酶。以前对从植物中提取的 β-淀粉酶研究较多，来源于不同高等植物的 β-淀粉酶，对淀粉作用方式虽都一样，但作用最适 pH、稳定性却有差异，见表 10-2。

表 10-2　几种高等植物 β-淀粉酶的酶学特性

酶学特性	酶源			
	大豆	小麦	大麦	甘薯
每毫克氮的酶活力/U	2780	1450	1160	2500
每毫克蛋白酶的酶活性/U	250	198	235	378
酶蛋白的含氮量/%	14.7	14.3	14.1	15.1
与酶活性有关的巯基之有无	+	+	+	+
最适 pH 值	5.3	5.2	5.0~6.0	5.5~6.0
稳定性 pH 值范围	5.0~8.0	4.5~9.2	4.5~8.0	
等电点	5.1	6.0	6.0	4.8
淀粉分解率/%	63	67	65	62
淀粉分解后的主要产物	麦芽糖	麦芽糖	麦芽糖	麦芽糖
分解麦芽糖的作用	—	—	—	—

β-淀粉酶对热的稳定性，因酶源不同而有差别。一些植物酶 60~65℃很快失活，微生物酶通常在 40~50℃反应为宜。一些植物的 β-淀粉酶作用的最适 pH 为 5.0~6.0，微生物 β-淀粉酶最适 pH 为 6.0~7.0。植物酶的 pH 稳定范围为 5.0~8.0，微生物酶的为 4.0~9.0。Ca^{2+} 对 β-淀粉酶有降低稳定性的作用，这与对 α-淀粉酶有提高稳定性的效果相反，利用这一差别，可在 70℃、pH6.0~7.0、有 Ca^{2+} 存在时，使 β-淀粉酶失活，以纯化 α-淀粉酶。当 α-淀粉酶和 β-淀粉酶共存时，也可加入一定量的植酸，选择性抑制 α-淀粉酶活性，而 β-淀粉酶活力不受影响。植酸抑制 α-淀粉酶活性为非竞争性抑制，但在低酸度条件下，对 α-淀粉酶的抑制作用十分有限。

二、β-淀粉酶对底物的水解作用

β-淀粉酶作用于淀粉时也是分解分子中的 α-1,4-葡萄糖苷键，但不同于 α-淀粉酶。其分解作用由非还原性末端开始，按麦芽糖单位依次水解，同时麦芽糖还原性末端 C_1 上羟基结构发生转位反应，变成 β-麦芽糖，因此称为 β-淀粉酶。该酶作用于直链淀粉时理论上应 100% 被水解为麦芽糖，但实际上因直链淀粉总含有微量的分支点，故往往不能彻底水解，该酶作用于支链淀粉时，因不能水解 α-1,6 键，故遇到分支点就停止作用，在分支点残留 1 个或 2 个葡萄糖基，也不能跨越分支点去水解分支点以内的 α-1,4 键，因此其作用的最终产物是麦芽糖和 β-极限糊精，麦芽糖至多为 50%~60%。

因 β-淀粉酶不能作用于淀粉分子内部，仅能从非还原性末端顺序切下麦芽糖，所以 β-淀粉酶又称为外断型淀粉酶。它作用于淀粉时，虽使其还原力直线上升，但不能迅速使淀粉分子变小，所以淀粉糊黏度不易下降，糊精化很慢，与碘的呈色反应只能是由深蓝变浅，而没有像 α-淀粉酶那样呈现出明显的由蓝→紫→红→橙→无色的变化过程。

三、β-淀粉酶的来源

β-淀粉酶广泛存在于大麦、小麦、甘薯、豆类以及一些蔬菜中，往往单独存在或与α-淀粉酶共存。前四种来源的β-淀粉酶已被制成结晶。

β-淀粉酶最早虽来源于高等植物，但早在1940年就有人发现许多属于芽孢杆菌属的细菌具有β-淀粉酶活性，并发现多黏芽孢杆菌能产生类似于大麦麦芽抽提物的淀粉酶或淀粉酶系。微生物的β-淀粉酶从其对淀粉的作用来看，与高等植物的β-淀粉酶大体上是一致的，而在耐热性等方面都优于高等植物的β-淀粉酶，更适于工业应用。近年来，发现不少微生物能产生β-淀粉酶，研究微生物来源的β-淀粉酶也比较活跃，并且在工业生产中得到应用。

四、β-淀粉酶的工业生产

商品β-淀粉酶主要是从大豆及麦芽中提取而得，细菌β-淀粉酶的生产还不多。目前，对产β-淀粉酶菌种研究较多的是芽孢杆菌属的多黏芽孢杆菌、巨大芽孢杆菌、蜡状芽孢杆菌、环状芽孢杆菌和链霉菌等，它们有可能发展成为微生物β-淀粉酶的生产菌种。异淀粉酶和β-淀粉酶可以相互配合使用，可以筛选同时具有这两种酶的菌种。

（一）植物β-淀粉酶的提取

植物β-淀粉酶主要存在于甘薯、麦麸、大麦芽、大豆以及萝卜中，但不同材料中β-淀粉酶含量存在较大差异。我国麦麸、甘薯产量很高，价格低廉，可以从中提取β-淀粉酶代替麦芽用于饴糖制造及啤酒外加酶。

从植物中提取β-淀粉酶分水提和油提两种。油提法（甘油）与水提法相比，可大大缩短提取时间，还能延长酶的保存期，但前者成本高，故多采用水提法。

天津工业微生物研究所将甘薯干加水2～3倍，磨碎筛去淀粉后的废水，在搅拌下加入相当液量1/2的白土为吸附剂进行吸附，β-淀粉酶的回收率可达95％以上，将吸附物滤出，50℃条件下干燥，粉碎即为成品，每克活力50000U，总收率70％～80％。这种β-淀粉酶制品在室温放置6～12个月，酶活损失<20％。用这种β-淀粉酶制造饴糖，按使用量0.4％糖化2～3h，饴糖中麦芽糖含量为40％～50％。

麸皮中的β-淀粉酶活力与大麦芽中的相当，且不含α-淀粉酶，故可不必精制。将麸皮加水1:（5～7），在pH6.0、45℃浸泡一定时间后，向过滤液中加硫酸铵至饱和度50％～55％进行盐析，分级沉淀经透析加填料进行干燥，酶的收率达50％。

日本年产大豆β-淀粉酶6000t，是从大豆提取蛋白质的废水中用离子交换剂回收的。大豆废水中的β-淀粉酶也可用聚丙烯酸沉淀而回收，酶的回收率可达80％。这种方法的原理是酶蛋白在pH3.0～5.0可同聚丙烯酸生成复合物沉淀，在pH6.0时Ca^{2+}能与沉淀中的聚丙烯酸形成溶解度更小的复合物而使酶蛋白释放出来。

（二）微生物β-淀粉酶的生产

由于植物β-淀粉酶的生产成本比较高，微生物来源的β-淀粉酶就越来越受到广泛的关注，特别是通过适当的分离方法和合适的培养条件，筛选出仅仅产生β-淀粉酶而无其他淀粉酶活性（主要指α-淀粉酶和糖化型淀粉酶）的菌种。现以巨大芽孢杆菌β-32和吸水链霉菌ATCC 21722为例简述其生产过程。

1. 采用细菌生产β-淀粉酶

（1）工艺流程 见图10-3

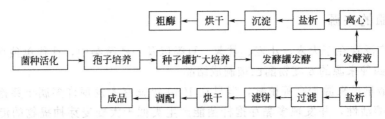

图 10-3 巨大芽孢杆菌 β-32 生产 β-淀粉酶的流程

（2）操作要点

① 培养基。培养基配方如下。

摇瓶种子培养（％）：牛肉汁补加蛋白胨 1，淀粉 0.5，酵母膏 0.5，NaCl 0.5，琼脂 1.5，pH7.0。30℃培养 24h。

种子罐扩大培养（％）：牛肉汁补加蛋白胨 1，酵母膏 0.5，NaCl 1.0，琼脂 1.5，pH6.0～6.5。30℃培养 24～36h。

发酵培养基（％）：淀粉 3，葡萄糖 0.5，蛋白胨 1，玉米浆 1，磷酸二氢钾 0.5，加水配制成 15L 培养基，在发酵罐中进行灭菌，并调节培养基 pH 为 7.0～7.2。

② 培养条件。接入巨大芽孢杆菌 β-32，于 34℃搅拌培养 2 天，发酵液酶活性达 25.5U/mL。

③ 粗酶。将发酵液于 8000r/min 离心 20min，除去菌体，清液中加入 $(NH_4)_2SO_4$，沉淀后得到粗酶制剂。

④ 精制。将其溶于 0.01mol/L 醋酸盐缓冲液中，酶液对自来水透析 3 天，逐滴加入 25％醋酸铅溶液，使其中杂质沉淀，离心除去。将所得制剂再次用 $(NH_4)_2SO_4$ 盐析（溶解于 0.01mol/L 醋酸缓冲液中）。酶液于 60℃受热 15min。再按上述方法进行透析，将进一步纯化的酶吸附于 SE-Sephadex G-25 上，用 0.5mol/LNaCl 液洗提，然后用 Sephadex G-100 凝胶过滤。将活性成分冷冻干燥，得 2000mg 固体制剂，β-淀粉酶活性为 100U/mg，回收率为 50％。

2. 采用链霉菌生产 β-淀粉酶

（1）种子培养 种子培养基的组分为（％）：玉米粉 2，小麦胚芽 1 以及少量其他物质，pH7.0，于 28℃通气和搅拌培养 24h，转入发酵培养。

（2）发酵 发酵培养基组分为（％）：玉米淀粉 3，脱脂乳 1，磷酸二氢钾 0.2，硫酸镁 0.05，硫酸锰 0.01，并加入少量消泡剂。在 600L 发酵罐中加入 300L 发酵培养基，于 121℃灭菌 30min，然后使其冷却。将培养好的种子培养液接种于灭菌的发酵培养基中，于 28℃通气和搅拌培养 85h。

（3）分离提取 发酵结束，将发酵液进行过滤，滤液在低于 40℃下连续减压浓缩，使其体积为原来的 1/5。加入 2 倍体积冷乙醇到浓缩液中，使 β-淀粉酶沉淀。干燥沉淀物，得粗酶制剂。

第三节 葡萄糖淀粉酶

葡萄糖淀粉酶，大量用作淀粉的糖化剂，所以习惯上称之为糖化酶。该酶广泛用于酒精、酿酒、抗生素、氨基酸、有机酸和味精的生产中，是我国目前生产量最大的酶制剂产品。现已开发出多种具有不同特性的糖化酶，如用于葡萄糖生产的葡萄糖糖化酶，用于高葡萄糖浆生产的高效糖化酶，用于白酒和酒精工业的新型液体糖化酶。

一、葡萄糖淀粉酶的性质

葡萄糖淀粉酶是一种外断型淀粉酶，该酶的底物专一性很低，它除了能从淀粉分子的非还原性末端切开 α-1,4-糖苷键以外，也能切开 α-1,6-糖苷键和 α-1,3-糖苷键，只是第一种的水解速度快，后两种速度比较慢，产物均为葡萄糖。

糖化酶是一种糖蛋白，相对分子质量 69000 左右。不同来源的葡萄糖淀粉酶在等电点、氨基酸组成及糖化的最适温度和 pH 方面存在差别。曲霉为 55~60℃，pH3.5~5.0；根霉为 50~55℃，pH4.5~5.5；拟内孢霉为 50℃，pH4.8~5.0。

糖化酶温度范围为 40~65℃，多数葡萄糖淀粉酶在 60℃ 以上不稳定，超过 65℃ 失活加快，70℃ 全部失活。耐热性葡萄糖淀粉酶对淀粉糖浆的生产是具有价值的。已发现某些黑曲霉等可产生最适反应温度 70℃ 以上的葡萄糖淀粉酶，引起了人们的兴趣。

大部分金属，如铜、银、汞、铝等能对糖化酶起抑制作用。

葡萄糖淀粉酶与 α-淀粉酶共存下水解生淀粉可产生协同作用（表 10-3），水解力增加 3 倍。但对煮沸过的淀粉，α-淀粉酶的存在起不到协同作用。生淀粉水解力也因淀粉来源而异，米淀粉、玉米淀粉比甘薯淀粉好水解。

表 10-3　葡萄糖淀粉酶的一般性质

性质	说明	性质	说明
相对分子质量	50000~112000	对金属离子要求	无
碳水化合物含量	3.2%~20%	底物	直链淀粉、支链淀粉、糖原、糊精、麦芽糖
等电点	3.4~7.0		
最适 pH	4.0~5.0	催化键	α-1,4-糖苷键、α-1,6-糖苷键、α-1,3-糖苷键
最适温度	40~60℃		
pH 稳定性	3.0~7.0	切开机制	外切型
热稳定性	<60℃	来源	根霉、曲霉

二、葡萄糖淀粉酶对底物的水解作用

葡萄糖淀粉酶不仅能水解淀粉分子中的 α-1,4 键，而且还能水解 α-1,3 键和 α-1,6 键。此酶水解淀粉分子和较大分子的低聚糖，属于单链式，但水解较小分子的低聚糖属于多链式。葡萄糖淀粉酶所水解的底物分子越大水解速度越快，而且酶的水解速度还受到底物分子排列上的下一个键的影响。该酶能够容易地水解含 1 个 α-1,6 键的潘糖，却很难水解只含 1 个 α-1,6 键的异麦芽糖，对含有 2 个 α-1,6 键的异麦芽糖基麦芽糖则完全无法水解，其水解分支密集的糖原较淀粉困难。

理论上葡萄糖淀粉酶可将淀粉 100% 地水解为葡萄糖，但事实上对淀粉的水解能力随不同来源的微生物酶而不同，分为 100% 和 80% 水解率两大类型。前者称为根霉型葡萄糖淀粉酶，后者称为黑曲霉型葡萄糖淀粉酶。根霉型葡萄糖淀粉酶和黑曲霉型葡萄糖淀粉酶对分支底物的水解力有显著差异，尤其是对 β-极限糊精，根霉葡萄糖淀粉酶可将其完全水解，而黑曲霉葡萄糖淀粉酶只能水解 40%。通过对残留糊精的分析，发现含较多磷酸键。若能补充磷酸酶则黑曲霉同样可将 β-极限糊精水解彻底。两种类型酶的区别在于对磷酸键的水解力不同。

三、葡萄糖淀粉酶的来源

许多霉菌可以生产葡萄糖淀粉酶。霉菌生产的淀粉酶是一种混合酶。生产葡萄糖淀粉酶的菌株同时也产生 α-淀粉酶和少量葡萄糖苷转移酶（即 α-葡萄糖苷酶，又称麦芽糖酶），这三者的比例因菌株、培养条件、培养基成分而异。根据所产酶的活性，可将葡萄糖淀粉酶生产菌株分为五种类型（表10-4）。

表10-4 霉菌淀粉酶系的类型

类型	酶活力			
	α-淀粉酶	葡萄糖淀粉酶	葡萄糖苷转移酶	非发酵性多糖生成量
米曲霉	强	弱	弱	少
黑曲霉	中	强	强	中
泡盛曲霉	中	中	强	多
德氏根霉	中	强	无	少
河内根霉	弱	强	中	少

　　工业生产葡萄糖淀粉酶所用菌种是根霉、黑曲霉以及拟内孢霉等真菌，包括雪白根霉、德氏根霉、黑曲霉、泡盛曲霉、海枣曲霉、臭曲霉、红曲霉等的变异株，尤其黑曲霉是最重要的生产菌种。葡萄糖淀粉酶是胞外酶，可从培养液中提取出来。它是唯一用 $150 m^3$ 大发酵罐大量廉价生产的酶，因为其培养条件不适于杂菌生长，污染杂菌问题较少。

四、葡萄糖淀粉酶的工业生产

　　最初的葡萄糖淀粉酶工业生产是用根霉属的固体培养，也有用液体培养方式，或用拟内孢霉属的液体培养，但是这些菌种培养液里所产酶单位较少，不宜于工业生产。后来研究用黑曲霉属的液体深层培养法，所产的葡萄糖淀粉酶耐酸耐热，培养液酶单位也高，已进入大规模工业生产。

（一）根霉固态法

1. 工艺流程（图10-4）。

图10-4 河内根霉3.042固态发酵生产糖化酶的流程

2. 操作要点

（1）斜面　试管培养一般可用 $8\sim10°Bx$ 麦芽汁琼脂培养基，接种后30℃保温培养 $5\sim7$ 天，当菌丝生长旺盛、孢子丛生、呈灰黑色，即可取出作为斜面种子；亦可放入5℃冰箱保藏，每 $2\sim3$ 个月移植一次。

（2）三角瓶种曲　培养基用麸皮 $80\%\sim85\%$、谷糠 $15\%\sim20\%$ 混合，加水 $1:1$ 拌匀，用三角瓶（每只500mL）装料40g，瓶口用纱布、油纸扎好，1atm灭菌45min。冷却并摇松培养基，在无菌操作下接入斜面试管种子 $2\sim3$ 环，30℃保温培养3天，菌丝生长旺盛、孢子丛生，即可使用或置冰箱中保存待用。

（3）厚层通风培养　培养基配比为麸皮 $85\%\sim90\%$、米糠 $15\%\sim10\%$，硫酸铵为总干料的 3%，加水量为干料量的 $1\sim1.4$ 倍。入池水分控制在 $60\%\sim63\%$。先将麸皮与米糠混匀，将硫酸铵单独用水溶解后混入量好的拌料水中，拌匀后堆放闷料1h，装甑，常压蒸料50min，关汽后再闷20min，出甑，扬凉，打碎团块。料冷却至38℃以下便可接种。接种量为 $0.4\%\sim0.5\%$。接好种后，装入灭菌的通风曲箱，装料厚度 $17\sim25cm$，在30℃保温 $6\sim8h$ 后，品温上升到36℃左右，开始间断通风降温，风温约32℃，风压以能透过曲层而不吹散曲料为宜，当品温降至30℃停风。

曲房干湿球温差不宜超过 1℃，经 24h 左右，曲层内部表面均出现明显的黑孢子时，酶活性达到高峰，立即出曲，以防酶活性下降。出曲后立即用扬麸机打碎团块，用 40℃热气吹干，水分低于 10% 以下，可装袋储藏待用。

（二）黑曲霉液体深层通风培养法

1. 工艺流程（图 10-5）。

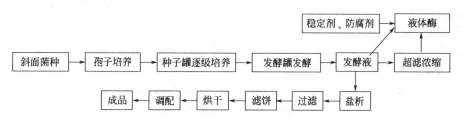

图 10-5　黑曲霉 AS 3.4309 变种 UV-11 液体深层发酵生产糖化酶的流程

2. 操作要点

（1）斜面培养　马铃薯葡萄糖培养基，培养温度 32℃，7～8 天成熟。

（2）种子制备　固体孢子培养：在茄形瓶中加 10g 麸皮和 10mL 水，拌匀在 1atm 下，灭菌 30min，冷却后接斜面菌种一环，于 31℃培养 6～7 天备用。

一级和二级种子罐培养：玉米粉 6%，黄豆饼粉 2%，麸皮 2%。31℃培养 32h，通风量为 0.5vvm。放罐条件是当 pH 下降到 3.8，酶活在 500U/mL 左右，镜检菌丝生长正常，无杂菌污染。

（3）发酵罐发酵　培养基配比为（%）：玉米粉 12，黄豆饼粉 4，麸皮 1，α-淀粉酶 100U/g（淀粉），pH 调至 4.0～4.5 以下。通风培养 90～110h。通风量：1～12h 为 0.5vvm，12～14h 为 0.8vvm，24～28h 为 1vvm，84h 后为 0.8vvm，温度 30～32℃，每隔 6h 测定 pH、还原糖、酶活并镜检菌体形态。当 pH 降至 3.4，还原糖降至 1.8% 以下，酶活力上升至 13600U/mL 以上时，即可放罐。

（4）固体酶制剂的制备　采用盐析法，盐析剂为硫酸铵，添加量为 55%。盐析后静止 12h，过滤，湿酶在 40℃以下烘干称量，测定葡萄糖淀粉酶活力，添加辅料调配至规定活力。

（5）液体酶制剂　发酵液经超滤浓缩后加入防腐剂、稳定剂等（如异抗坏血酸、山梨酸钾等）而成，液体酶制剂由于减少了提取工艺，降低了生产成本，因价格便宜而受到用户欢迎。但酶活力保存时间较短，运输成本较高。

第四节　脱　支　酶

脱支酶只对支链淀粉、糖原等分支点有专一性，又称异淀粉酶。目前，脱支酶有两种分类方法：一种是把水解支链淀粉和糖原的 α-1,6 键的酶统称为脱支酶，它包括异淀粉酶和普鲁兰酶；另一种是根据来源不同，区分为酵母异淀粉酶、高等植物异淀粉酶和细菌异淀粉酶。脱支酶主要应用于生产直链淀粉、高麦芽糖浆、麦芽低聚糖、葡萄糖浆等行业。

一、脱支酶的性质

脱支酶种类多，不同来源的脱支酶性质各不相同。表 10-5 是两种脱支酶对不同淀粉和糖原的水解比较，表 10-6 显示了不同类型脱支酶的作用条件比较。总体来看它们的最适 pH

值属于偏酸，最适温度属于中低温。诺维信公司开发了由酸性普鲁兰芽孢杆菌生产的脱支酶（商品名 Promozyme200），具有耐热、耐酸的特点，故更适合于淀粉糖化作用。

表 10-5　两种脱支酶对不同淀粉和糖原的水解比较

底物	麦芽糖生成/%				
	β-淀粉酶	切支后再糖化		切支与糖化同时进行	
		异淀粉酶	普鲁兰酶	异淀粉酶	普鲁兰酶
糯玉米支链淀粉	50	99	95	95	103
支链淀粉 β-极限糊精	0	80	97	72	97
甘薯支链淀粉	47	86	98	97	103
牡蛎糖原	38	102	46	100	99
糖原 β-极限糊精	0	79	31	76	99
兔肝糖原	42	100	51	99	98

表 10-6　各种脱支酶的作用条件

酶来源	最适温度/℃	最适 pH	稳定 pH 范围	失活温度/℃
酵母	20	6.0~6.2	—	—
产气杆菌	47	6.0	5.0 以下	25 以上
假单胞菌	52	3.0~4.0	5.5~7.5	55
放线菌	60	5.0	3.5~5.5	55
埃希杆菌	47	6.0	5.0~5.5	55
诺卡菌	45	6.5	—	—
乳酸杆菌	55	5.5	5.5~7.5	50
小球菌	45	5.5	5.5~7.5	60
麦芽	40	5.1~5.3	5.5~7.5	50

金属离子对脱支酶活性有不同的影响。Ca^{2+}、Mg^{2+} 与 Mn^{2+} 有激活效应，而 Hg^+、Zn^{2+}、Cu^{2+}、Fe^{3+}、Al^{3+} 等有强烈抑制作用。例如，产气杆菌 10016 菌株脱支酶，加入金属络合物 EDTA 进行反应，酶活几乎全部丧失；地衣芽孢杆菌株异淀粉酶加入 Fe^{3+}，酶活力只剩 30%。

二、脱支酶的来源

脱支酶主要存在于高等植物、酵母菌和细菌当中。1931 年，Nakamura 等首先在酵母细胞提取液中发现此酶。之后，人们陆续在马铃薯块茎和水稻胚乳中发现了此酶。我国的脱支酶研究工作开始于 1973 年，并筛选出活性较高的产酶菌株——产气杆菌 10016，3000L 发酵罐扩大试验结果表明，酶活性超过 500U/mL，粗酶收率 68% 以上。用于饴糖生产，效果较显著，麦芽糖量普遍提高 5%~16%，而糊精含量有所降低，产品甜度、熬制温度等也有所提高。一般脱支酶或因热稳定性差（<50℃），或因最适 pH 太高（pH6.0 左右），故不能与 β-淀粉酶或糖化酶并用。

三、脱支酶的生产工艺

1. 生产工艺流程（图 10-6）。

2. 操作要点

（1）培养基　斜面培养基组成（%）：葡萄糖 1，牛肉膏 1，蛋白胨 1，NaCl 0.5，琼脂 2，pH7.0~7.2。

摇瓶培养基组成（%）：甘薯淀粉（DE 5%~10%）1，豆饼粉 1，K_2HPO_4 0.05，Mg_2SO_4 0.05，$FeSO_4$ 0.005，KCl 0.05。

种子培养基组成（%）：甘薯淀粉（DE 5%~10%）0.5，豆饼粉 1，醋酸铵 0.6，

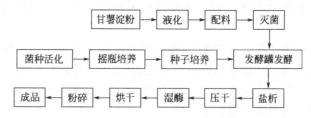

图 10-6 产气杆菌 10016 液体深层发酵生产普鲁兰酶的流程

K_2HPO_4 0.05，KCl 0.05，$MgSO_4$ 0.05，$FeSO_4$ 0.005，柠檬酸钠 0.5，$CaCl_2$ 0.005，pH6.8～7.0。

发酵培养基组成（％）：甘薯淀粉（DE 10％）1，豆饼粉 1，K_2HPO_4 0.05，$MgSO_4$ 0.05，醋酸铵 0.8，KCl 0.05，$FeSO_4$ 0.005，pH6.8～7.0。

（2）培养发酵 斜面培养菌种接入摇瓶培养基中，在 30℃摇瓶培养 48h 左右。300L 种子罐装液 150L，按培养基成分称料溶化，分别加入罐内，加水量按发酵液体积扣除 20％蒸汽冷凝水量，用 10％NaOH 调节 pH 为 7.8，灭菌后发酵液的 pH 在 6.8 左右，冷却至温度 30℃，用减压接种法接入三角瓶菌悬浮液，通风量为 0.15vvm，培养 20h，镜检菌体已大部分成短杆状，pH 上升至 7.2 以上，酶活性 100U/mL 左右。

2000L 发酵罐发酵，发酵装液量 1000L，配料和灭菌条件同种子培养。接种量 5％～10％；培养温度为 24h 前 31℃，24h 后 29℃；通风量为 24h 前 0.15vvm，24h 后 1：0.06，48h 后 1：0.03；连续搅拌，因 10016 菌系兼性厌氧菌，故对氧的需求量不大，特别是在产酶阶段只需微量通风；发酵 48h 后，当酶活力约 800U/mL、发酵液 pH9.0 左右即可放罐。

（3）提取 在发酵液中加入 0.1％的醋酸钙或 $CaCl_2$ 做絮凝处理，然后加入 40％ $(NH_4)_2SO_4$（按发酵液体积计）搅拌 1h，静置 24h 左右，压滤得湿酶，经 40℃以下干燥，粉碎得粉状酶制剂。

技能实训 10-1 α-淀粉酶的活力测定

一、实训目标

1. 掌握 α-淀粉酶活力测定的原理、方法。
2. 掌握 α-淀粉酶活力测定的操作技术。

二、实训原理

淀粉经淀粉酶作用后生成葡萄糖、麦芽糖等小分子物质从而被机体利用。α-淀粉酶随机作用于直链淀粉和支链淀粉的直链部分，水解 α-1,4-糖苷键，单独使用时最终生成寡聚葡萄糖、α-极限糊精和少量葡萄糖。Ca^{2+} 能使 α-淀粉酶活化和稳定。α-淀粉酶比较耐热但不耐酸，pH3.6 以下可使其钝化。β-淀粉酶从非还原端作用于 α-1,4-糖苷键，遇到支链淀粉的 α-1,6-糖苷键时停止。单独作用时产物为麦芽糖和 β-极限糊精。β-淀粉酶是一种巯基酶，不需要 Ca^{2+} 及 Cl^- 等辅助因子，最适 pH 偏酸，与 α-淀粉酶相反，它不耐热但较耐酸，70℃保温 15min 可使其钝化。通常酶提取液中 α-淀粉酶和 β-淀粉酶同时存在。可以先测定（α＋β）淀粉酶总活力，然后在 70℃加热 15min，钝化 β-淀粉酶，测出 α-淀粉酶活力，用总活力减去 α-淀粉酶活力，即可求出 β-淀粉酶活力。

实验证明，在小麦、大麦等的休眠种子中只含有 β-淀粉酶，α-淀粉酶是在发芽的过程中形成的，所以在禾谷类种子和幼苗中，这两类淀粉酶都存在，其活性随萌发时间的延长而增高。

淀粉酶活力大小可用其作用于淀粉生成还原糖的量来衡量，还原糖的量可用 3,5-二硝基水杨酸的显色反应来测定。还原糖作用于黄色的 3,5-二硝基水杨酸生成棕红色的 3-氨基-5-硝基水杨酸，生成物颜色的深浅与还原糖的量成正比。因此，可通过在一定时间内生成的还原糖（麦芽糖）量表示酶活力的大小。

三、操作准备

1. 材料与仪器

萌发的小麦芽（芽长约 1cm），1mL 吸管 3 支，2mL 吸管 12 支，5mL 吸管 1 支，离心机，离心管，恒温水浴箱，分光光度计，电子天平，研钵，100mL 容量瓶 2 个，25mL 比色管 15 支，试管 8 支。

2. 试剂及配制

（1）麦芽糖标准液 1mg/mL　称取 100mg 麦芽糖，溶于少量蒸馏水，定容至 100mL。

（2）3,5-二硝基水杨酸　精确称取 3,5-二硝基水杨酸 1g 溶于 20mL 1mol/L 氢氧化钠溶液中，加入 50mL 蒸馏水，再加 30g 酒石酸钾钠，待溶解后用蒸馏水稀释至 100mL，盖紧瓶塞，防止 CO_2 进入。若溶液浑浊可过滤后使用。

（3）0.1mol/L pH5.6 的柠檬酸缓冲液

① A 液：0.1mol/L 柠檬酸。称取 $C_6H_8O_7 \cdot H_2O$ 21.01g，用蒸馏水溶解并定容至 1L。

② B 液：0.1mol/L 柠檬酸钠。称取 $Na_3C_6H_5O_7 \cdot 2H_2O$ 29.41g，用蒸馏水溶解并定容至 1L。

取 A 液 13.7mL 与 B 液 26.3mL 混匀，即为 0.1mol/L pH5.6 的柠檬酸缓冲液。

（4）1%淀粉溶液　称取 1g 淀粉溶于 100mL 0.1mol/L pH5.6 的柠檬酸缓冲液中。

四、实施步骤

1. 麦芽糖标准曲线的制作

取 25mL 刻度试管 7 支，编号。

管号	1	2	3	4	5	6	7
麦芽糖标准液/mL	0	0.2	0.6	1.0	1.4	1.8	2.0
蒸馏水/mL	2.0	1.8	1.4	1.0	0.6	0.2	0
麦芽糖含量/mg	0	0.2	0.6	1.0	1.4	1.8	2.0
3,5-二硝基水杨酸/mL	2.0	2.0	2.0	2.0	2.0	2.0	2.0

分别加入麦芽糖标准液（1mg/mL）0、0.2mL、0.6mL、1.0mL、1.4mL、1.8mL、2.0mL，然后用吸管向各管加蒸馏水使溶液达 2.0mL，再各加 3,5-二硝基水杨酸试剂 2.0mL，置沸水浴中加热 5min。取出冷却，用蒸馏水稀释至 25mL。混匀后用分光光度计在 520nm 波长下进行比色，记录吸光度。以吸光度为纵坐标，以麦芽糖含量（mg）为横坐标，绘制标准曲线。

2. 淀粉酶液的制备

称取 1g 萌发 3 天的小麦种子（芽长 1cm 左右），置研钵中加少量石英砂和 2mL 左右蒸馏水，研成匀浆。将匀浆倒入离心管中，用 6mL 蒸馏水分次将残渣洗入离心管。提取液在室温下放置提取 15~20min，每隔数分钟搅动 1 次，使其充分提取。然后 3000 r/min 离心 10min，倾出上清液备用。

3. α-淀粉酶活力测定

操作项目	α-淀粉酶活力测定		
	I-1	I-2	I-3
淀粉酶原液/mL	1.0	1.0	1.0
钝化 β-淀粉酶	置 70℃水浴 15min,冷却		
3,5-二硝基水杨酸/mL	2.0	0	0
预保温	将各试管和淀粉溶液置于 40℃恒温水浴中保温 10min		
1%淀粉溶液/mL	1.0	1.0	1.0
保温	在 40℃恒温水浴中保温 5min		
3,5-二硝基水杨酸/mL	0	2.0	2.0

① 取试管 3 支。

② 于每管中各加入酶液 1mL,在 70℃ ± 0.5℃恒温水浴中准确加热 15min,钝化 β-淀粉酶。取出后迅速用流水冷却。

③ 在对照管中加入 4mL 0.4mol/L 氢氧化钠。

④ 在 4 支试管中各加入 1mL pH5.6 柠檬酸缓冲液。

⑤ 将 4 支试管置于恒温水浴中,在 40℃±0.5℃保温 15min,再向各管分别加入 40℃下预热的 1%淀粉液 2mL,摇匀,立即放入 40℃恒温水浴准确计时保温 5min。取出后向测定管迅速加入 4mL 0.4mol/L 氢氧化钠,终止酶活动,准备测糖。

4. 淀粉酶总活力测定

取酶液 5mL,用蒸馏水稀释至 100mL,为稀释酶液。另取 4 支试管编号,2 支为对照,2 支为测定管。然后加入稀释酶液 1mL。在对照管中加入 4mL 0.4mol/L 氢氧化钠。4 支试管中各加入 1mL pH5.6 柠檬酸缓冲液。以下步骤重复 α-淀粉酶活力测定⑤步的操作,同样准备测糖。

温馨提示:①样品提取液的定容体积和酶液稀释倍数可根据不同材料酶活性的大小而定。②为了确保酶促反应时间的准确性,在进行保温这一步骤时,可以将各试管每隔一定时间一次放入恒温水浴,准确记录时间,到达 15min 时取出试管,立即加入 3,5-二硝基水杨酸以终止酶反应,以便尽量减小因试管保温时间不同而引起的误差。同时恒温水浴温度变化不超过 ± 0.5℃。③如果条件允许,各实验小组可采用不同材料,例如萌发 1 天、2 天、3 天、4 天的小麦种子,比较测定结果,以了解萌发过程中这两种淀粉酶的活性变化。

五、实训报告

计算 I-2、I-3 光密度平均值与 I-1 光密度之差,在标准曲线上查出相应的麦芽糖含量(mg),按公式计算 α-淀粉酶的活力。

$$淀粉酶活力 = C \times V_T / (W \times V_s \times T)$$

式中,C 为从标准曲线上查得的麦芽糖含量,mg;V_T 为淀粉酶原液总体积,mL;V_s 为反应所用淀粉酶原液体积,mL;W 为样品质量,g;T 为反应时间,min。

技能实训 10-2 葡萄糖淀粉酶的活力测定

一、实训目标

1. 掌握糖化型淀粉酶活力测定的原理、方法。

2. 掌握糖化型淀粉酶活力测定的操作技术。

3. 了解糖化型淀粉酶活力大小对生产的指导意义。

二、实训原理

糖化型淀粉酶可催化淀粉水解生成葡萄糖。本实训在一定条件下用一定量的糖化型淀粉酶作用于淀粉，然后用碘量法测定所生成的葡萄糖的含量来计算淀粉酶的活力。

碘量法定糖原理：淀粉经糖化酶水解生成葡萄糖，葡萄糖具有还原性，其羰基易被弱氧化剂次碘酸钠所氧化。

$$I_2 + 2NaOH \Longrightarrow NaIO + NaI + H_2O$$
$$NaIO + C_6H_{12}O_6 \Longrightarrow NaI + CH_2OH(CHOH)_4COOH + NaI$$

体系中加入过量的碘，氧化反应完成后用硫代硫酸钠滴定过量的碘，即可推算出酶的活力。

$$I_2 + 2Na_2S_2O_3 \Longrightarrow Na_2S_4O_6 + 2NaI$$

三、操作准备

1. 材料与仪器

AS3.4309 黑曲霉斜面试管菌，麸皮，稻壳，吸管（25mL、5mL、2mL、10mL），定碘瓶（500mL），碱式滴定管，烧杯，恒温水浴锅，分析天平，酸度计。

2. 试剂及配制

（1）2%可溶性淀粉溶液　准确称取 2g 可溶性淀粉（预先于 100～105℃烘干至恒重约 2h），加少量蒸馏水调匀。倾入 80mL 左右的沸蒸馏水中，继续煮沸至透明，冷却后用水定容至 100mL。

（2）0.1mol/L 碘液　称取 13g 碘及 35 克碘化钾溶于 100mL 水中，溶解后定容至 1L，保存于棕色具塞瓶中。

（3）pH4.6 的 0.05mol/L 醋酸缓冲液　称取 6.7g $CH_3COONa \cdot 3H_2O$，吸取分析纯 2.6mL 冰醋酸，用水溶解并定容至 1L。上述缓冲液的 pH 应使用酸度计加以校正。

（4）0.1mol/L 氢氧化钠溶液　称取氢氧化钠 4g，溶解并定容至 1L。

（5）2mol/L 硫酸　吸取浓硫酸 5.6mL，缓缓加入 94.4mL 水定容至 100mL。

（6）0.05mol/L 硫代硫酸钠　称取 26g $Na_2S_2O_3 \cdot 5H_2O$ 和 0.4g 碳酸钠，用煮沸冷却的蒸馏水溶解，并定容至 200mL，配制后放置 72h 再标定。

（7）200g/L 氢氧化钠溶液　称取氢氧化钠 20g，用水溶解，定容至 100mL。

四、实施步骤

（一）糖化曲制备（以浅盘麸曲为例）

1. 工艺流程

麸皮与水（1：1）→混合→分装→灭菌 121℃ 30min→接种（米曲霉）→28℃恒温培养→摇瓶→长出黄绿色孢子→曲盘→纱布保湿→黄绿色孢子→出曲。

2. 工艺要点

（1）菌种的活化　无菌操作取原试管菌一环接入察氏培养基斜面，或用无菌水稀释法接种，31℃保温培养 24～48h，取出，备用。

（2）三角瓶种曲培养　称取一定量的麸皮，加入 70%～80%水，搅拌均匀，润料 1h，装瓶，料厚约 1.0～1.5cm，包扎，在 $9.8 \times 10^4 Pa$ 压力下灭菌 40min。冷却后接种，31～32℃培养，待瓶内麸皮已结成饼时，进行扣瓶，继续培养 3～4 天即成熟。要求成熟种曲孢子稠密、整齐。

（3）糖化曲制备

① 配料。称取一定量的麸皮，加入 5％稻皮，加入原料量 70％水，搅拌均匀。

② 蒸料。蒸煮 40～60min。

温馨提示：配料的加水量可以根据具体情况而定，当混匀的原料抓紧后没有水流出，松手后不散开即可。蒸料时间要把握好，时间过短，料蒸不透对曲质量有影响；过长，麸皮易发黏。

③ 接种。将蒸料冷却，打散结块，当料冷却至 40℃时，接入 0.25％～0.35％（按干料计）三角瓶种曲，搅拌均匀，将其平摊在灭过菌的瓷盘中，料厚约 1～2cm。

（4）前期管理　将接种好的料放入培养箱中培养，为防止水分蒸发过快，可在料面上覆盖灭菌纱布。这段时间为孢子膨胀发芽期，料醅不发热，控制温度 30℃左右。约 8～10h，孢子已发芽，开始蔓延菌丝，控制品温 32～35℃。若温度过高，则水分蒸发过快，影响菌丝生长。

（5）中期管理　这时菌丝生长旺盛，呼吸作用较强，放热量大，品温迅速上升。应控制品温不超过 35～37℃。

（6）后期管理　这阶段菌丝生长缓慢，故放出热量少，品温开始下降，应降低湿度，提高培养温度，将品温提高到 37～38℃，以利于水分排出。这是制曲很重要的排潮阶段，对酶的形成和成品曲的保存都很重要。出曲水分应控制在 25％以下。总培养时间约 24h 左右。

（7）糖化曲感官鉴定　要求菌丝粗壮浓密，无干皮或"夹心"，没有怪味或酸味，曲呈米黄色，孢子尚未形成，有曲清香味，曲块结实。

（二）糖化酶活力测定

1. 待测酶液的制备

用 50mL 小烧杯准确称取适量鲜酶样，精确至 1mg，用少量乙酸-乙酸钠缓冲溶液溶解，并用玻璃棒仔细捣研，将上层清液小心倾入容量瓶中，在沉渣中加入乙酸-乙酸钠缓冲溶液，如此反复捣研 3～4 次，取上清液，最后全部移入容量瓶中，用乙酸-乙酸钠缓冲溶液定容，磁力搅拌 30min 以充分混匀，取上清液测定。

温馨提示：制备待测酶液时，样液浓度应控制在滴定空白和样品时消耗 0.05mol/L 硫代硫酸钠标准滴定溶液的差值在 4.5～5.5mL 范围内（酶活力约为 120～150 U/mL）。

2. 酶活力的测定

取 A、B 两只 50mL 比色管，分别加入可溶性淀粉溶液 25mL 和乙酸-乙酸钠 5mL，摇匀。于 40℃恒温水浴中预热 5～10min。在 B 管中加入待测酶液 2.0mL，立即计时，摇匀。在此温度准确反应 30min 后，立即向 A、B 两管中各加入 200g/L 氢氧化钠溶液 0.2mL，摇匀，终止酶反应，将两管同时取出，迅速用冷水冷却，并于 A 管中补加待测酶液 2.0mL（作为空白对照）。

吸取上述 A、B 两管中的反应液 5.0mL，于定容瓶中，先加入 0.05mol/L 碘液 10.0mL，再加 0.1mol/L NaOH 15mL，摇匀，暗处静置 15min，取出。用水淋洗瓶盖，加入 2mol/L 硫酸 2mL，用 0.05mol/L 硫代硫酸钠滴定蓝紫色溶液，直至刚好无色为其终点，分别记录空白和样品消耗硫代硫酸钠标准滴定溶液的体积（V_A、V_B）。

3. 结果计算

糖化酶活力单位：1mL 酶液或 1g 酶粉在 40℃、pH4.6 的条件下，1h 水解可溶性淀粉产生 1mg 葡萄糖，即为一个酶活力单位，符号为 U/mL（或 U/g）。

酶活力单位按下式计算：

$$X = (V_A - V_B) \times c \times 90.05 \times \frac{1}{V_1} \times \frac{V_2}{V_3} \times n \times 2$$

式中，X 为样品的酶活力单位，U/g；V_A 为空白所消耗的硫代硫酸钠标准滴定溶液的体积，mL；V_B 为样品所消耗的硫代硫酸钠标准滴定溶液的体积，mL；c 为硫代硫酸钠标准滴定溶液的准确浓度，mol/L；90.05 为葡萄糖的摩尔质量，g/mol；V_1 为酶液的体积（2mL）；V_2 为反应液总体积（32.20mL）；V_3 为吸取反应液样品体积（5mL）；n 为酶液稀释倍数；2 为反应 30min，换算成 1h 的酶活力系数。

五、实训报告

描述糖化酶活力测定的原理，记录实训结果，计算样品中糖化酶的活力。

技能实训 10-3　普鲁兰酶的活力测定

一、实训目标

1. 掌握普鲁兰酶活力测定的原理、方法。

2. 掌握普鲁兰酶活力测定的操作技术。

3. 了解普鲁兰酶活力大小对生产的指导意义。

二、实训原理

普鲁兰是一种微生物多聚糖，单体为麦芽三糖，由 α-1,6-糖苷键连接而成，聚合度可以从几十到几千。普鲁兰酶作用后，可使麦芽三糖游离出来，每克分子麦芽三糖具有相等数量的还原性末端，从而导致溶液的还原力增加，用常规的 3,5-二硝基水杨酸（DNS）定糖法，可以准确测定麦芽三糖的生成量。

三、操作准备

1. 材料与仪器

黑豆粉，分析天平，容量瓶，具塞刻度试管，试管，移液器，恒温水浴锅，分光光度计。

2. 试剂及配制

① 1%普鲁兰溶液。

② pH5.8 醋酸缓冲液。

③ 3,5-二硝基水杨酸溶液。称取 3,5-二硝基水杨酸 1.00g，溶于 20mL1mol/L 氢氧化钠中，加入 50mL 蒸馏水，再加入 30g 酒石酸钾钠，待溶解后，用蒸馏水稀释至 100mL 盖紧瓶塞，勿使二氧化碳进入。

四、实施步骤

1. 酶活力测定

酶反应在 25mL 比色管中进行，体系为 1mL 1%的普鲁兰溶液（含 0.04mol/L pH5.8 醋酸缓冲液）和 1mL 酶溶液，总体积 2mL。该反应混合液在 50℃水浴中准确反应 30min，然后直接加入 2mL DNS 溶液，混合液在水浴中煮沸 5min，冷却至室温用蒸馏水稀释定容至 25mL；另取同样量的反应混合液，用 2mL DNS 溶液显色，作为空白。用 1cm 光程比色杯在 520nm 处测定吸光值，以空白管调零点。所得光密度值，在标准曲线上找出相对应的还原糖的量，即反应终产物中还原糖的生成量。

2. 标准曲线的绘制

用葡萄糖代替麦芽三糖制作标准曲线。线性范围为 $1.0\sim10.0\mu g$ 葡萄糖。以葡萄糖含量为横坐标，以 520nm 处的吸光值为纵坐标绘制标准曲线。

3. 计算

酶活力单位定义：在上述条件下，每分钟产生 $1\mu g$ 麦芽三糖的酶量为 1 个酶活力单位（U）。

$$酶活力[U/g(mL)]=1/30n\times X$$

式中，n 为酶液稀释倍数；X 为麦芽三糖的微摩尔数。

五、实训报告

描述普鲁兰酶活力测定的原理，记录实训结果，计算样品中普鲁兰酶的活力。

本章小结

淀粉酶是水解淀粉、糖原、糊精中糖苷键的一类酶的统称。根据对淀粉的作用方式不同，可将淀粉酶分为四类：α-淀粉酶，它从底物分子内部将糖苷键断开；β-淀粉酶，它从底物的非还原性末端将麦芽糖单位水解下来；葡萄糖淀粉酶，它从底物的非还原性末端将葡萄糖单位水解下来；异淀粉酶，只对支链淀粉、糖原等分支点的 α-1,6-糖苷键有专一性。淀粉酶广泛分布于自然界，几乎所有植物、动物和微生物都含有淀粉酶。不同类型、同种类型不同来源的淀粉酶，其最适温度、最适 pH 等特性也存在差异。因此，在生产和使用淀粉酶的过程中，要考虑酶的种类和来源对其特性的影响。

淀粉酶的种类众多，通常一种淀粉酶可以有多种活力测定方法，如耐高温 α-淀粉酶的活力测定企业标准有分光光度法和目视比色法；一种测定淀粉酶活力的原理有时可以测定多种酶，如 3,5-二硝基水杨酸法既可以测定 α-淀粉酶活力也可以测定 β-淀粉酶活力。目前，淀粉酶的活力测定常用的有国家标准和企业标准两种，实际生产过程中要根据具体的情况选择恰当的方法。

实践练习

1. 淀粉酶属于（　　）。

A. 水解酶　　　　B. 氧化还原酶　　　C. 裂合酶　　　D. 转移酶

2. 糖化酶是分解淀粉的酶，又称为（　　）。

A. 液化酶　　　　　　　　　B. 葡萄糖淀粉酶

C. α-1,4-葡聚糖水解酶　　　D. 支链淀粉 α-1,6-葡聚糖水解酶

3. β-淀粉酶活力测定方法有（　　）。

A. 3,5-二硝基水杨酸法　　　　B. 碘染色法

C. 对硝基苯酚麦芽戊糖法　　　D. 碘量法

4. 常用于生产 α-淀粉酶的菌种有（　　）。

A. 枯草杆菌　　B. 巨大芽孢杆菌　　C. 根霉　　　　D. 黑曲霉

5. 当 α-淀粉酶与 β-淀粉酶共存时，测定 α-淀粉酶活性可用哪些方法？（　　）

A. 升高温度　　B. 升高 pH　　　　C. 膜过滤　　　D. 离心

6. 淀粉酶的种类有哪些？比较它们的异同点。

（陈书明）

第十一章

其他酶类的生产

学习目标

第一节　纤维素酶

一、纤维素酶的特性

1. 纤维素酶的组成

　　纤维素是地球上分布最广、蕴藏量最丰富的多糖类物质，也是最廉价的可再生资源。纤维素酶是一类能够将纤维素降解为葡萄糖的多组分酶系的总称，它们协同作用，分解纤维素产生寡糖和纤维二糖，最终水解为葡萄糖。纤维素酶是一种高活性生物催化剂，广泛用于纺织、饲料、酿酒、食品、地质钻井和生物工程等领域。

　　纤维素酶属于糖苷水解酶，传统上被分为三类组分：①内切葡聚糖酶，俗称 C_X 酶，来自真菌的称 EG；②外切葡聚糖酶，即纤维二糖水解酶，俗称 C_1 酶，来自真菌的称 CBH；③β-葡萄糖苷酶，简称 BG。

　　纤维素酶降解纤维素，是酶的各组分之间协同作用的结果。目前主要有两种观点：一种观点认为，首先由 EG 在纤维素分子内部的无定形区进行酶切产生新的末端，然后由 CBH 以纤维二糖为单位由末端进行水解，每次切下 1 个纤维二糖分子，最后由 BG 将纤维二糖以及短链的纤维寡糖水解为葡萄糖；另一种观点则认为，首先是由 CBH 水解不溶性纤维素生成可溶性的纤维糊精和纤维二糖，然后由 EG 作用于纤维糊精生成纤维二糖，再由 BG 将纤维二糖分解成 2 个葡萄糖。

2. 纤维素酶的性质

　　纤维素酶是灰白色的无定形粉末或液体，最适作用温度为 $40\sim55℃$，最适 pH 为 $4.0\sim$

6.0，在 40～70℃稳定存在，溶于水，几乎不溶于乙醇、乙醚和氯仿等有机溶剂。

二、纤维素酶的来源

纤维素酶的来源非常广泛，昆虫、软体动物、原生动物、细菌、放线菌和真菌等都能产生纤维素酶。研究较多的是霉菌，其中酶活力较强的菌种为木霉、曲霉、根霉和青霉，特别是里氏木霉、绿色木霉、康氏木霉等较为典型。细菌中酶活力较强的菌种有纤维黏菌属、生孢纤维黏菌属和纤维杆菌属，放线菌中有黑红旋丝放线菌、玫瑰色放线菌、纤维放线菌和白玫瑰放线菌等。

三、纤维素酶生产工艺

（一）生产菌种

微生物是自然界中产纤维素酶的主要生物体，但细菌所产纤维素酶多为胞内酶，产量较低，在工业上应用较少。真菌产生的纤维素酶多为胞外酶，提取纯化较容易，产酶量较高，且真菌所产纤维素酶的酶系结构较全，酶系中的各种酶相互发生强烈的协同作用，降解纤维素的效率高，是工业生产的主要菌种，如里氏木霉和绿色木霉等是目前公认的较好的纤维素酶生产菌。

（二）固态发酵

1. 固体发酵特点

固体发酵法又称麸曲培养法，是以秸秆粉、废纸、玉米秸秆粉为主要原料，拌入种曲后，装入盘或帘子上，摊成薄层（厚约 1 cm），在培养室一定温度和湿度（RH 90％～100％）下进行发酵。其主要特点是发酵体系没有游离水存在，微生物是在有足够湿度的固态底物上进行反应，发酵环境接近于自然状态下的微生物生长习性，产生的酶系更全，有利于降解天然纤维素，且投资低、能耗低、产量高、操作简易、回收率高、无泡沫、需控参数少、环境污染小等。但固体发酵法易被杂菌污染，生产的纤维素酶分离纯化较难，且色素不易去除。

2. 固态发酵工艺流程 （图 11-1）

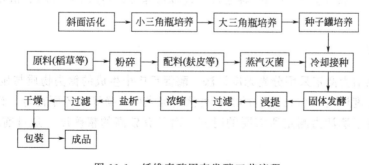

图 11-1　纤维素酶固态发酵工艺流程

3. 固态发酵工艺条件

固态发酵过程中的温度、湿度、时间、水分、pH 值等因素及其交互作用对发酵有显著影响，对固态发酵而言，温度是首要因素。培养基及培养条件的优化，是降低酶制剂成本、提高酶活、实现其工业化生产的重要措施。一般认为利用真菌进行固态发酵最好将培养基的起始 pH 值调为酸性，这样有利于真菌的生长而抑制细菌的滋生。固态发酵培养基的初始含水量，应视纤维素材料种类不同而异。玉米秸秆培养基适宜的含水量为 1：（2～2.5），麦秸培养基适宜的含水量为1∶（1～1.5），啤酒糟培养基的含水量为1∶1。

（三）液态深层发酵

1. 液态深层发酵工艺特点

液态深层发酵又称全面发酵，是将秸秆等原料粉碎、预处理并灭菌后送至具有搅拌桨叶和通气系统的密闭发酵罐内，接入菌种，借强大的无菌空气或自吸的气流进行充分搅拌，使气、液面积尽量加大而进行发酵。其主要特点是培养条件容易控制，不易染杂菌，生产效率高。液态深层发酵是现代生物技术之一，已成为国内外重要的研究和开发工艺。以黑曲霉2277液体深层发酵法为例进行介绍。

2. 液态深层发酵工艺流程（图11-2）

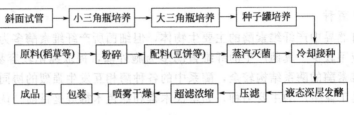

图11-2　纤维素酶液态深层发酵工艺流程

3. 操作要点

（1）培养基配制

① 斜面培养基（％）。马铃薯20，葡萄糖2，琼脂2，自然pH。

② 种子培养基（％）。麸皮2，葡萄糖3，$(NH_4)_2SO_4$ 0.15，pH5.5～6.0。

③ 发酵培养基（％）。稻草粉6，豆饼粉1，$(NH_4)_2SO_4$ 0.5，$CaCl_2$ 0.3，pH4～6.5。

（2）培养方法

① 斜面培养。将黑曲霉2277进行斜面培养，28℃，72 h。

② 种子培养。250mL三角瓶装入种子培养基50mL，接入斜面孢子约$1cm^2$，转速150 r/min，30℃下振荡培养72～168h。

③ 发酵培养。按5 ％～20 ％接种量接入发酵培养液，转速75～175 r/min，24～36℃培养24～108h。

四、酶活测定

纤维素酶的活力测定采用分光光度计法。酶促反应中生成的糖类物质与显色剂发生显色反应，用分光光度计在500nm左右的波长处测定吸光度，换算成还原糖量，计算出酶活力。此方法大大缩短了酶活力测定所需要的时间，而且有较高的精确度，是目前应用最广泛的方法。

第二节　植　酸　酶

一、植酸酶的特性

植酸酶属于磷酸单酯水解酶，是一种特殊的酸性磷酸酶，适合pH为4.0～6.0，对温度的适应性要求较高，一般适宜温度在46～57℃。超过60℃时，植酸酶的活性有部分损失；温度达70℃时，酶活性大部分丧失。经制粒镶嵌成型的植酸酶，最高耐温达85℃。

二、植酸酶的作用

植酸酶能将肌醇六磷酸（植酸）分解成为肌醇和磷酸。植酸酶添加到动物性饲料中释放植酸中的磷分，不但能提高食物及饲料对磷的吸收利用率，还可降解植酸蛋白质络合物，减少植酸盐对微量元素的螯合，提高动物对植物蛋白的利用率及其植物饲料的营养价值，同时也减少动物排泄物中有机磷的含量，减少对大自然的污染。

三、植酸酶的来源

植酸酶广泛存在于动物、植物和微生物中。动物植酸酶主要存在于哺乳动物的小肠及脊椎动物的红细胞和血浆中。同植物和微生物来源的植酸酶相比，人们对动物植酸酶的研究非常少。

来源于微生物的植酸酶作用范围和稳定性较好，易规模化生产，近几年的研究大都集中来源于微生物的植酸酶。产植酸酶的微生物有丝状真菌、酵母和细菌等。

植物中广泛存在着植酸酶。在种子或花粉发芽时，植酸酶将植酸水解为肌醇和磷酸盐，为种子萌发和幼苗生长提供必要营养。已分离出具有植酸酶活性的有小麦、玉米、大麦、稻、番茄及麸皮等。

四、植酸酶生产工艺

植酸酶可直接从植物中提取，但由于含量太少，难以生产。通过微生物发酵，获得大量微生物细胞，从中提取植酸酶，是主要的生产方法。

1. 生产菌种

黑曲霉 3.324 菌株，该菌生长发育过程由白色变黄色，然后由黄色变黑褐色，具有抗酸、抗高温、喜潮湿的特性。

2. 工艺流程（图 11-3）

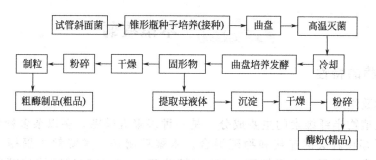

图 11-3 植酸酶固态发酵工艺流程

3. 发酵工艺条件

曲料接种完毕后装入曲盘内并轻轻摊平，曲料的厚度约 2cm，曲盘长 45cm，宽 35cm，四周边框高 5cm，底板背面横钉 1cm 厚的木条 3 根。在可调温曲房里，曲盘先采用直立式堆叠，室温维持在 28～30℃，干温相差 1℃，培养 16h 左右。当品温达到 32℃时，曲料面层稍有发白结块，并产生一股曲香味（似枣子味）时，进行第 1 次翻曲。翻曲时将曲块用手捏碎并轻轻拌和、摊平，盖上湿纱布一块，使曲料与空气不直接接触。然后将堆叠方式改为十字形堆叠，室温继续维持在 28～30℃，4～6 h 后，当品温上升到 34℃时，进行第 2 次翻曲、拌和、摊平。最后是发酵产酶阶段，室温维持在 28℃，继续发酵 5 天。

五、植酸酶活力测定

植酸酶活力是指在最适宜条件下，每分钟内从一定浓度的植酸钠溶液中释放 $1\mu mol$ 无机磷所需要的酶量为一个酶活力单位（U）。

酶活力测定的原理都是利用酶水解植酸钠形成无机磷，然后测定无机磷的释放量。植酸酶活性的测定方法较多，如钒-钼酸铵法、硫酸亚铁-钼蓝法、维生素 C-钼蓝法、丙酮-磷钼酸铵法等。

1. 钒-钼酸铵法

该方法是利用植酸酶可以水解植酸磷释放出无机磷的原理，通过加入酸性钼-钒试剂使水解反应停止，同时与水解释放出来的无机磷产生颜色反应，形成黄色的钒钼磷络合物，在 415nm 波长下测定磷的含量。以标准植酸酶为参照物，间接计算被测样品中植酸酶的含量。

2. 硫酸亚铁-钼蓝法

该方法利用植酸酶可以水解植酸磷释放无机磷的原理，通过加入盐酸使水解反应停止，然后加入钼酸铵及 $FeSO_4 \cdot 7H_2O$ 的混合液使溶液显色，在 720nm 波长下测定其吸收值，以标准酶为参照物，间接计算被测样品中植酸酶的含量。

3. 维生素 C-钼蓝法

该方法是利用植酸酶可以水解植酸磷释放无机磷的原理，通过加入三氯乙酸使反应停止，然后加入钼酸铵与维生素 C 的混合液使溶液显色，在 820nm 波长下测定吸光度，再以标准磷溶液的吸光度及磷溶液浓度对应的酶活单位建立直线回归方程，最后以待测样品吸光度代入方程，计算出酶活性。

4. 丙酮-磷钼酸铵法

磷酸盐与过量的钼酸铵在酸性条件下混合后，可慢慢生成黄色磷钼酸铵，加入丙酮后将黄色物质提出来，在 355nm 波长处测吸光度，灵敏度增加 10 倍。

第三节　木聚糖酶

一、木聚糖酶的特性

1. 木聚糖酶组成

木聚糖是植物半纤维素的主要成分，是一种多聚五碳糖，多以杂多糖形式存在，并与纤维素分子存在着氢键连接和物理混合。木聚糖酶是一类降解木聚糖分子的复杂酶系，组成较复杂，包括 β-木聚糖酶、β-D-木糖苷酶、α-L-呋喃型阿拉伯糖苷酶、乙酰木聚糖酯酶和酚酸酯酶等，其中 β-D-木聚糖酶是降解半纤维素主要的酶，该酶以内切方式作用于木聚糖主链内部的 β-1,4-木糖苷键，使木聚糖降解为短链的低聚木糖，并有少量木糖生成；而 β-D-木糖苷酶则作用于短链的低聚木糖，通过催化低聚木糖的末端来释放木糖残基。

2. 木聚糖酶性质

（1）最适 pH　不同生物来源的木聚糖酶所能耐受的 pH 范围一般是 3.0～10.0，一般来说，真菌来源的木聚糖酶 pH 在 4.0～6.0 范围内最有效，而来源于放线菌和细菌的木聚糖酶 pH 则在 5.0～9.0 的更广范围内有效。

（2）最适温度　来源于细菌和真菌的木聚糖酶的最适作用温度一般在 40～60℃之间。

迄今为止，只发现 20 余种细菌和不足 10 种真菌能产耐热性木聚糖酶。真菌的木聚糖酶的耐热稳定性往往比细菌的要差些。

二、木聚糖酶的生产

以木霉液体培养生产木聚糖酶为例介绍，流程见图 11-4。

（一）工艺流程

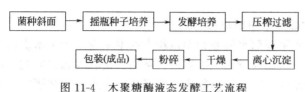

图 11-4　木聚糖酶液态发酵工艺流程

（二）培养基及培养条件

1. 斜面种子培养基

PDA 培养基。

2. 发酵产酶培养基（g/L）

麸皮 10，木聚糖 8，蛋白胨 6，酵母浸膏 1.5，$(NH_4)_2SO_4$ 1.5，Tween-80 2.0，$CaCl_2$ 0.3，$MgSO_4 \cdot 7H_2O$ 0.3，KH_2PO_4 0.3，$FeSO_4 \cdot 7H_2O$ 0.005，$MnSO_4 \cdot H_2O$ 0.0016，$ZnSO_4 \cdot 7H_2O$ 0.0014，$CoCl_2$ 0.002，自然 pH。

3. 培养条件

500mL 三角瓶装发酵培养基 100mL，190r/min，28℃培养 4 天。

（三）粗酶液制备

在 4℃条件下，将发酵液 10000 r/min 离心 6min，上清液即为粗酶液。

三、木聚糖酶活力测定

通常采用还原糖法来测定木聚糖酶的酶活。还原糖法是通过比色法检测酶作用于底物后释放的还原糖量来评价酶的活性。根据测定还原糖的方法不同，可分为 DNS 法和砷钼酸盐法。DNS 法的原理是利用木聚糖酶催化水解木聚糖生成的木糖、木寡糖等还原糖与 DNS 共热，DNS 被还原成棕红色的氨基化合物，在 540nm 波长处测定氨基化合物溶液的吸光度，根据一定范围内还原糖的量与吸光度呈正比来推算木聚糖酶的活性。这种方法的优点是反应颜色的稳定性好，操作简单。砷钼酸盐法是利用碱性二价铜离子与醛糖反应生成的氧化亚铜，在浓硫酸存在的条件下，砷钼酸盐还原成蓝色化合物，在 750nm 波长处比色。此方法的优点是在测定酶活时产生的变异小，干扰少，适宜微量测定。但是砷钼酸盐配制时要使用毒物砷酸二氢钠，操作上也比 DNS 法复杂，耗时长。

四、木聚糖酶的应用

1. 木聚糖酶在造纸工业中的应用

制浆是造纸工业中的一道重要工艺，在硬木和软木纸浆中，沉淀的木聚糖是木质素抽提的主要障碍，加入木聚糖酶水解木聚糖，从而提高木质素的抽提率，还可作为纸浆漂白助白剂。木聚糖酶的前处理可以显著降低漂白用氯。若结合漂白工艺的改革，可进一步实现无氯漂白，不仅可以改善漂白效果还可以解决纸浆工业中的环境污染问题。

2. 木聚糖酶在饲料行业中的应用

植物细胞壁是由包括木聚糖和葡聚糖的复杂多糖组成。非反刍动物由于缺少相应的消化酶类，故半纤维素饲料对它们几乎没有营养。木聚糖酶可以破坏植物中的细胞壁结构，改善农作物青储饲料的营养成分，利于动物的消化吸收，显著提高各种饲料的利用率。同时木聚糖酶还能降解可溶性多糖，降低其黏性，减少畜禽肠道疾病，增进畜禽健康，提高畜禽成活率，减少黏粪排出和脏蛋，降低空气中氨气和硫化物浓度，使畜禽体重均匀，减少环境污染。

3. 木聚糖酶在食品行业中的应用

在面包食品中，木聚糖酶水解谷物面包粉中的木聚糖，产生木寡糖，使水在戊聚糖相和谷蛋白相中重新分布，从而改善面包的质地、结构、松软度和保质期。在制药工业中，木聚糖酶与其他物质结合使用，可迟缓药物成分的释放。在果汁和啤酒中，木聚糖酶能够降解果汁、啤酒中的一些多糖类物质，从而有利于果汁、啤酒的澄清。在酿酒工业中，木聚糖酶对谷物细胞壁中木聚糖的作用有助于加快淀粉酶的作用，因而有助于提高发酵效率，增加酒精的产率。

第四节 脂 肪 酶

一、脂肪酶的特性

脂肪酶是一类重要的酯键水解酶，能够水解脂肪（三酯酰甘油）为一酯酰甘油、二酯酰甘油和游离脂肪酸，最终产物是甘油和脂肪酸。

1. 最适温度

来源不同的微生物脂肪酶，其氨基酸组成不同，相对分子质量在 20000～60000。大多数脂肪酶最适作用温度为 30～60℃，但也有些脂肪酶在较高或较低温度下有较高活力。一般真菌脂肪酶最适作用温度相对较低，而细菌脂肪酶则较耐热。

2. 最适 pH

脂肪酶的活力受 pH 值影响很大。pH 值的变化可影响酶活性中心部位活性基团的解离，从而影响到酶与底物的结合或催化底物转变为产物。大多数脂肪酶最适 pH 为 6.0～9.0，其中大部分真菌脂肪酶为碱性脂肪酶，如曲霉、扩展青霉和肉色曲霉所产脂肪酶作用最适 pH 都为 9.0，该类型脂肪酶具有广泛的 pH 稳定范围，且稳定性良好。

二、脂肪酶的来源

脂肪酶按其来源主要分为三类：①动物源性脂肪酶，如猪、牛等胰脂肪酶提取物；②植物源脂肪酶，如蓖麻籽和油菜籽等；③微生物源性脂肪酶。微生物种类多、繁殖快且易发生遗传变异，具有比动植物更广的作用 pH、作用温度范围及底物专一性，且微生物来源的脂肪酶一般都是分泌性的胞外酶，所以，微生物脂肪酶是主要的研究对象。产微生物脂肪酶菌种的研究主要集中在真菌，包括根霉、黑曲霉、镰孢霉、红曲霉、黄曲霉、毛霉、犁头霉、须霉、白地霉、青霉和木霉；其次是细菌，如假单胞菌、枯草芽孢杆菌、无色杆菌、小球菌、发光杆菌和洋葱伯克霍尔德菌等；另外，还有解酯假丝酵母和放线菌。

三、脂肪酶生产工艺

（一）工艺流程（图 11-5）

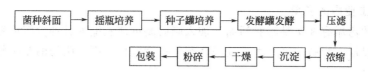

图 11-5 假丝酵母液态深层培养生产脂肪酶工艺流程

（二）培养基配置

1. 斜面培养基（％）

酵母粉 0.2，蛋白胨 0.5，葡萄糖 1.0，琼脂 2.0。

2. 摇瓶培养基（％）

豆油 4.0，全脂豆粉 4.0，K_2HPO_4 0.1，KH_2PO_4 0.1。

3. 放大培养基（％）

豆油 6.0，全脂豆粉 6.0，K_2HPO_4 0.1，KH_2PO_4 0.1，加入适量消泡剂。

（三）发酵条件

1. 摇瓶培养

250mL 的锥形瓶中装摇瓶培养基 50mL，从斜面上接种一环种子，放置于旋转式摇床上在 26℃下培养 120h，摇床转速 220r/min。

2. 30L 发酵罐培养

将发酵培养基（按 18L 装液量）配好并装入发酵罐内，121℃灭菌 30min，冷却至 26℃后接种 1 个茄形瓶种子（用无菌水将菌种刮下），搅拌转速 500r/min，通风量 1vvm。

3. 1m³ 发酵罐培养

将放大发酵培养基（按 60％装液量）配好并装入罐内，121℃灭菌 30min，冷却至 26℃后接种 3 个茄形瓶种子（用无菌水将菌种刮下），搅拌转速 200r/min，通风量 1vvm。

四、酶活测定

采用橄榄油乳化液测定法，配制 2％的聚乙烯醇溶液，与橄榄油按体积比 3：1 混合后高速搅拌 3min 制得橄榄油乳化液，取 5mL 乳化液与 4mL 磷酸缓冲液（0.1mol/L，pH8.0）混合，在 40℃水浴中预热 5min，加入样液反应 10min 后加入 15mL 无水乙醇终止反应，以酚酞作指示剂，用 0.05mol/L 的 NaOH 溶液滴至液体呈粉红色。与空白样对比，计算其酶活。在测定条件下，每分钟释放出 1μmol 脂肪酸的酶量定义为 1 个酶活单位（U）。

五、脂肪酶的应用

1. 在饲料中的应用

脂肪在畜禽体内的作用主要是氧化供能，它含有的能量是糖类的 2.25 倍。在饲料中添加脂肪酶可以提高油脂的消化利用率，为动物体提供更多的能量，脂肪酶可提高饲料中的脂肪消化率，特别是可显著提高含脂量高的饲料利用率 2％～7％，提高猪和禽增加质量速度 4％～10％，并减少粪便排泄量。

2. 在食品中的应用

脂肪酶催化反应后释放出链较短的脂肪酸，能增加和改进食品的风味和香味，特别是奶油和奶酪的风味，在人造黄油、点心和冷糕点等的制造中是不可缺少的。利用脂肪酶催化的醇解和酯化反应生产各种香精醋，作调料剂等。

3. 在洗涤工业中的应用

衣服所附的污垢有 3/4 是脂肪污垢。加入脂肪酶可使三酯酰甘油分解成容易去除的脂肪酸和甘油，所以加入脂肪酶可大大提高洗涤剂的去污效果，而且脂肪酶是生物产品，易被降解，不污染环境。

4. 在造纸工业与皮革加工中的应用

在造纸工业中添加脂肪酶能直接分解废纸上的油墨、涂料及色料，达成脱墨效果；去除纸浆中的树脂，去除造纸用白水及冷却水的黏泥。

脂肪酶作为一种高效无污染的脱脂剂，在皮革脱脂工艺上尤其具有重要的用途，在碱性条件下使得脂肪更易从皮中除去。与传统的皂化法、乳化法和溶剂法脱脂相比较，酶法脱脂皮板柔软、富有弹性、粒面毛孔清晰且毛光亮柔软，对皮革质量有明显的提高。

技能实训 11-1　纤维素酶水解纤维素生产生物乙醇

一、实训目标

1. 掌握纤维素酶的作用机理。
2. 掌握用纤维素酶水解纤维素生产生物乙醇的工艺流程。

二、实训原理

天然的木质纤维素资源是地球上最丰富和廉价的可再生资源，主要成分包括纤维素、半纤维素和木质素（木素），纤维素可水解为葡萄糖，能容易地用酵母发酵生成乙醇，半纤维素可水解为戊糖和己糖，也可用来发酵生产乙醇。细胞壁中的半纤维素和木质素通过共价键联结成网络结构，纤维素镶嵌其中，影响纤维素酶对纤维素的酶解，因此需要进行合适的预处理，使得纤维素分子成为松散结构，便于纤维素酶分子与纤维素分子结合，然后通过纤维素酶分子的催化作用，高效地水解产生单糖。

由木质纤维素生产乙醇主要包括三大步骤：预处理、酶解和发酵。预处理和酶解的最终目的是降解植物细胞壁中的纤维素，使之变成能被微生物发酵生产乙醇的低分子糖（如葡萄糖）。生产流程见图 11-6。

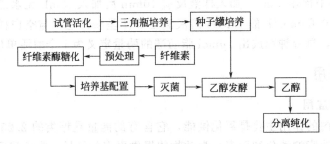

图 11-6　纤维素酶水解纤维素生产生物乙醇流程图

三、操作准备

1. 材料与仪器

水稻秸秆，剪刀，葡萄牙假丝酵母，发酵设备，反应器，试管，三角瓶，种子罐，闪蒸器，压滤机，石灰，锅炉等。

2. 试剂及配制

0.7％硫酸，蛋白胨，酵母膏，KH_2PO_4，$CaCl_2 \cdot 2H_2O$，$MgSO_4 \cdot 7H_2O$，硫酸铵，Tween-80。

四、实施步骤

1. 木质纤维素生物质的预处理

秸秆被粉碎到粒径 2.5cm 左右，然后用稀酸浸泡处理，将原料转入一级水解反应器，温度190℃，0.7％硫酸水解 3min。可把约 20％纤维素和 80％半纤维素水解。水解糖化液经过闪蒸器后，用石灰中和处理，调 pH 后得到第一级酸水解的糖化液。

2. 酶解

调节一级酸水解的糖化液 pH 至 4.8，温度50℃，加纤维素酶将纤维素进一步水解成葡萄糖，纤维素酶液按 20U/g 稻草粉加入。酶解结束后进行过滤，去除杂质。

3. 种子培养基及菌种扩大培养

一级种子培养基：葡萄糖 20g/L，蛋白胨 5g/L，酵母膏 3g/L，自然 pH。

二级种子培养基：葡萄糖 30g/L，蛋白胨 5g/L，酵母膏 3g/L，自然 pH。

从试管斜面，到三角瓶，到种子罐依次对酵母进行扩大培养。

4. 发酵培养基配制及灭菌

糖化液（约 40g/L），蛋白胨 3.0g/L，硫酸 2.0g/L，酵母 0.5g/L，KH_2PO_4 4.0g/L，$CaCl_2 \cdot 2H_2O$ 0.3g/L，$MgSO_4 \cdot 7H_2O$ 0.3g/L，Tween-80 0.2ml/L。

配置好培养基后置于发酵罐，进行实罐灭菌。冷却后，接种 10％酵母。

5. 乙醇发酵

控制发酵温度30℃，发酵液 pH5.5，发酵 28h，即可得到一定浓度的乙醇发酵液。

五、实训报告

纤维素酶水解秸秆时，为什么需要预处理？

技能实训 11-2　脂肪酶催化生产生物柴油

一、实训目标

1. 熟悉脂肪酶的固定化方法，能对其进行活性测定。

2. 掌握酶法制备生物柴油的操作技术。

二、实训原理

生物柴油，即动植物油脂与低碳醇进行酯交换反应所生成的脂肪酸低碳醇酯，具有良好的燃料特性，含硫量低，可替代矿物柴油作为内燃机的燃料。生物柴油主要是通过酯交换反应来制备，即通过低碳醇在脂肪酶催化作用下将甘油酯的甘油基取代下来，形成长链脂肪酸酯。

三、操作准备

1. 材料与仪器

大孔吸附树脂，电子台秤，磁力搅拌加热器，恒温摇床，真空泵 1L/s，吸滤瓶，布氏漏斗，分液漏斗。

2. 试剂及配制

菜籽油，脂肪酶，95％乙醇（分析纯），0.2mol/L pH9.0 的甘氨酸-NaOH 缓冲液，油酸甲酯，去离子水，聚乙烯醇溶液，橄榄油，0.05mol/L 的 NaOH 标准溶液，甲醇。

四、实施步骤

1. 固定化脂肪酶的制备

（1）树脂载体的预处理　树脂载体用 95％的乙醇洗涤数次，洗去未聚合的单体、制孔剂及其分解物、分散剂和防腐剂等脂溶性杂质，并且使打孔树脂充分溶胀。除去乙醇后用去离子水洗至无乙醇味。清洗干净的树脂浸泡于去离子水中备用。

（2）脂肪酶的固定化　1g 载体在使用前用 0.2mol/L pH9.0 的甘氨酸-NaOH 缓冲液平衡 2h 后，抽干。将一定量的脂肪酶粉溶于 pH9.0 的甘氨酸-NaOH 缓冲液中，在低温条件下中速搅拌 10min，使之充分溶解。然后离心，取上清液，往其中加入经过预处理的载体，于低温条件下进行吸附，吸附后离心小心倾去上清液。

2. 固定化脂肪酶活力的测定方法

橄榄油乳化法。将一定量的聚乙烯醇溶液和橄榄油按照一定的体积比（3∶1）混合，再用超声波乳化成乳状液。取 4mL 乳化液和 5mL pH9.0 的缓冲液加入 1mg/mL 的酶，预热 5min 后，同时在另一三角瓶中加入乳化液作空白样，反应 15min 后，向两瓶中加入 15mL 95％乙醇，终止反应。用 0.05mol/L 的标准 NaOH 滴定，计算可得固定化酶的分解活力。水解橄榄油每分钟产生 1μmol 游离的脂肪酸定义为一个酶活力。

酶活回收率＝（固定化酶的总活力/加入酶粉的总活力）×100％

3. 固定化酶催化合成生物柴油

（1）酶的预处理　先将酶在油酸甲酯中浸泡 2h，用菜籽油洗涤后，最后在菜籽油中浸泡 12h。

（2）酯交换过程合成脂肪酸甲酯　在 50mL 锥形瓶中，依次加入大豆油 5g、甲醇 0.99mL（醇油摩尔比为 3∶1）、蒸馏水 0.24mL、固定化脂肪酶 1.2g，置于 40℃，180r/min，pH 为 9.4 条件下振荡反应 48h。

甲醇的加入方法：分别在反应刚开始时、反应 24h 和 48h 时，每次加入甲醇总量的 1/3（总的醇与油摩尔比为 3∶1）。

在分液漏斗中静置 4h，分去甘油层，用水洗至中性，干燥后得生物柴油。

（3）酯交换合成酯化率的测定　在己酸乙酯合成的反应体系中，将摩尔浓度比为 1∶1.3 的己酸和无水乙醇溶于正庚烷，制备己酸浓度为 0.6mol/L 的反应底物。在 100mL 三角瓶中，加入 5mL 反应底物及 0.4g 脂肪酶，在 35℃及 150r/min 振荡反应。反应 16h 后，取出样品 100μL 加入到 5mL 水溶液中，再用 0.025mol/L 的 NaOH 滴定未反应的己酸，以 1滴 0.5％酚酞为指示剂。

酯化率＝脂肪酸减少的滴定摩尔数/反应初始时的脂肪酸滴定摩尔数×100％

（4）酯化过程反应温度　设 5 个反应温度，即 25℃、30℃、35℃、40℃和 45℃，用己酸乙酯合成的反应体系测定酯化率。

五、实训报告

计算酶活回收率和酯化率；分析固定化脂肪酶催化合成生物柴油的优缺点；根据实训体会，对本实训操作提出改进方案。

本 章 小 结

纤维素酶降解纤维素，是酶的各组分之间协同作用的结果。首先由 EG 在纤维素分子内部的无定形区进行酶切产生新的末端，然后由 CBH 以纤维二糖为单位由末端进行水解，每次切下 1 个纤维二糖分子，最后由 BG 将纤维二糖以及短链的纤维寡糖水解为葡萄糖。纤维素酶最适作用温度为 40～55℃，最适 pH 为 4.0～6.0。里氏木霉是较好的纤维素酶生产菌。

植酸酶属于磷酸单酯水解酶，适合 pH 为 4.0～6.0，适宜温度在 46～57℃。它能将肌醇六磷酸（植酸）分解成为肌醇和磷酸，从而提高动物对植物蛋白的利用率，减少动物排泄物中有机磷的含量，减轻对大自然的污染。

木聚糖酶是一类降解木聚糖分子的复杂酶系，包括 β-木聚糖酶、β-D-木糖苷酶等。脂肪酶能水解脂肪成甘油和脂肪酸，最适作用温度为 30～60℃，最适 pH 为 6.0～9.0。

可利用纤维素酶水解纤维素生产生物乙醇，以及脂肪酶催化合成生物柴油。

实 践 练 习

1. 关于纤维素酶正确的说法是（　　）。
A. 纤维素酶可分解细胞壁的主要成分纤维素
B. 纤维素酶不特指某种酶，而是分解纤维素的一类的总称
C. 纤维素酶的化学本质是蛋白质
D. 纤维素酶的催化作用不受温度的影响
2. 木聚糖酶的应用有（　　）。
A. 漂白纸浆　　　　　　　　　B. 提高饲料利用率
C. 降低畜禽粪便中污染物排放量　　D. 果汁澄清
3. 植酸酶活力的测定方法有（　　）。
A. 钒-钼酸铵法　　B. 硫酸亚铁-钼蓝法　　C. 丙酮-磷钼酸铵法　　D. 碘量法
4. 脂肪酶水解脂肪后的产物有（　　）。
A. 甘油　　　　　B. 一酯酰甘油　　　　C. 脂肪酸　　　　　D. 二酯酰甘油
5. 试述纤维素酶的组成成分及如何发挥对纤维素的催化作用？

（许彦）

参 考 文 献

[1] 杨昌鹏. 酶制剂生产与应用. 北京：中国环境科学出版社，2006.

[2] 杨昌鹏. 生物分离技术. 北京：中国农业出版社，2007.

[3] 郭勇. 酶工程原理与技术. 北京：高等教育出版社，2005.

[4] 郭勇. 酶工程. 第3版. 北京：科学出版社，2009.

[5] 周济铭. 酶工程. 北京：化学工业出版社，2011.

[6] 罗贵民. 酶工程. 北京：化学工业出版社，2002.

[7] 梁传伟. 酶工程. 北京：化学工业出版社，2006.

[8] 邢淑婕. 酶工程. 北京：高等教育出版社，2008.

[9] 禹邦超，胡耀星. 酶工程. 武汉：华中师范大学出版社，2007.

[10] 周晓云. 酶学原理与酶工程. 北京：中国轻工业出版社，2005.

[11] 由德林. 酶工程原理. 北京：科学出版社，2011.

[12] 梅乐和. 现代酶工程. 北京：化学工业出版社，2008.

[13] 孙俊良. 酶制剂生产技术. 北京：科学出版社，2007.

[14] 罗立新，娄文勇. 酶制剂技术. 北京：化学工业出版社，2008.

[15] 张树政. 酶制剂工业. 北京：科学出版社，1984.

[16] 贾新成，陈红歌. 酶制剂工艺学. 北京：化学工业出版社，2008.

[17] 姜锡瑞等. 酶制剂实用技术手册. 第2版. 北京：中国轻工业出版社，2003.

[18] 姜锡瑞，段钢. 酶制剂应用技术问答. 北京：中国轻工业出版社，2008.

[19] 何国庆，丁立孝. 食品酶学. 北京：化学工业出版社，2006.

[20] 朱启忠. 生物固定化技术及应用. 北京：化学工业出版社，2009.

[21] 郭蔼光. 基础生物化学. 北京：高等教育出版社，2003.

[22] 俞俊棠等. 新编生物工艺学. 北京：化学工业出版社，2003.

[23] 辛秀兰. 生物分离与纯化技术. 北京：科学出版社，2012.

[24] 黄方一. 发酵工程. 武汉：华中师范大学出版社，2006.

[25] 李玉林，任平国. 生物技术综合实验. 北京：化学工业出版社，2009.

[26] 黄建华，袁道强. 生物化学实验. 北京：化学工业出版社，2009.

[27] 宁正祥. 食品成分分析手册. 北京：中国轻工业出版社，1998.

[28] 张惟杰. 复合多糖生化研究技术. 北京：上海科学技术出版社，1987.

[29] 王佳兴，苏志国. 生化分离介质的制备与应用. 北京：化学工业出版社，2008.

[30] 周启星. 土壤健康质量与农产品安全. 北京：科学出版社，2005.

[31] 张丽英. 饲料分析及饲料质量检测技术. 第3版. 北京：中国农业大学出版社，2007.

[32] 金国森. 化工设备设计全书——干燥设备. 北京：化学工业出版社，2002.

[33] 罗雪云. 部分国家及国际组织食品用酶制剂管理现状. 中国食品卫生杂志，2003，15（3）：194-201.

[34] 陈坚，刘龙，堵国成. 中国酶制剂产业的现状与未来展望. 食品与生物技术学报，2012，31（1）：1-7.

[35] 唐忠海. 酶工程技术在食品工业中的应用. 食品研究与开发，2004，25（4）：10-13.

[36] 李炜炜，陆启玉. 酶工程在食品领域的应用研究进展. 粮油食品科技，2008，16（3）：34-36.

[37] 范雪荣，王强，王平等. 可用于纺织工业清洁生产的新型酶制剂. 针织工业，2011，5：29-32.

[38] 李晓芳，卢雪华，成坚. 酶制剂在黄酒工业中的应用进展. 中国酿造，2011，2：8-11.

[39] 豆康宁，曾维丽，高政. 酶制剂在面包粉改良中的应用. 现代面粉工业，2011，4：43-45.

[40] 谢苒黄，俞苓，刘晓瑞. 新型酶制剂对面包品质的改良研究. 食品工业，2011，9：77-79.

[41] 刘仲敏，曾辉，何新民等. 耐高温 α-淀粉酶的研制开发及酶学特性的研究. 食品工业科学，1999，20（4）：18-20.

[42] 程池，张锡清. 普鲁兰酶活性测定方法. 食品与发酵工业，1988，6：30-34.

[43] 何耀强，王炳武，谭天伟. 假丝酵母99.125脂肪酶的发酵工艺研究. 生物工程学报，2004，20（6）：918-921.

[44] 汪世华，吕茂洲等. 植酸酶的现状及其研究进展. 广州食品工业科技，2002，18（1）：54-57.

[45] 连惠芗，汪世华. 木聚糖酶的研究与应用. 武汉工业学院学报，2006，25（1）：42-45.

[46] 沈进军，许明等. 水稻秸秆同步糖化发酵生产燃料乙醇的研究. 酿酒科技，2010，2：23-26.